# 本书编委会

主 编

李泽泉

副主编

王淑君　黄　燕

成　员

吴家浩　刘延轶　徐学会
叶　辉　王海燕　王　丹

# 红色印迹 家风故事

李泽泉　主编

ZHEJIANG UNIVERSITY PRESS
浙江大学出版社
·杭州·

图书在版编目（CIP）数据

红色印迹：家风故事 / 李泽泉主编 . -- 杭州 ： 浙
江大学出版社，2025. 5. -- ISBN 978-7-308-26183-8

Ⅰ . B823.1-49

中国国家版本馆 CIP 数据核字第 20250SY819 号

红色印迹：家风故事

李泽泉　主编

| | | |
|---|---|---|
| 责任编辑 | 马一萍 | |
| 责任校对 | 陈逸行 | |
| 封面设计 | 雷建军 | |
| 出版发行 | 浙江大学出版社 | |
| | （杭州市天目山路148号　邮政编码310007） | |
| | （网址：http://www.zjupress.com） | |
| 排　　版 | 大千时代（杭州）文化传媒有限公司 | |
| 印　　刷 | 杭州高腾印务有限公司 | |
| 开　　本 | 710mm×1000mm　1/16 | |
| 印　　张 | 24.75 | |
| 字　　数 | 321千 | |
| 版 印 次 | 2025年5月第1版　2025年5月第1次印刷 | |
| 书　　号 | ISBN 978-7-308-26183-8 | |
| 定　　价 | 98.00元 | |

浙江大学出版社市场运营中心联系方式：（0571）88925591；http://zjdxcbs.tmall.com

# 序

中华民族历来重视家风建设。无论是孔子"不学礼无以立"的庭训、诸葛亮"静以修身，俭以养德"的诫子箴言、岳母刺字"精忠报国"的家风故事，还是"忠厚传家久、诗书继世长"的古训，以及《颜氏家训》《朱子家训》《钱氏家训》等家训经典，都折射着中华传统美德的光芒，蕴含着家教家风家训的无穷魅力。

我们党十分重视家风建设，注重以家风传承中华美德和革命传统。毛泽东、周恩来、朱德等老一辈无产阶级革命家为我们树立了家风建设的典范。习近平总书记在刊登在《求是》的《注重家庭，注重家教，注重家风》一文中强调，"家庭是人生的第一个课堂，父母是孩子的第一任老师。孩子们从牙牙学语起就开始接受家教，有什么样的家教，就有什么样的人。""千家万户都好，国家才能好，民族才能好。"党的十八大以来，习近平总书记站在实现中华民族伟大复兴和建设人类文明新形态的战略高度，对家庭、家教和家风建设发表了系列重要论述。2016年12月12日，习近平总书记在会见第一届全国文明家庭代表时特别强调，"无论过去、现在还是将来，绝大多数人都生活在家庭之中。我们要重视家庭文明建设，努力使千千万万个家庭成为国家发展、民族进步、社会和谐的重要基点，成为人们梦想启航的地方"。习近平总书记的系列重要论述，立意高远、思想深刻，对于把实现个

1

人梦、家庭梦融入国家梦、民族梦之中，凝聚成强国建设、民族复兴的磅礴力量，具有十分重大的意义。

杭州师范大学是一所具有优良家教家风传统的大学。《共产党宣言》的最早翻译者、"真理的味道"故事的主人公陈望道，中国共产党早期党员、中国社会主义青年团创始人俞秀松、施存统等都在杭师大的前身——浙江官立两级师范学堂任教或求学，留下了许多感人至深的故事。例如，1920年4月，陈望道在浙江义乌老家翻译《共产党宣言》时，蘸着墨水吃粽子的故事就被习近平总书记多次提及；1923年1月，俞秀松在给母亲的信中写道，"我要救中国最大多数的劳苦群众"；施存统一生节俭，一双皮鞋能穿20年，教育子女敬业爱国，培养儿子施光南成为卓越的人民音乐家。革命前辈的红色家风生动诠释了他们坚定理想信念、忠于革命理想的精神内核，成为激励杭师大人传承红色根脉、探求真理、追求卓越的精神动力。

近年来，学校党委高度重视赓续红色血脉，传承红色基因，将校风家风建设作为"清廉学校"和校园文化建设的重要内容。校纪委深入挖掘红色资源和家风文化底蕴，积极创设活动载体，创新活动形式，逐渐培育出具有杭师大特色的"研廉""画廉""颂廉""学廉""践廉"五廉一体的"望道廉行"廉洁文化教育品牌，建成廉洁文化教育基地"望道廉行馆"。其中，集中开展的"看家风、品家风、绘家风、传家风"以及"好家风"故事征文等系列家教家风活动，得到全校师生的积极响应，广受好评。2021年，校纪委从历年征集到的家风故事中甄选了67篇，汇编成《红色记忆·家风故事》一书。该书入选了2021年农家书屋增补书目、2022年农家书屋重点出版物推荐目录，并获得2024年浙江省教育系统廉洁教育系列活动读物类优秀奖，受到浙江省纪委、省委宣传部、省社科联的表彰。

为了更好地传承中华传统美德，抒写杭师大人的家风文化，展示杭师大人奋发有为、昂扬向上的精神风貌，发挥家教家风在教书育人中的作用，2024年下半年，校纪委在《红色记忆·家风故事》一书的基础上，以传承杭师大红色根脉为主题，再次向校内师生征集家风故事，最终编撰成《红色记忆·家风故事》的姊妹篇《红色印迹·家风故事》。该书分上、中、下三篇，从不同年代、不同经历、不同感悟、不同视角展示了几代杭师大人家风的教育力量。这些故事的主人公中，有出生于20世纪30年代、拥有70多年党龄的老教师，有出生于60、70、80年代、如今是杭师大中流砥柱的教师，有出生于90年代的新生代党员，还有"00后"大学生。书中的一个个家风故事，虽然篇幅不长、文风质朴，但却串起了杭师大人忠党爱国、不忘初心的红色根脉，诠释了他们胸怀大爱、躬耕教坛的育人初心，展现了学校薪火相传、接续努力的精神力量，相信会给读者朋友带来感动、启迪和收获。

　　"家风是社会风气的重要组成部分。"党的二十届三中全会指出，要"发挥家庭家教家风建设在基层治理中作用的机制"。家风建设与基层治理、社会风尚建设有着密切关系，是基层治理和社会文明建设的重要内容。作为一所拥有117年办学历史的师范大学，杭师大承载着为党育人、为国育才的初心和使命，承担着培育文明风尚的责任和担当。《红色印迹·家风故事》的出版，不仅是对中华民族优秀传统文化的继承和发扬，更是对党的红色基因的传承和弘扬，也是师大人践行立德树人根本任务的又一生动实践。故乐以为之作序。

郭东风

杭州师范大学党委书记

# 目录

## 中 篇

★ 红色印迹·家风故事

# 下 篇

目录

# 上　篇

# 红色"一师"的精神财富

王洪涛

经济学院学工办主任

　　杭州师范大学是一所具有深厚文化底蕴的百年学府。其前身浙江省立第一师范学校是浙江新文化运动的中心，也是中国共产党早期活动的重要发祥地，享有"北有京师学堂，南有浙江一师"的美誉。红色"一师"汇聚了一大批先进知识分子和进步青年。经亨颐、沈钧儒、鲁迅、马叙伦、陈望道、俞秀松、施存统等师大先贤的名字在中国近现代史上熠熠生辉，令每个杭师大人心潮澎湃、引以为傲。陈望道，中国共产党早期重要成员，《共产党宣言》首个中文全译本翻译

弘一大师、丰子恺像

者；俞秀松，中国共产党创始人之一、中国共产主义青年团创始人和第一任书记；施存统，中国共产党最早的党员之一；梁柏台，第一部红色宪法《中华苏维埃共和国宪法大纲》起草人；马叙伦，中国民主促进会创始人，第一个提议以《义勇军进行曲》为国歌、10月1日为国庆节的人……这些"闪亮的名字"共同铸就了"一师"辉煌的历史，也为后世留下了弥足珍贵的精神财富和文化遗产。

## "真理的味道"：一本书的神奇魔力

经过五四运动的洗礼，无产阶级逐渐登上了历史舞台，组织马克思主义政党、宣传马克思主义也变得十分迫切。陈独秀开始物色翻译《共产党宣言》的合适人选，并将其作为筹建中国共产党的重要工作之一。邵力子对陈望道的情况比较熟悉并断定："能堪此大任者，非杭州陈望道莫属。"在邵力子的推动下，翻译《共产党宣言》的使命历史性地落到了陈望道身上。

《共产党宣言》首译本的出版是中国共产党建党进程中的一件大事，对中国革命产生了巨大的影响。很多老一辈无产阶级革命家都是通过这本书追寻"真理的味道"，确立了马克思主义信仰，走上了革命的道路。1936年，毛泽东在接受美国记者埃德加·斯诺的采访时曾提起有三本书特别深地铭刻在他的心中，建立起他对马克思主义的信仰，其中一本便是陈望道翻译的《共产党宣言》。

2018年4月23日，习近平总书记在中央政治局第五次集体学习的讲话中指出："《共产党宣言》的问世是人类思想史上的一个伟大事件。"陈望道翻译《共产党宣言》也是中国革命史上的一个伟大事件。一本书蕴含着改天换地的伟大力量，这也体现了真理和信仰的力量。

杭师大仓前校区恕园全景

## 信仰的力量：一群人的坚定追求

　　"一师"作为浙江新文化运动的中心和中国共产党早期活动的重要发祥地，聚集了一群信仰坚定的革命青年。然而，在风雨如晦的年代，革命绝不是轻轻松松、敲锣打鼓就能实现的。

　　风云激荡的年代，思想的启蒙、现实的境遇，无不时刻冲击着人们的头脑。"我以我血荐轩辕"的鲁迅以笔为矛，通过文学批判旧世界，唤起民众的觉醒。俞秀松则坚定地做"举世唾骂"的革命家，奋力投入革命事业和时代大潮中。施存统以一篇《非"孝"》抨击封建孝道，引发轰轰烈烈的"一师风潮"。曹聚仁则选择成为一名战地记者，冒着炮火奔走于淞沪会战、台儿庄战役等战地……那时的"一师"，有以经亨颐为代表的教育改革先锋，有鲁迅、陈望道等一批新文化运动的主将和拓荒者，"一师"师生"教书不忘革命、读书不忘救国"，甚至不惜流血牺牲。年轻的叶天底回家乡上虞发展党组织，开展农民运动，于1928年英勇就义。他在给哥哥的信中说"大丈夫生而不为，死又何惜，先烈之血，主义之花"。1946年，马叙伦为制止内战，带领代表团赴南京请愿，被反动暴徒打成重伤。周恩来赴医院探视慰问，并说："你们的血是不会白流的。"毛泽东、朱德等革命家专门致电支持和慰问。这既是"一师"学人的群像，也是当时中国有志之士的生动写照。

## 半个世纪的约定：一段师生间的佳话

处在风云诡谲时代之中的"一师"，既有激情的革命底色，也有温情的师生情谊。丰子恺与李叔同（弘一法师）既是师生，也是同道。丰子恺后期的文字和绘画，很多是为李叔同所作。1927年，丰子恺与李叔同共同酝酿创作《护生画集》，旨在以"护生为手段，护心为目的，长养世人的慈悲心，可以致世界的和平"。丰子恺作画，弘一法师题写诗文。第一集《护生画集》共50幅，于1929年出版，丰子恺将其作为祝贺弘一法师50岁寿辰的礼物。弘一法师曾致信丰子恺："朽人60岁时，请仁者作护生画第二集，共60幅；70岁时，作第三集，共70幅；80岁时，作第四集，共80幅；90岁时，作第五集，共90幅；百岁时，作第六集，共百幅。护生画集功德于此圆满。"丰子恺在回信中承诺："世寿所许，定当遵嘱。"

1942年，弘一法师圆寂，但是丰子恺不顾世事艰难，想方设法坚持完成画集。1973年，身患重疾的丰子恺预感自己时日不多，提前完成了《护生画集》第六集。两年后，丰子恺先生去世。自1927年始至1973年，画集前后创作过程长达46年之久。丰子恺积一生之信仰，毕一生之功力，为老师，也为芸芸众生创作了《护生画集》。

红色"一师"留给我们的精神财富历久弥新、弥足珍贵。无论是沉浸式体验一次《追望大道》《青松不移志》等校园大戏，还是漫步校园，在陈望道、经亨颐、俞秀松等师大先贤的校园雕塑前驻足凝望，抑或是在弘丰中心、马叙伦历史资料陈列馆中细细品味，都能让我们跨越时空，汲取到精神的力量。

# 觉醒年代——俞秀松的志业抉择

周东华

人文学院历史系主任、教授

俞秀松是上海共产党早期组织创始人之一，中国共产党最早的党员之一，社会主义青年团创立者，杭州社会主义青年团创始人、书记。

1916 年，俞秀松考入浙江省立第一师范（杭州师范大学前身，以下简称"浙一师"）。他所在的浙一师，崇尚自由平等，大胆推行教育改革。时任浙一师校长的经亨颐提倡"人格教育"。在他的倡导下，浙一师形成了良好的校风，研求学术、探索真理的气氛浓厚，各种思想百花齐放，这为共产主义思想在这里悄然萌芽创造了良好的条件。

1920 年初，俞秀松因"一师风潮"被迫离开浙一师到北京参加"工读互助团"。后经李大钊介绍，他于 1920 年 3 月底从北京来到上海。1920 年 4 月、5 月间，俞秀松参加了陈独秀、陈望道等组织的马克思主义研究会。1922 年 5 月，俞秀松出席中国共产主义青年团第一次代表大会，当选为第一届团中央执行委员。1937 年 12 月，他在新疆遭诬陷被捕入狱，后被转押去苏联。1939 年 2 月，俞秀松在莫斯科被枪杀。1962 年，他被民政部追认为烈士。毛泽东主席签发革命牺牲人员家属光荣纪念证，以表彰俞秀松对革命的功绩。

2022 年 7 月 12 日下午，习近平总书记来到新疆大学考察，经过"俞秀松路"，来到校史馆。习近平总书记提到了《觉醒年代》里俞秀松的事迹，彼时恰好是青年俞秀松从浙一师走出，从一位"道学先生"，确立救国志向，走上革命道路，转变为一位真正的马克思主义者和中国共产党党员的时期。

## "为世界之大侠士"

俞秀松说："我9岁到16岁，是在学校里度过的。当时，我曾充满英雄主义的幻想。"他在作文中写下诸多崇拜爱国英雄的语言。他说："说士尚口舌，侠士尚血气；说士尚功名，侠士尚节义；说士之志气每多卑劣，侠士之志气大都高尚。"古代豫让、聂政、荆轲等侠士，"侠则侠矣，而惜乎其小焉"；而清末徐锡麟、周之贞、彭家珍等，"痛祖国之沦亡，为宗邦图恢复"，是"轰轰烈烈为世界之大侠士"，也是他所崇拜的爱国英雄。

1916年下半年，俞秀松母亲去世，他奔丧回家，住了三天，回杭州前对弟弟俞寿乔说："我这次出去，几时回来没有数。我要等到大家有饭吃，等到讨饭佬有饭吃，再回来。"[1] 初入浙一师的俞秀松已经有了"唤起民众"以"改变现状"的思想，但"必须用暴力革命"的思想应该尚不具备。在浙一师的第二年，施存统便与俞秀松等5人结为好友，"以挽回世道人心为己任"，他们被同学称为"道学先生"。他们这五六个人，"每晚吃过夜饭，大概总到学校园里去散步，高谈阔论，旁若无人……平心论之，这种谈论，目的不能说不正当，所谈的都是关于将来怎样改造社会和目下自己怎么样预备器具的问题"[2]。

---

① 俞秀松《给父母亲和诸弟妹的信》，中共浙江省委研究室编：《俞秀松百年诞辰纪念文集》，北京：当代中国出版社，1920年3月4日，第153页。

② 施存统：《回头看二十二年来的我》（十一），《民国日报·觉悟》，1920年9月22日，第2版。

俞秀松像

　　此时的施存统、俞秀松等人，虽仅为普通学生，但却已与多数人拉开了思想的间距，他们更为关注和反复思索的乃是社会改造及自身迎接时代挑战的预备等问题，故此，他们急于寻找一些东西来寄托精神和思想，来向社会大众传递他们的思考。

　　在浙一师的新文化氛围中，施存统、俞秀松、周伯棣等创办了《浙江新潮》，俞秀松执笔的发刊词写道，"要本着奋斗的精神，用调查、批评、指导的方法，促进劳动界的自觉和联合，去破坏束缚的、竞争的、掠夺的势力，建设自由、互助、劳动的社会，以谋人类生活的幸福和进步为旨趣"，并特别提出，"我们社员，都在求学时代，能力很薄"，但"既然认定这种旨趣，是做人应该有的，我们虽不能一旦做到，我们不能不努力自勉"①。在《浙江新潮》第二期上，施存统发表《非"孝"》一文，引来当局镇压。

---

　　①　俞秀松：《浙江新潮·发刊词》，《浙江新潮》第 1 期，1919 年 11 月 1 日，第 2 版。该件藏于浙江省博物馆，本处引用已获该馆同意。

俞秀松在《自传》中也谈到了他从由《非"孝"》引发的"一师风潮"到走上革命的历程。他说，"那几年，特别是最后两年，对我思想进步来说是极为重要的。当时我们中国发生了一场新文化运动，由于日本帝国主义侵犯我国，在人民中间，特别是在学生中间强烈不满的革命情绪日益高涨。我们学校里全体学生都积极参加了这场运动"。俞秀松"有机会接触了一些新的有关革命运动的书籍"，这是他首次接触到革命书籍，其中他对于首次在中国书籍中作为一种群众性现象出现的社会主义学说很感兴趣，虽然他"还无法分清什么是共产主义，什么是无政府主义，什么是工联主义，什么是工会等，以及它们之间的不同"，但对他来说，"这一切都是能拯救人类的好东西"[1]。

## "做我自己的人"

1919 年 12 月 21 日，俞秀松给他父亲写信，"儿现在要做我自己的人，这事和儿前途有极大的关系，所以'不告就去报名'"。俞秀松提出的"要做我自己的人"有两层意思。第一，厘清成年子女与父母家庭的关系，实现独立。对俞秀松而言，年届成年，却因求学，经济上依靠父母，他认为是"最可羞耻的事"。他在这封信中说，"儿现在年 21 岁，求学还要依靠父母"，"乔弟、俶弟在家，不知勤俭，不知自立，不知改正，真可以担心"。第二，厘清独立的前提是打破家族制度，过"各尽所能，各取所需"的生活。他说"20 世纪是平民的世纪"，"劳力劳心"才能算独立的人。成年人"做我自己的人"，就是要"打破家族制度"，不用"希望家长的遗产，坐而待食"。与

① 俞秀松：《自传》，1930 年 1 月 1 日，中共浙江省委研究室编：《俞秀松百年诞辰纪念文集》，北京：当代中国出版社，第 229—230 页。

此同时，俞秀松强调，"做自己的人"，绝不意味着脱离家庭，"丢弃父母而不顾养"。当然，对于年仅 21 岁的俞秀松来说，什么是"做我自己的人"的实现路径，他尚未找到，正如他在信中所说的那样，对两位弟弟他"不能想出什么好的方法来劝导他们，来改造他们，使他们稍会觉悟一些"①。

"一师风潮"后，俞秀松与施存统等人赴北京参加北京大学等组织的"工读互助团"。1920 年 3 月 4 日，俞秀松给父母亲和弟弟妹妹们写信，告诉家人他从杭州到了北京，"我来的目的是：实验我底（的）思想生活，想传播到全人类"②。对于刚刚 22 岁的俞秀松来说，所谓的"实验"是指参加北京工读互助团，勤工俭学，工读互助，以实现"甘美、快乐、博爱、互助、自由……的新生活"，并将这种新生活方式传播给全人类。这是俞秀松改造社会思想的初步表达，稚嫩而带有浓厚的乌托邦色彩。

然而，北京工读互助团的生活并非俞秀松所期待的。俞秀松在给骆致襄的信中说："我和存统两人做事，想急（激）进一点，认（为）这个'工读互助团'不是长久之处，所以我们决计就要离开此地，到别的地方去了。我们此番走，本是严守秘密的，但我可告诉你一个大略，我此后不想做个学问家（这是我本来的志愿），情愿做个'举世唾骂'的革命家。"这表明经过北京工读互助团，俞秀松对于未来的志业逐渐聚焦于成为"革命家"，故苏联成为他未来想去的目的地。

在沈玄庐的介绍下，俞秀松和施存统二人来到上海。在上海，对

① 俞秀松：《给父亲的信》，1919 年 12 月 21 日，中共浙江省委研究室编：《俞秀松百年诞辰纪念文集》，北京：当代中国出版社，第 152 页。

② 俞秀松：《给父母亲和诸弟妹的信》，1920 年 3 月 4 日，中共浙江省委研究室编：《俞秀松百年诞辰纪念文集》，北京：当代中国出版社，第 153 页。

于改变中国现状的方法，俞秀松越来越倾向于"革命"。他于1920年4月4日给骆致襄的信中说："你又说'谋一个改造，能够不遭社会妒忌的方法'，这句话，我以为不然。现在中国的社会是甚样的社会？中国底（的）人是甚样的人？我们处在这种社会之中，和这般人而谈改造，不是用急（激）进的方法——好方法——无论如何（是）不成功的。"他向骆致襄强调，"我是世界的人，决不是什么浙江、什么诸暨，什么人底（的）人"①。这都表明，1920年4月的俞秀松正在转向用"激进"的方式改变中国社会，正在成为一名脱离地域籍贯限制的为国为民之人。

　　立志容易实践难。俞秀松在上海半工半读，努力提升自己对共产主义的认识，进一步明确了自己的志业和实践路径。1920年6月27日，他在日记中写道："昨天我在《星期评论》社和玄庐崇侠讨论农村计划，玄庐就想几月后到乡去试行，邀崇侠同去，我对于这件事非常赞同，并且也是我几年来的梦想底（的）一种……我以为我们既做了人，人要生活的，所以我们应该努力想法去圆满这个生活。人是世界中底（的）一种动物，并没有什么了不得，活一天人，做一天人事……我是一个人，就要尽我一个人底（的）力，我有一分力，尽我一分力，我有二分力，尽我二分力。认明了我是人，拿了我自己底（的）人力，耐着我底（的）心，去寻我们做人的生路，放开脚步，向前进行去找（这两字新加入），遇见障碍，就和他搏战，死而后已，千万不可逃避……人生底（的）目的，怎样做人，以及我底（的）性和我所取的手段，都说了出来……我现在对我底（的）前途，想来觉得很苦痛，因为我从前很想做个大学问家，现在虽然投身到工厂里，愿意做个社会改造者，可是我底（的）

---

　　① 俞秀松：《致骆致襄信》，1920年4月4日，中共浙江省委研究室编：《俞秀松百年诞辰纪念文集》，北京：当代中国出版社，第157-158页。

知识欲总是很盛很盛呢。我想到我底（的）知识的程度，正（真）觉得恐慌，因为我现在要求知识底（的）工具——外国文字，还一点到（都）没有预备好！"

1920 年 7 月初，他随沈玄庐到衙前，亲身经历一些事情后，其思想有了很大转变。7 月 17 日，"我们既自命为社会改造者，家庭是社会中底（的）一种组织，当然也在改造之列的。我们如其因家庭底（的）黑暗而脱离他，那么现在的社会，何往而非黑暗的，或者比家庭更要黑暗，我们也将脱离他吗？脱离了家庭，还有别的地方可去；脱离了社会，则将何往？所谓改造者，改造黑暗的变为光明的，改造不合理的变为较合理的……社会只是这个社会，我们要改造，还须从这个黑暗的社会里面去改造出来！"1920 年 7 月，经历思想迷茫的俞秀松，再次确立了自己的志业，即成为一名"革命者"，采用激进方式，从事革命。

"我确信我们的主张是能实现的。"

1920 年 8 月 22 日，俞秀松与施存统、陈望道等人在上海市霞飞路新渔阳里 6 号（今上海市淮海中路 567 弄 6 号）发起成立中国最早的青年团组织——上海社会主义青年团，俞秀松担任书记，同时他还兼任外国语学社秘书，这是中国共产党早期建立的第一所培养青年干部的学校。1921 年 3 月，中国共产主义青年团临时中央执行委员会在上海成立，俞秀松担任临时团中央书记。俞秀松的出色工作得到少年共产国际东方部书记格林的表扬，称赞其为"中国青年团中最好的一个"。

1921 年 4 月初，俞秀松作为中国共产主义青年团正式代表出席青年共产国际"二大"。经过在苏联的学习，俞秀松坚定了自己的立场，成了一名优秀的党务团务工作者。

1922 年 3 月，俞秀松从苏联回到上海。4 月 2 日，他专程到杭州筹建团组织。4月12日，他在给父母亲的信中说："清明节本来打算回家，后因党务不能走动。"① 所谓党务，实际是在杭州筹建团组织。"一师风潮"后，杭州青年沉寂良久，经俞秀松发动组织，才得以成立团组织。4月14日，俞秀松在给施存统的信中说："抵杭后，吾即与各方面接洽此事，大约本周日曜日可望成功，人数总在二十以上。杭州空气沉静极了，或许简直死了！五四运动的反应如此，良可浩叹！现不动又不静，大家莫名吧。青年学生如此，奈何，奈何？"② 当日筹备会议，与会者仅5人，其中一师3人。4月19日，浙江省第一个青年团组织——社会主义青年团杭州支部在杭州皮市巷3号正式成立，团员有金佛庄、宣中华、唐公宪、徐白民、倪忧天等27人，俞秀松兼任书记。次日，俞秀松向团临时中央局报告说："青年（团）已于昨成立，现有27人。"③ 中国共产主义青年团杭州支部是浙江省第一个团地方组织，也是全国最早建立的17个团组织之一。

　　俞秀松十分希望中国青年能够觉醒，能够通过"教育"成为有用的人。1923年1月10日，他在给父母亲的信中说："家中现在如何？我很记念。我所最挂心者还是这些弟妹不能个个受良好的教育，使好好一个人不能养成社会上有用的人——更想到比我弟妹的命运更不好的青年们，我不能不诅叽（咒）现在的社会制度杀人之残惨了！我在最近的将来恐还不能帮忙家中什么，这实在没法想呢。请你们暂且恕

---

①　俞秀松：《给父母亲的信》，1922年4月12日，中共浙江省委研究室编：《俞秀松百年诞辰纪念文集》，北京：当代中国出版社，第163页。

②　俞秀松：《致方国昌信》，1922年4月14日，中共浙江省委研究室编：《俞秀松百年诞辰纪念文集》，北京：当代中国出版社，第164页。

③　俞秀松：《致方国昌信》，1922年4月20日，中共浙江省委研究室编：《俞秀松百年诞辰纪念文集》，北京：当代中国出版社，第166页。

我，我将必定要总报答我最可爱的人类！"① 此时的俞秀松，心怀天下，要为全中国命运不好的青年人努力，推翻杀人的社会制度。同日，在给弟弟俞寿乔的信中，俞秀松说："我是要做我志决的事，不能时时顾念家庭，这个责任似乎不能不让你担负了。你应该老实不客气承认这个重大责任，你已是我们家庭中的主要人了，你要怎样尽这个主要人的这个重大责任。第二，你是务农的一个工人，这是何等神圣而且光荣的职业，比那般什么阔老（佬）大人先生们都可尊敬万倍！但是你要尽你这个农人的责任，发挥你们劳动者的伟大能力，毋自暴自弃！"② 在 7 月 31 日致父亲的信中，俞秀松再次强调："父亲，我自己感觉在社会上种种苦痛，并且感觉着社会上和我们同样苦痛或更苦痛的许多人，驱使我的良心不得不去打破这种种苦痛的根源，决计此后在军界上活动，暂时自己只可忍受些苦痛。有志者事竟成，我确信我们的主张是能实现的，使中国人大家脱去苦痛而登于和爱快乐的境地。"③ 8 月 10 日给父母亲的信中，俞秀松称："我们的困苦，乃是社会上的普遍现象。但是这种现象是有一天消灭的。"④ 俞秀松很快发现"军界"的努力也不能改变社会制度。于是，他再次转向苏联学习。

1925 年，俞秀松再次赴苏联，在日本海遭遇暴风巨浪时他说："同志们，坚强些！我们是革命者，革命者就要乘风破浪。我们的生命时

----

① 俞秀松：《给父母亲的信》，1923 年 1 月 10 日，中共浙江省委研究室编：《俞秀松百年诞辰纪念文集》，北京：当代中国出版社，第 168–169 页。

② 俞秀松：《给俞寿乔的信》，1923 年 1 月 10 日，中共浙江省委研究室编：《俞秀松百年诞辰纪念文集》，北京：当代中国出版社，第 170 页。

③ 俞秀松：《给父亲的信》，1923 年 7 月 31 日，中共浙江省委研究室编：《俞秀松百年诞辰纪念文集》，北京：当代中国出版社，第 172 页。

④ 俞秀松：《给父母亲的信》，1923 年 8 月 10 日，中共浙江省委研究室编：《俞秀松百年诞辰纪念文集》，北京：当代中国出版社，第 173 页。

刻准备献给革命了，海浪再大，是吓不倒我们的。大家眼望前方，我们将要去的是世界革命的中心。我们的心胸要像大海一样辽阔。一切困难都不在话下。咆哮的巨浪，会被我们战胜的……。" 1926 年 8 月 2 日，俞秀松在莫斯科中山大学给父母亲写信道："俄国自革命后，在前五年，因受帝国主义之封锁，国内战争之破坏，全国的经济几全被摧灭，所以我第一次到俄的生活是很苦的。但是此次到俄，情形与前大不同。为帝国主义的新闻政策所蒙蔽下的中国人，那（哪）里会梦想到俄国的过激派有这样可惊异的建设能力，使垂危的苏俄得以复兴？现在苏维埃政权是一天巩固一天，工业和农业是一天发展一天，各国想扑灭苏俄的企图和阴谋都归（于）失败了。自去年以来，欧美各国的社会团体，接继（连）不断遣派代表到俄国来参观。从前各国人士目为洪水猛兽的赤俄，将成为全世界被压迫人民的乐土。我在此学习，物质方向（面）的享受非常优越，所以好一心一意的（地）研究。我在俄唯一的任务就是研究学理，这是可以使你们（感到）安慰的。"[1] 向苏联学习，走社会主义革命道路，是俞秀松找到的答案。

习近平总书记 2021 年 7 月 1 日在庆祝中国共产党成立 100 周年大会上指出："一百年前，一群新青年高举马克思主义思想火炬，在风雨如晦的中国苦苦探寻民族复兴的前途。一百年来，在中国共产党的旗帜下，一代代中国青年把青春奋斗融入党和人民事业，成为实现中华民族伟大复兴的先锋力量。"[2] 在苏联，俞秀松终于找到了一辈子的志业：为国家独立富强、为民族振兴昌盛、为人民幸福快乐而奋

---

[1] 俞秀松：《给父母亲的信》，1923 年 8 月 10 日，中共浙江省委研究室编：《俞秀松百年诞辰纪念文集》，北京：当代中国出版社，第 176 页。

[2] 习近平：《在庆祝中国共产党成立 100 周年大会上的讲话》，北京：人民出版社，2021 年。

斗的共产主义战士。曾经的"小镇做题家"俞秀松心心念念"我要等到大家有饭吃，等到讨饭佬有饭吃，再回来"的志业和梦想，在中国共产党的领导下，经过一代又一代有着明确信仰、坚定信仰，坚守信仰的共产党人的百年奋斗，已经在今天实现，这既是对俞秀松、施存统等革命先辈百年志业和梦想的最好回答，也是新时代新一代青年人、新一代知识分子、新一代共产党人奔赴"两个先行"的导航。

# 姜丹书先生弘文励教的故事

徐学会

纪检监察室教师

姜丹书先生系我国著名艺术教育家、美术理论家、画家。他毕业于南京两江师范学堂图画手工科。1911—1924 年，他在浙江两级师范学堂（杭州师范大学的前身）任教图画、手工课长达 14 年之久，开创了国内手工教学之先河，培养了一大批著名的美术家。之后他辗转上海、南京等地教书育人，成为一代教育名家。

姜丹书于 1911 年 7 月应聘到杭州师范大学前身浙江两级师范学堂，接替日本教师，承担手工科和劳作科教学任务。次年 7 月，李叔同（弘一法师）也应聘来浙江两级师范学堂任教，当时学校专任的艺术教师只有他们二人，姜丹书教图画、手工，李叔同教图画、音乐，潘天寿、丰子恺就是他们共同执教时期的学生。

## 自造工具　节约成本

20 世纪初的中国，图画课程的开设刚刚起步，就全国来讲，当时开设图画课教学的只有南京的两江师范学堂和天津的北洋师范学堂，图画专业学生全国加起来不足百人。西洋绘画传入中国也只有寥寥数年时间，所以国内的美术材料相当匮乏，当时的材料几乎都靠进口。

姜丹书

我国早期的高等学校学制是仿照日本高校设置的，教师都是日本人。非但所用的工具材料一概是日本货，而且一切技法也都是日本人的技法。在这种情况下，姜丹书先生因地制宜，想方设法解决了工具和材料的本土应用问题。他利用我国的刨子、锯子等工具的构造和用法等，结合实际研究出一套理论，编成讲义，教授给学生。他又画了许多金木工工具图并选取了一些适用的实物标本，交给杭州武林铁工厂仿制，解决了手工器具的供应问题，手工器具无须再向日本邮购。对于一般的手工材料，一概采用国货，没有现成材料就自行加工，如炼制熟石膏粉做粉笔，使日货粉笔从此绝迹；创制木质模型，教纸店用矾宣刷色加研作替代品取代日本产的马粪纸；还创制了利用废纸制成地理模型的方法，被内政部审定作为雕刻类美术品注册，交教育工艺厂仿制发行。此举不仅为学校节省了不必要的办学成本，而且充分体现了"自己动手，丰衣足食"的理念。

## 自编教材　填补空白

辛亥革命后，留学归来的蔡元培就任中华民国第一任教育总长，对美术教育非常重视。当时教育部公布的师范教育大纲中列入了美术史教学要求但无任何现成的教材。1912 年 9 月，教育部公布师范教育令，其中师范学校规程的第二章第二十二条就提到要开设美术史课，但"得暂缺之"。当时，师范学校教学方案中有美术史课程，但国内一直没有现成的师资和教科书可参照。当时浙江两级师范学堂美术史的教学就由李叔同与姜丹书担任。姜丹书积极收集资料，边学、边教、边编写讲义。经几年努力，他终于编撰成五年制师范学校用的《美术史》与《美术史参考》两本书，并于 1917 年由商务印书馆出版。两本书按照教育部颁布的"师范学校课程标准"编辑，适用于师范本科三、四年级图画科教学之用，解了国内美术史教材短缺的燃眉之急。后来出版的各类美术史教科书大体仿照此体例结构。这两本书填补了中国美术教育的空白，在当时是不多见的。此外，他还将中国传统刺绣等手工课程植入美术课程中，在一定程度上拓展了美术教育的内容和视野。

★
上
篇

## 不贪不占　廉洁奉公

1945 年抗战胜利，姜丹书先生被任命为国立艺专（中国美院前身）接收委员，主持校舍资产的接收修建任务。当时校舍位于杭州罗苑（俗称"哈同花园"，为英籍犹太富商哈同之妻罗氏别墅）。国民革命后收归国有时，已破败不堪，各类教具更是荡然无存。要想顺利开办国立艺专，须另建办公大楼、教室，任务非常繁重。姜丹书先生把办公室临时设在自己的寓所，公私分明，勤俭办事。他家里不装电灯，以油灯照明，每日带着少数工作人员到处奔波办事，公家之物，不贪不占；公家之事，一丝不苟。这与当时国民党的接收大员们贪污成风、乌烟瘴气的形象形成了鲜明的对比。任务完成后，姜先生一一造册加封，账目毫厘不差。学生潘天寿返校主持美院工作，看到姜丹书老师的"成就"，欣喜不已，对老师的人格品行更加敬重。

姜书凯先生，姜丹书之子，继承了父亲的高贵品格。2019年，姜书凯整理出家藏的父亲书画作品30件、父亲师友的书画作品47件以及他的著作、手稿、书信、文献资料共计423件，捐赠给浙江美术馆，供后人鉴赏。因为这次捐赠，国家奖励姜书凯家280万元。2019年10月22日，他又将这笔奖金全部捐赠给杭州师范大学，成立"姜丹书艺术教育基金"，以奖励杭州师范大学艺术类专业优秀的本科生和研究生。嘉惠学子，再次奏响一曲动人的奉献之歌；父子传承，姜丹书先生弘文励教的家风薪火相传；躬身艺术，姜丹书先生是师大学子们的榜样和楷模。

# 红色家风见初心

孙　霆

原《杭州师范学院学报》编辑部主任

　　我 1931 年出生在杭州的一个普通家庭，童年和少年时期是在日军侵略的战火中度过的。父母带着我们兄妹二人流亡逃难，顶着日机的狂轰滥炸，随时都有可能被夺去生命。逃难途中父亲因病去世，家庭陷入困境。这种记忆刻骨铭心，不堪回首。青年时期，我加入中国共产党，走上了革命道路。20 世纪 50 年代中叶开始从事文字工作，先后任职于杭州日报社、杭州师范学院（今杭州师范大学）。离休后又参与编撰《杭州市志》、报刊审读、撰写回忆录等工作。

## 意气方遒　投身革命一心为党

　　读书时，我积极参加了抗议美军强奸中国女大学生和反饥饿、反内战、反迫害运动。那次运动遭到国民党反动政府的疯狂镇压，学校当局宣布开除 9 名学生。开除布告贴出后，立即激起了公愤，同学们聚集起来想找校长讨个说法。混乱中，我一拳打在玻璃窗上，手臂静脉被割断，血流如注，立即被送往广济医院做手术，但直到现在手上还留着疤痕。

　　顶着留校察看的处分，我加入了中国共产党，在党的领导下坚持

金甲武烈士殉难 50 周年
纪念集

金甲武烈士

斗争。1948 年，共产党员王孝和被国民党反动派公开处决，在绑赴刑场的途中，他高呼口号，英勇就义。我们地下组织的上级——上海局号召全体党员学习王孝和烈士的光辉品质。我们党支部各小组都进行了认真讨论，每个党员都严肃表态：万一被国民党当局抓去，决不能叛党，宁可牺牲自己的生命，也要斗争到底。这是最基本的要求，如果怕死就不要入党，入党就要下这个决心。在我的同学、战友中，有 6 人先后被国民党杀害，献出了年轻的生命。正是烈士们的英勇献身和他们这种不怕死的精神，才换来了人民的解放、祖国的强大和我们今天的幸福生活。我们绝不能忘记为新中国成立而经历生死考验、牺牲生命的无数先烈。每年 9 月 30 日烈士节，我都会打开电视机，观看党和国家领导人在天安门广场向中国人民英雄纪念碑敬献花篮的直播。为了纪念那些牺牲的战友，我和几位幸存的老同志一起编写了《金甲武烈士殉难五十周年纪念集》。

杭州解放后，我先是负责青年团的工作。后来市委决定开办杭州市青年干部学校（简称"青干校"），青干校共编为七个中队，我担任第五中队的队长。那时乔石同志刚从上海调到杭州工作，担任青干

孙霆（右一）在烈士墓前

校的教育长，我几乎每天向他汇报工作。青干校工作结束后，我又跟随乔石同志到团工委（1953年改称"团市委"），继续在他的领导下工作，直到他调离杭州。1954年初，我赴上海中共中央华东局党校学习。

## 聆听教诲 三次见到敬爱的周总理

1955年9月，我从上海回到杭州，正逢《杭州日报》筹备创刊。市委决定调我到杭州日报社，从此我开始了文字工作生涯。我从中层干部到编委会成员，再到副总编、党委书记，在卷帙浩繁的文字海洋里，从青春少年到满头华发，我用25年的壮年时光，见证了《杭州日报》的发展壮大。在杭州日报社工作期间，我见到了敬爱的周总理三次，目睹他的风采，聆听他的教诲，成为我今生难忘的记忆。

1980年，我来到杭州师范学院，担任《杭州师范学院学报》主编，直至离休。在杭师院办理离休手续后，我又马不停蹄地前往市委大院报到，开始《杭州市志》的编撰工作。《杭州市志》涵盖从良渚时代到改革开放时期的杭州历史，编写量巨大。在市委大院里，我一待就是十年，每日上下班，直到编成1000多万字的《杭州市志》十卷。

岁逢花甲，我又应邀参与了杭州市新闻出版局的审读工作，就是我们这些有文字编辑经验的老同志，对本地公开发行的报纸杂志进行审读，定期撰写审读意见和报告。杭州市包括各个县的报纸杂志数量很多，我们每天的阅读量很大，这是一项很"伤脑筋"的工作，只有仔细看才能真正地发现问题。2010年7月，我80岁，被国家新闻出版总署评为"优秀报刊审读员"，当时全浙江省只有两人获得这一全国性荣誉。

如今，我离休回家，在安享晚年的同时，还写点回忆录，将解放前参加地下斗争和解放初建立、发展团组织的经历撰写成文，回顾自己如何一步步在党的教育下成长，算是对自己和后人的一个交代。

## 家风教育　清白踏实

解放初期，我的老伴是市团工委的干部，和我一起从事青年团工作，也是一位有68年党龄的老党员。1962年，她响应号召，主动提出到工厂当工人，最后以工人身份退休。她在厂里当工人期间，工厂实行三班倒，又正逢老二出生，这给家庭带来了不少困难。有一段时间，我夜间抱着老二走好几里路到厂里去让老伴给孩子喂奶，来回一个多小时，但我们仍坚守选择，无怨无悔。

家风教育其实就是初心教育、传统教育，也就是不忘初心。这对后辈是很好的教育。回望走过的大半生，我始终不忘共产党人的初心，时常提醒自己记得当初入党到底是为了什么。就是为了人民的解放，建设新中国，没有任何私心。

我认为讲家风，身教重于言教，用自己的行动教育孩子们"清清白白做人，踏踏实实做事"。做人，就要做一个高尚的人、纯粹的人、有益于人民的人。

现在的青年学生，首先当然要搞好学习，掌握专业知识，但不能局限于此。要有理想，有目标，将个人目标与国家利益统一起来，在实现中国梦的过程中求得个人的发展。人生的意义不在于物质享受，而在于为国家做了多少贡献。

# 百年芳华百年家风

李泽泉

校纪委书记、教授

　　我爸爸出生于辛酉年（1921）农历六月初六，去世于壬寅年（2022）农历十一月初六。爸爸在世102年，是全村第一个过百岁的长寿者。爸爸之所以能如此高寿，除了生活自律、淡泊明志外，还离不开我妈妈一生无微不至的扶持。

　　我妈妈出生于丙寅年（1926）农历十一月初七，去世于癸巳年（2013）农历十一月初三，享年88岁。88岁，已超过全国和全省平均寿命，但在我们看来，妈妈寿命并不算长。因为妈妈平时身体健壮，很少去医院看病，直到去世前一个多月才因高烧去医院就诊，检查结果为甲状腺恶性肿瘤晚期。妈妈离家去医院的那一天，还为爸爸洗好衣服、做好饭菜，嘱咐爸爸等她回来。不想妈妈一去不复返，最终驾鹤西去，这是爸爸和我们几个兄弟姐妹的最大懊悔：没有早一点送妈妈去医院体检，没有及时发现她的病症。

　　回望爸爸经历的百年，从解放前千疮百孔、水深火热的岁月到新中国改天换地、人寿年丰的幸福美好时代，我印象最深刻的是爸爸与妈妈一同含辛茹苦、勤劳节俭地养育了我们九个兄弟姐妹，使我们在和气融融的大家庭氛围中成长，支持我们读书学习，让我们得以在农业、工业、教育和党政机关等不同领域为党、国家和人民做贡献。

李泽泉爸爸101岁时与九个儿女的合影

　　成家立业之路筚路蓝缕。爸爸妈妈一生勤俭持家、谦和待人、崇尚读书，在谱写人生芳华的同时，铸就了我们子子孙孙取之不尽、用之不竭的宝贵精神财富——百年家风。

## 抗战烽烟谱芳华

　　宝剑锋从磨砺出，梅花香自苦寒来。爸爸妈妈文化水平不高，也没有特殊技能，没有祖先留下的丰厚基业，更没有什么背景关系，能够奠定百年基业，开启一代家风，究其原因，除了继承祖辈们不畏困难、敢于奋斗、艰苦创业的优良传统外，还归功于他们经历过解放前战乱时期的艰苦生活和抗战烽烟的磨砺，这造就了他们百折不挠、坚忍不拔的高贵品格。

1944 年 9 月—1945 年 10 月，爸爸在家乡浙南龙泉加入了国民革命军第八十八军，经受了他一辈子都难以忘怀的抗战烽火的洗礼。尽管是在后方从事部队后勤保障工作，但爸爸没有忘记自己肩负着抗日救亡的神圣职责，白天参加军训，赶制军服、军被和军鞋，夜晚为物资仓库站岗放哨，并多次护送物资去丽水、云和等前沿阵地。护送物资的卡车需要冒着日军飞机不定时扫射和轰炸的危险在崎岖的山区公路穿行，车厢时常被子弹击穿，留下累累弹孔。好在家乡的崇山峻岭和茂密的森林遮挡了敌机的视线，使它们不敢低空俯冲，也无法长时间扫射投弹。另一方面，驾驶员经验丰富，爸爸和他的战友们从容镇定，不时用轻机枪对低空的敌机予以还击，每次总能避免车毁人亡。只有一次车厢被炸起火，损失了不少被服。整整一年，爸爸没有休息一天，与战友夜以继日地为前线制作和护送了大批军用物资，为抗战的最终胜利做出了贡献。爸爸晚年依然清晰地记得当年军服胸章上镌刻着"精炼""超群"等口号，他向我们介绍说国民革命军第八十八军是由川军改编过来的中央军，军长是毕业于黄埔军校的何绍周。抗战中期，国民革命军第八十八军在浙江兰溪一带阻击日军时，立过赫赫战功，击毙过日军中将，也击伤过日军少将。抗战后期，国民革命军第八十八军相继收复丽水、缙云、永康和温州等失地，军部先驻云和，至抗战胜利，移驻诸暨。爸爸每当讲起这段难忘而光荣的经历时，都为自己曾经是国民革命军第八十八军的一员而感到无比自豪。我们也在爸爸的讲述中隐约看到他当年穿着军装的模样、那熠熠生辉的胸章和刻在上面的标语，看到他和战友们忙碌地搬运军用物资时的矫健身影——那是爸爸和他们那一代先辈们不屈不挠抗争的生动写照。正是因为有爸爸他们那一代人英勇而顽强的抗战，才彻底粉碎了日寇企图征服我中华民族的美梦。也正是这一年多抗战烽火的洗礼，让爸爸锻炼出了坚强的意志，更加坚信只要勇敢团结、艰苦奋斗，一定能战胜困难、走出困境。

在爸爸参加抗战的时候，妈妈正怀着大哥。大哥于 1944 年 12 月出生，正是爸爸在部队最忙的时候。爸爸得知大哥出生，十分高兴。尽管军服厂距家只有 10 多里路，但爸爸遵守军队纪律、顾全抗战大局，只是请了半天假回家探望了一次。临走前，妈妈往爸爸的怀里揣了几十个煮好的鸡蛋，好让爸爸和战友们补充营养，多为抗战出力，并嘱咐爸爸安心在部队工作，不用惦记家里。要知道，那个时候正是全民抗战最紧张的阶段，妈妈坐月子的饮食也并不丰富，鸡蛋是全家人节省下来的。妈妈不仅没有抱怨爸爸没能陪伴她怀孕、生产，还非常理解和支持爸爸积极参军抗战，可见妈妈的爱国觉悟有多高。

## 春联词中见家风

家风又称门风，是一个家族或家庭世代相传和沿袭下来的体现家族成员精神风貌、道德品质、审美格调和整体气质的文化风格，包括为人处世的风范、工作作风和生活作风。优良家风要经历几代人的开创和传承，是家庭或家族集体创造的。但是，家风的世代传承和发展不是机械的、均衡的，某个时期的某位或几位重要的家庭成员因出类拔萃的言行而被其他家族成员所推崇和仰慕，成为家风之柱，经过后代子孙接力式的恪守和弘扬，一个家族鲜明的精神风尚才能形成。毫无疑问，在我们这个大家族百年优良家风的形成和发展历程中，当数爸爸妈妈贡献最大。

家风表现为一定的习惯、品行、道德和精神气质。小时候，每逢春节前，家里总要写春联，如何选择春联词，成为考验大家的一大难题。这时候，爸爸总会脱口而出几副春联，其中的两副使我至今记忆犹新。一副为"一勤天下无难事（上联），百忍堂中有太和（下联），家和万事兴（横批）"，讲的是勤俭持家，和气生财；另一副为"万般皆下品（上联），唯有读书高（下联），知书达理（横批）"，讲的是读书好，鼓励大家多读书学习。

这两副春联词，其实都不是爸爸的原创，是爸爸读私塾时由先生传授而记录下来的，爸爸则为它们加上了横批。"一勤天下无难事，百忍堂中有太和"这副对联出自"张百忍"的典故。"张百忍"原名张公艺，山东寿张县人，以"忍、孝"治家，一生严于律己，宽以待人，相传忍受了100件常人难以忍受之事。张家九代未曾分家，家道和睦仁善。据史书记载，当年唐高宗去泰山封禅路经寿张县时，听闻张公艺一家九世同居，为世人称道，于是慕名造访。唐高宗问张公艺为何能九世同居，当时已经88岁的张公艺答道："老夫自幼接受家训，慈爱宽仁，无殊能，仅诚意待人，一'忍'字而已。"随即书写了一百个"忍"字呈给皇上，并讲述了"百忍"的具体内容。唐高宗听后连连称好，赐帛表彰，封张公艺为醉乡侯，封其长子为司仪大夫，并亲书"百忍义门"四个大字赠予张家。张公艺宽厚待人，自己也由此修身养性，心境豁达，99岁方才去世。后人称其为"张百忍"，为其修建"百忍堂"以表纪念，并以"一勤天下无难事，百忍堂中有太和"概括其事迹。爸爸记住了这两句名言，不仅身体力行，还加上"家和万事兴"作为横批，在每年农历春节这个最隆重的节日以写春联的形式加以宣扬，可见爸爸对孝顺和睦、宽容谦让的家风的重视。

另一副"万般皆下品，唯有读书高"，出自宋代汪洙的《神童诗》，意思是世间的任何事情都比不上读书，唯有学习知识是最高贵的。爸爸加上"知书达理"这个横批后，提升了读书的目的和意义，告诉我们读书不只是为了提升学历、提高文化素质，利于就业致富，更在于加强自身修养，提高思想道德素质，利于为人处世。

每当爸爸为我们讲解这些春联词时，妈妈总是眉开眼笑地站在一旁，附和着对大家说："快写呀，把'勤劳''和气''读书'这些字写大、写工整，大家好记好学。"尽管没有上过学、读过书，但在几十年如一日的勤俭持家中，在与爸爸的朝夕相处中，妈妈明白了勤劳节俭、家庭和睦与读书学习的重要性。所以，妈妈常和爸爸一道给我们讲述一些鲜活的家庭事例，诠释这些春联的含义：兴旺发达的家庭往往拥有着勤俭、和谐、礼貌的氛围；反之，懒散、浪费而又缺乏和睦的家族，注定会贫穷落后抑或是家道中落。每年春节，这些春联都会被张贴在我们家的大堂正中和大门上，伴随着时光一同辞旧迎新，映射着爸爸和妈妈一辈子的为人态度和处世风格，成为我们这个大家族百年来的优良家风的缩影。

## 勤俭铸就百年家风底色

爸爸妈妈一生不仅勤劳，还十分节俭。可以说，勤劳和节俭两手抓，两手都硬，是爸爸妈妈建设我们这个大家庭的主要秘诀。

解放前，我们家处在村子南面的山丘上，而家里的几亩耕地则零星分布在山脚下的河谷旁。从耕地到家里，是几千米弯弯曲曲的上坡崎岖小路。每到秋天的凌晨，爸爸便独自一人出门去收割稻谷，晚上挑着满满两筐一百四五十斤的谷粒，沿着蜿蜒的山路，艰辛地走回家。走到家前的最后一段上坡路时，爸爸已是筋疲力尽，步履沉重。每当这时，妈妈总是会及时赶来支援爸爸。因为每到傍晚时分，妈妈因为挂念着劳累了一天的爸爸，总是注视着那条上坡路，一看到爸爸挑着箩筐的身影，她就立即拿着簸箕飞奔下山接应爸爸，用簸箕从爸爸的两个箩筐里盛出二三十斤谷粒背在自己肩上。妈妈的牵挂和帮助使爸爸如释重负，山路依旧坎坷、依旧蜿蜒，爸爸的脸上却有了轻松的微笑。

新中国成立后，爸爸以极大的热情投入社会主义革命和建设之中。

1996 年 4 月李泽泉的爸爸妈妈和家人在杭州太子湾公园

土改时期，爸爸兼任村会计，白天与其他村干部一道，跋山涉水，用自己的双手双脚精心丈量全村的耕地和山林，晚上细心计算和记录，经常开会到深夜，认真地按照党的土改政策，充分发动和依靠村民，使全村的耕地和山林公平公正地分配到每户。社会主义建设时期，爸爸每天按时参加生产队劳动，早晚还带领哥哥们种好自留地。每逢雨季，龙泉溪水暴涨，天还没亮爸爸就到河边撒网捞鱼。妈妈做早饭时，就叫我们去爸爸那里看看有没有收获。爸爸从来不让我们失望，有时多一点，有时少一点，总能使我们的早饭多一份佳肴。

1955 年 5 月，我们村所在的凤鸣乡关于处理农户将山林加入合作社的做法被中共浙江省委农村工作部作为当时社会主义改造的典型材料加以总结，提炼为《凤鸣乡处理山林入社政策推动春耕生产的总结》的调研报告，编入《浙江农村工作通讯》第 59 期，并上报中央，受到党中央和毛泽东主席的高度关注。该调研报告被编入毛泽东主席亲自主持编写的由人民出版社于 1956 年 1 月出版的《中国农村的社会主义高潮》一书，毛主席亲自将题目修改为《有成片林木地区的合作社必须迅速处理山林入社的问题》[①]，并写了按语。这个按语的全文为："这是一个普遍性的问题。一切有成片林木的山区，或者非山区，都应该迅速地按照党的政策，处理林木是否马上入社和如何入社的问题。浙江省龙泉县凤鸣乡的做法，可供各地参考。"[②] 当时的凤鸣乡是一个小乡，全乡 13 个村，4000 多人口，耕地人均不到一亩，但山林面积不小，人均有 6 亩多，全乡山林面积达 2 万多亩，是典型的"有成片林木的山区"。可见如何处理好山林入社问题，事关农民群众的根本利益。1955 年正是全国农村社会主义改造的高潮，爸爸作为村干部，积极响应党的号召，带头将自家的土地和山林加入合作社。毛主席对凤鸣乡林木入社的做法做出重要批示后，爸爸和乡里的其他干部都受到了极大的鼓舞。乡村两级普遍开展了学习讨论，并将毛主席的批示精神传达到全乡家家户户，大家一致表示要珍惜毛主席的肯定批示，一定要将入社的凤鸣山林保护得更好、建设得更好，为党和国家做出更大贡献，并为子孙后代造福。从 1956 年开始，为了纪念毛主席对凤鸣乡的重要批示，全乡（后来改为公社）每年都要在春季开展一段时间的集中义务造林活动，一直持续到 20 世纪 80 年代初。每年春季大造林，爸爸都积极带着哥哥们参加。20 世纪 70 年代，我读小学，每年春季每天上午放学后，我和其他同学一道，给参加全乡集中造林的爸爸、哥哥们送去妈妈精心准备的午饭。当时我们将午饭送到爸爸、哥哥们手里时，也要花费个把小时，往往是气喘吁吁。那是由于我们

① 中共中央党史和文献研究院：《建国以来毛泽东文稿》第五册，北京：中央文献出版社，1991 年版，第 563 页。

② 中共中央党史和文献研究院：《建国以来毛泽东文稿》第五册，北京：中央文献出版社，1991 年版，第 519 页。

★

上
篇

走的都是山间小道，临近了，还要"爬坡过坎"，因为爸爸他们挖山造林都是在半山腰以上甚至是在山顶上，这些地方林木稀疏，是植树造林的好地方。我们送午饭都尚且如此艰难，更不用说爸爸他们早出晚归的造林劳动有多艰辛了。他们不仅一早上山时要"爬坡过坎"，经过整整一天的劳作后，晚上回来时还要挑着满满两大捆的柴火"滚石下山"呢。前人栽树，后人乘凉。现在回乡，远眺凤鸣山水，绿树成荫，层林叠翠，真有孟浩然那"绿树村边合，青山郭外斜"的感觉。这感觉可不是空中楼阁的诗情画意，而是承载着爸爸他们那一代人对领袖、对党和人民的无限忠诚，召唤着爸爸他们那一代人用汗水和心血铸成的改天换地、绿化祖国、人定胜天的凤鸣精神。今天，刻着毛主席当年对凤鸣乡山林入社做法批示的石碑高高矗立于原凤鸣乡政府所在地梧桐口村桥头，就是这种战天斗地的精神永照千秋的象征。

改革开放初期，爸爸已到花甲之年，但仍旧在耕地和山林里辛勤耕作，完成承包地的种粮任务，还在自己开荒的小块土地上种植蔬菜、水果、茶叶等。妈妈和爸爸经常起早摸黑地采摘、整理农产品，然后各自肩挑七八十斤的蔬菜和瓜果，徒步 10 多里路到县城出售，赚钱维持全家生计和供我们读书。20 世纪 90 年代，爸爸在二哥开办的企业里工作，统计工人制成品的数量，直到 88 岁才退休。据二哥厂里的工人反映，爸爸记账认真细致，很少出差错。从二哥的厂里退休后，爸爸还是没有放下锄头，每年都在自家门前门后的承包地上种玉米。有时远方亲戚来看爸爸妈妈，到村口找不到是哪一家时，就向村里人问路，村里人总会说，顺着路往前走，看到路旁的大片玉米地就到了。爸爸种的玉米多，家里吃不完，还经常寄给在杭州的我们。每当收到爸爸寄来的玉米时，我的脑海里立即浮现出爸爸弯腰在田间辛勤劳作的身影。

与爸爸一样，为了把我们九个孩子抚养成人，妈妈也辛劳了一辈子。如果说爸爸的勤劳撑起了我们这个大家庭的门面，那妈妈的勤劳则让我们这个家立住了根基，站稳了脚跟。20世纪40—60年代，妈妈陆续生育了我们九个孩子。当时医疗条件有限，家里经济也不富裕，她从没去过医院，也没有请过医生，靠的是自己健康的体魄、坚强的毅力和丰富的实践经验。妈妈手把手将我们九个孩子养育成人，从没请过保姆，除了外婆在前几个哥哥出生时陪伴妈妈坐月子外，靠的都是妈妈自己的勤劳与精打细算。在20世纪50年代末60年代初的困难日子里，妈妈身后背着一个孩子、左手抱着一个孩子、右手牵着一个孩子到田间拾稻穗、采野菜。为了克服粮食短缺的困难，妈妈还放养了许多鸡鸭，常常把鸡鸭下的蛋节省下来拿到县城和附近工厂卖掉，然后购置稻米、面粉。为了卖个好价格，多买点粮食回家，妈妈经常一早出去，晚上很迟才回家。有时我们放学回家，等了好久还没见妈妈回来，便跑到渡口等她，远远看到从对岸撑过来的渡船上有妈妈，便喜出望外。

妈妈生前一直坚持放养土鸡，我在杭州成家立业后，回老家时间少，妈妈就经常托人给我们带土鸡蛋。记得我女儿出生时，爸爸妈妈都70多岁了，还不辞辛劳，携带10多只自己放养的土鸡，历经10多个小时长途大巴车的颠簸来到我们家，照顾我媳妇，看望我女儿。

爸爸妈妈除了勤劳，过日子也十分节俭。小时候，我很少看到妈妈给自己添新衣服，但每当妈妈来学校看我们或出门做客时都会穿得整洁、漂亮。原来妈妈将最新的一套服装专门作为自己出行时的"礼服"，每次穿后马上洗干净保存好，一用就是20多年。平时做家务和采摘农作物特别磨损衣服，妈妈穿的是修修补补的"劳动服"。20世纪六七十年代是实行计划经济的年代，物资供给有限，尤其是我们家人多，又都在田间或上山劳动，衣服消磨快，定额的布票往往不够用。为了能让爸爸和九个小孩都有足够的衣服换洗，妈妈经常去公社供销

1988 年 7 月李泽泉的爸爸妈妈和大姐在奉化溪口

店卖布的柜台向营业员套近乎，讨点他们裁布时剩下的边角料，拿回来好给大家缝制短裤或修补衣服。红色电影中常常有红军战士穿着草鞋的情节，80后、90后的中青年往往觉得陌生，但我们60年代出生的人却再熟悉不过了。因为在我们小时候，生活也是艰苦的，上山下地劳动，都穿着自打的草鞋，舍不得穿买来的解放鞋。每到下雨天，不方便去耕地开垦，爸爸就和哥哥们在家里打草鞋，一打就是好几双。打草鞋用的原料以稻草和麻绳为主，麻绳是中间的主线，打底用的基本是稻草。有时候妈妈也会提供一些小布条和棕榈丝，可以夹穿到稻草中，这样一来可以丰富颜色，让草鞋更美观，二来可以加固草鞋，提高了草鞋的质量。爸爸和哥哥们上山下地时间多，草鞋往往供不应求。因为布条和棕榈丝都比稻草贵，也比稻草牢固，妈妈在裁布做衣服或用棕丝做蓑衣时就有意节省和保存了不少小布条和棕丝，为的就是能让爸爸和哥哥们制作更多更好的草鞋。可见，小小的一双草鞋，凝聚了妈妈和爸爸多少心血啊。

不仅我们全家穿衣、用度十分节省，对待粮食，爸爸妈妈更是要求我们节俭。小时候吃饭，若碗里剩下了米粒，爸爸看见后都要批评教育我们，还时常给我们念"锄禾日当午，汗滴禾下土。谁知盘中餐，粒粒皆辛苦"这首古诗，教育我们粮食来之不易，要我们养成珍惜粮食的好习惯。

春蚕到死丝方尽，蜡炬成灰泪始干。妈妈一辈子辛劳，直到去世前一个月离家去县城医院看病前还不忘做好家务。当时已是农历十月，妈妈在爸爸的协助下，已完成了家里农作物的秋收，精心准备了番薯干、黄豆等年货等我们回家过年。妈妈去世后，我回家整理东西，睹物思人，妈妈那勤劳忙碌的身影和期待我们回家过年的神态仿佛就在眼前，令我百感交集。爸爸也一样，就在他病重离世前的半个月，我回家探望他，他拉着我的手说："儿呀，我已经活了102岁了，你妈妈已经离开我们9年了，是到了与你们离别的时候了。我走后，你要经常回来看看我们承包的责任田和山林地，那是我们农民的命根，是你爸爸妈妈辛勤一辈子的结晶，不能抛弃，你要想方设法保护好、管理好这些农田和山林。"这是爸爸——这位辛勤工作一辈子的劳动者的心声。爸爸，请您放心，儿子永远不忘劳动本色。

## 和气绘就百年家风特色

爸爸文化程度不高，只读过三个冬学，大抵相当于现在的小学三年级，妈妈更是连学都没上过。但他们都知书达理，为人谦和纯朴、宽容逊让。

小时候，爸爸经常给我们讲"六尺巷"的故事。故事的主人是康熙年间的礼部尚书张英。张英世居安徽桐城，其府第与吴宅为邻。邻家吴氏造房欲占张家三尺地基，张家人不服，修书一封到京城报告给张英。张英看完信，写下了"千里家书只为墙，让他三尺又何妨。万里长城今犹在，不见当年秦始皇"。家人收到书信后自感羞愧并按张英之意退让三尺，邻家人见尚书家人如此胸怀，深受感动，亦退让三尺，如此便形成了一条六尺宽的巷道。张吴两家礼让谦和亦被传为美谈。妈妈也经常给我们讲"宰相肚里能撑船，将军额上能跑马"的故事，要求我们不要在乎别人说了什么，不要计较别人做了什么，关键是要自己说好话、做好事。在爸爸妈妈看来，人贵有自知之明，看到别人的缺点容易，看到自己的不足难。要使自己不断进步，就必须严于律己，不断发现、改正自己的缺点。爸爸妈妈不仅这样说、这样想，还身体力行，带领全家这样做。

当哥哥与嫂嫂因日常小事产生矛盾甚至吵架时，爸爸妈妈总是批评哥哥不对。我小时候常见兄嫂二人吵吵嚷嚷地来到爸爸妈妈面前，要求爸爸妈妈评理，经过爸爸妈妈的耐心劝解，他们又心平气和地一同离开。哥哥们成家后，都独立造房，有时会因为门前门后地界分割的问题闹得不愉快，爸爸妈妈及时出面协调，叫大家不要计较。偶尔与邻居产生纠纷，妈妈总是主动上门讲和。凡是村里人路过家门口，妈妈总是热情地向他们打招呼，请他们进屋喝茶休息，如果靠近午饭时间，还请他们留下来吃了中饭再走。小时候，我发现妈妈每天早上都要烧好多开水，把茶壶灌得满满当当，中间还要多次添茶加水，想来就是她经常邀人喝茶的缘故了。

爸爸妈妈还乐于助人。对于村里造桥修路等事，爸爸的捐助从不落后。每当亲戚、乡亲生病了，爸爸妈妈总是前往探望，劝他们尽快去医院就诊。乡里乡亲来杭看病、小孩来杭读书参军，爸爸妈妈总要托信给我，要我尽力给予照顾。一些来杭看病的乡亲回去告诉妈妈我到医院探望他们，夸我为人客气。等我回家后，妈妈总是欣慰地转述给我听。2008年汶川大地震，年底我回家过年，妈妈就问我："外面发生了大地震，好多人受灾，你捐款了吗？"当听到我回答捐了3000多元时，妈妈高兴地说："应该的，好样的。"

每年春节阖家团圆的日子，总是妈妈最忙碌的时刻。物资匮乏的年代，过年是孩子们眼里难得吃上"大餐"的日子。大年三十年夜饭前，妈妈总要拿出家里最好的一部分食物给外公外婆送去。当餐桌上摆好了碗筷和菜肴后，她又总是叫我们先去请爷爷。爷爷入座后，妈妈才叫大家入席开饭。到了正月，妈妈不仅要带我们去探望长辈，对于上门拜年的晚辈，她也热情招待，回以礼物和红包。妈妈在的时候，尽管家里不富裕，但人来人往很是热闹。我长期在杭州读书和工作，只有春节前后才回家小住几天，每次我离开老家前的一天，妈妈都要精心准备菜肴，请几位嫂嫂一起帮忙烧菜做饭，摆上几桌，请全家几代几十人聚一聚，为我饯行。现在回想起来，尽管餐桌上没有山珍海味、陈年佳酿，只有老家的鸡鸭猪肉、蔬菜和自酿酒，也没有什么特别仪式，只有几代亲人简单的相聚与交谈，但那亲人间坦诚朴素、无拘无束、无话不说、其乐融融的和谐气氛，实质上是一种和合文化，是精神富裕的表现，是难能可贵的美好幸福。

## 崇学增添百年家风成色

爸爸妈妈不仅辛勤劳作、节俭生活，还十分重视读书学习。小时候，我们家的陈设十分简单，但爸爸的写字台抽屉里堆满了他喜爱看的《三国演义》《西游记》《水浒传》《红楼梦》和《岳飞全传》等文学经典，桌面上放着厚厚的日历书。晚上，我们躺在床上睡觉，常常一觉醒来发现爸爸还在煤油灯下看书，或在日历上记载农事。可见，爸爸不只是要求我们几个子女认真读书，也以自己的实际行动示范、影响我们去努力学习。

爸爸妈妈的崇学汗水还洒在送我们求学的道路上。我的五个哥哥，出生在 20 世纪 40—50 年代，尽管那时我们家家境贫穷，爸爸妈妈还是省吃俭用，送他们读书学习。除大哥作为老大，肩负着照顾多个弟弟妹妹生活的重担，没有读完小学就跟爸爸去劳动外，其余四个哥哥有两个小学毕业，两个初中毕业。在那个年代，小学毕业已是脱盲，初中毕业在农村已然是高学历了。1977年恢复高考后，大姐、二姐、我和妹妹先后参加高考。妈妈经常一大早就挑着爸爸种的蔬菜和给我们准备的梅干菜、大米到县城，卖完蔬菜后，她顾不上吃中饭就赶到我所在的城郊中学给我送来饭菜，然后又到几里之外的龙泉师范学校、南秦中学给姐姐、妹妹送去。当时十六七岁的我，望着妈妈挎着篮子、拎着米袋子渐行渐远的背影，想到妈妈一大早就挑着七八十斤重的担子步行15里路来县城卖菜，又饿着肚子奔走四五里路，只为我们能够按时吃上饭菜，禁不住泪流满面。

从高中起，二姐和我的家长会每次都由爸爸参加。家长会常常是在晚上举行，结束时已近深夜，爸爸就在学生宿舍里与我挤一张床过夜，第二天他顾不上吃早饭就匆匆返家。高考结束后，爸爸第一时间去县城招生办把我们的高考分数抄了回来。抄分数时，他还不忘向招生办同志打听高考录取情况，请他们帮忙分析我们的分数，回家再详细地告诉我们，让我们为来年高考更好地"备战"。

1984年8月我收到杭州大学的录取通知书后，爸爸妈妈就忙着为我准备上大学的日用品。那时候改革开放刚刚展开，大量农村大学生的家境还不是十分富裕，上大学常用的东西一般都是家里自备。妈妈想着杭州比龙泉冷，给我缝制了厚厚的棉衣和袜子。我清晰地记得，妈妈亲自给我缝制的枕头套，我从上大学开始一直用到成家。想着这些，我对孟郊《游子吟》中的每一句诗词①有了更深刻的理解和感受。

---

① 孟郊《游子吟》诗词共有四句，即：慈母手中线，游子身上衣。临行密密缝，意恐迟迟归。

妹妹考取松阳师范学校、我考取杭州大学,爸爸都亲自送我们去学校报到。那时交通远不如现在便捷,1984 年 9 月,我第一次从龙泉到杭州上大学,长途大巴行驶了 15 个小时多,从龙泉出发时天还没亮,到杭城时天已黑透。爸爸把我送到杭州大学,只是在杭州停留了一天,就踏上了返家的颠簸路程。清晨,当我站在武林门长途汽车站望着爸爸乘坐的长途大巴车消失在车流之中时,朱自清散文《背影》中父子离别的情感顷刻间涌上了我的心头。

时间川流不息,精神代代相传。妈妈已经离世十一年,爸爸也已逝世两年。我爱爸爸妈妈,只要一空下来就会想起他们,甚至常常梦见他们,但我无法令他们重返人间,能够做的只有将他们一生铸就的宝贵家风通过点滴事迹整理成文,让我们的子子孙孙更好地传承和弘扬,这也许就是我对爸爸妈妈的最好怀念吧!

# 家风的传承

邵大珊

原杭师院数学系党总支书记

好的家风，是一种润物细无声的品德力量，是一汪清润甘甜的泉水，给予我们精神力量，影响我们的行为作风。

我的丈夫叶东炜 1932 年出生于杭州，在那个战火纷飞的年代，他从小就失去了母亲，随外婆逃难到上海，在青年时期就接受了进步思想。1947 年，他在省吾中学读高中，任校学生会主席，1949 年 4 月入党。1949 年 6 月，中国人民解放军西南服务团在上海成立，他毅然报名参军，10 月初随军出发，坐火车经武汉到汨罗，改乘船到益阳，沿川湘公路徒步行军，12 月到重庆，全程 7000 里，历时 3 个多月。他曾经多次听刘伯承司令员、邓小平政委亲自讲课。这段经历，更加坚定了他奉献于党的事业、忠诚于党的信念。到重庆后，根据组织分配，他参加了艰巨复杂的接管工作，位于重庆南岸区的蒋介石公寓就是他和战友薛一民去接管的。如今，重庆市中心高耸着解放碑，纪念着重庆解放的光辉历程。

1957 年，我丈夫积极响应向科学进军的号召，考入南开大学，毕业后在天津外国语学院英语系任教，1979 年调到杭州师范学院外语系任教。作为一名教师，他非常重视教师的专业素养和爱岗敬业、奉献的精神。私底下，学生们都亲切地喊他"老叶"。在学生们眼中，老

叶东炜走完生命最后历程时邵大珊帮其完成心愿：进入中国人脑库为医学研究无私奉献

叶衣着朴素，为人淳朴，诲人不倦，待生如子。他平时对待学生和蔼可亲，平易近人；课堂上严格要求学生，一对一辅导学生的课业，认真纠正学生的语音错误，绝不放过任何死角。老叶上课很有一套，学生们至今都还记得老叶上课时的情景，他经常备一些小镜子，让学生通过照镜子的方式来掌握发音的要领，还常常用手指敲打讲台，引导大家有节奏地朗读英语美文。从教几十年来，他的学生可谓桃李满天下。马云在送给叶老师的毕业照上写道："承蒙您四年的帮助和指导，我永记心怀。十年以后，我们将再度相会，祝您身体健康，工作顺利。"

对于家庭教育，他也有自己的一套理念，比如趁早开发孩子智力、遵循孩子的心理规律、尊重孩子、尊重事实、重视体育锻炼等。他始终以自己的言行影响子女，言传身教，重视子女的健康成长。我们家曾有幸被评为"杭州市五好家庭""杭州市西湖区五好家庭标兵"。孩子如今成长为社会的栋梁也与他的教导密不可分。

退休后，我的丈夫仍然保持着天天学习的习惯，还乐于接受新鲜事物，

邵大珊与丈夫叶东炜的合影

常常使用"淘宝""滴滴",也学着用手机点餐。他说,不能落后于时代。81岁时,他将译著汇集成35万字的《小草集》。在浙医二院住院期间,他也身体力行地践行着为人师者的本色。别的病人都希望甚至要求资深护士来打针,他却主动鼓励实习护士来打针。老年人血管脆,容易跑针,实习护士手生再加上紧张,有时打完针后老叶手腕一块块乌青,我看了之后很心疼,他却说:"不要紧的,我这一把年纪,给孩子们练练手,要多给他们机会。"对于身后事,我和丈夫都没有流芳百世、身后留名的愿望,更不想百年之后多占一块地,就想把骨灰撒到森林、大海。即使生命终结,我的丈夫依旧在为社会做贡献,他将遗体捐给了浙江大学医学院做研究。

我退休前曾是杭州师范大学数学系的党总支书记。我回想自己这一辈子也算得上是兢兢业业、克己奉公了,觉得自己身上的这种精神品格离不开我父母的言传身教。我的母亲是小学教师,曾作为重庆市优秀教师代表出席全国人民代表大会。在我很小的时候,母亲就经常点一盏小灯,认真工作到半夜。我的父亲是《新蜀报》的副总编辑,

叶东炜和妻子参加杭州师范大学校内的金婚祝寿活动

他在报社辛勤工作，有时直到后半夜才回来。小时候，我们一家人与优秀的无产阶级革命家张闻天也相熟，这些革命者的革命精神深深地触动了当时还年幼的我。所以尽管身处"文化大革命"时期，我和我丈夫仍旧意志坚定，坚信党的领导。除了在工作上尽力做好每一件事情以外，在家庭中我也尽心照顾和教育子女。丈夫去世之后，我不愿意成为子女的负担，选择自己一人独居杭州。

　　家风是一个家庭共同的默契。只有营造出良好的家风，家庭才会和睦向上；只有将家风传承下来，家族才会兴旺发达。每个家庭都和睦，每个家族都兴旺，我们的祖国才会更好地发展。家庭是社会的细胞，家风与村风、民风建设紧密相关，优良廉洁的家风故事对后世与身边人所产生的影响，如春风化雨，浸润延绵。在我看来，家风家教是一个家庭特有的文化的传承，是一种润物细无声的品德力量，而父母的以身作则、科学教育是最好的家风家教。良好的家风家教总是浸润在生活之中，是深深刻在骨子里又不经意间流露出来的一股无形的力量。因此，我和丈夫平时很注意以身作则，希望通过我们的示范，子女能够成长为对社会有贡献、对家庭有担当的人。幸运的是，孩子们没有辜负我们的期望，成了社会的栋梁，能够为社会、为国家贡献出他们的一份力量。我的女儿邵凌在联合国做同声翻译，儿子邵峥曾是中国驻美大使馆一等秘书，我和丈夫都感到很欣慰。

# 做一个有益于人民的人

钱大同

原杭州师范学校校长

　　我出生于旧社会一个普通的农民家庭。1956 年，我加入中国共产党，1958 年大学毕业后被分配到严州师范学校，一工作就是 26 年。其间我一直任学科教学，后来担任教导处副主任、主任和校长。1986 年，我出任杭州师范学校校长。工作期间，我兼任了两届杭州市政府咨询委员会教育组成员、杭州市第六届政协常委会委员，还任杭州市政府专职督学和浙江省政府第五届兼职督学。1999 年 8 月退休后，我在浙江绍兴、长兴、诸暨的民办学校工作了 10 年。

《钱氏家训》书影及内文

退休以后，我有了更多的学习时间。我每天都会花上几个小时的时间来读书看报，做摘录。遇到国内外的大事以及我感兴趣的内容时，我都会把它们摘录在我的笔记本上。我尤其关注教育的新闻，习近平总书记关于教育方面的讲话和论述，我都会认真研读。所谓"活到老，学到老"，只有不断地学习与思考，我们的思维才不容易僵化；也只有通过不断地学习获得精神能量，我们的生活才能充实。

这几十年来，我一直从事着与教育教学相关的工作，出于职业情结和对基础教育重要性的考量，我这辈子最后一个愿望就是希望完成"优化基础教育学校布局"课题的研究。为此，我进行了实地调查，不断地学习各方面的知识。我深知这个课题的研究并不容易，但认定的事情我一定要完成，只要身体状况允许，我会继续进行课题的研究、思考及文稿编辑工作。

工作50余年，我能够为教育事业做出一点贡献，根本上是离不开我们伟大民族精神的指引的，离不开党和政府的培养的，也离不开家庭的影响和熏陶。我认为，家庭是人生的第一课堂，家庭教育与一个人的成长有很大关系。对孩子来说，父母长辈也是老师，是他们的模仿对象。长辈的一举一动都会在他们的脑海里留下深刻的印象，长辈的教育也就更容易被孩子接受。而我的家庭教育多是来自我的祖父母。我从小到大与他们共同生活，深刻地体会到了我们钱氏家族所流传下来的优良家风——好好读书，练好本领；艰苦奋斗，精益求精；为人正直，助人为乐。

我的祖父钱忠孝，我的祖母王福女，都是最普通的农民。他们虽然是文盲，却尤为重视对子女们的教育，认为唯有"好好读书，练好本领"，才能够有出息。小时候家里人多地少，生活并不富裕，土地改革时期我们家被划为"贫农"。祖父在农忙之余为人家箍桶赚钱，供晚辈读书，后来也成了家乡有名的箍桶匠。正是在"好好读书，练

钱大同编著的部分图书和教材　　　　钱大同的部分聘书和荣誉证书

好本领"家风的熏陶下，祖父母五个儿子，我的爸爸和叔叔们，有三个都读到初中毕业，后来或是进入政府部门，或是从事工商管理、邮政事业等。我的父亲进入简易师范学校，曾担任小学老师；我的弟弟在当了八年的铁道兵之后，也进入民办、公办小学当老师。

　　我一直谨记长辈教导的"好好读书，练好本领"的精神，并以此来教育我的子孙后辈，现在我们家是四世同堂。

　　长辈的言行也教会了我艰苦奋斗。从小跟着祖父母生活，在他们的影响下，我参加各种劳动，割草、砍柴、喂牛、种田……记得小时候，天蒙蒙亮我就跟着祖父到山上劳动，山路崎岖，很容易受伤。但我不怕苦痛，就算受了伤，也只是在山上采一把草药，揉碎了摁在伤口上。

　　祖父也身体力行教会了我精益求精。我仍然留着他制作的木桶，至今已有六七十年，仍然完好坚固，桶盖与桶身严丝合缝，如同精致的工艺品。他的这种工匠精神，对我而言也起到了很好的示范作用。在这种工匠精神的影响下，即使我的工作消耗体力、脑力劳动程度非常大，我也尽力把每一件事做到最好。我教地理、哲学，实施教育管理，开设创新性课程等都精心设计，精细行动。就像现在说的"精准扶贫"，我们做任何一件事都要精确、精准。我不仅这样要求自己，更是严格要求晚辈。

我时常感念于父亲给我起的名字，"世界大同，天下为公"，这个伴随了我一生的名字时时刻刻提醒着我要胸怀大志、顾全大局、诚恳待人。无论他人从事什么职业，无论是长辈还是后辈，都平等对待，一视同仁，友好相处。

从小接受的教育让我明白做人做事应认真仔细、精益求精，不求荣华富贵、不求荣誉名利。我在任职期间遵循勤俭廉洁的原则。依靠学校师生员工的智慧和力量，杭州师范学校文明建设成果曾在全市、全省、全国领先。在建德教育局工作期间，曾经有人为修建校舍带了火腿到办公室求我，我告诉他："把火腿老老实实背回去，否则不要和我提任何事。你背回去了，我们会进行考察研究，如确有必要，也会落实项目的。"这事儿传出去以后，人人都说我就是个"打不进"的局长。

我的祖父忠厚老实，在家乡被人们尊称为"大和尚"，他"乐于助人"的精神至今仍深深地影响着我。我家在峡谷中，人们上山时有一条山路非常不好走，这条山路就成了令不少人头疼的问题。于是我的祖父扛着铁锹一点点把山路变成了比较牢靠的台阶，遇到冰雪天气与狂风暴雨时，他还会去加固。家乡缺粮的情况经常发生，一旦收成不好，家里粮食不够，人们就需要翻山越岭到安徽挑米。我翻阅过家谱，我祖父为了家人能度过粮荒，一年六个月连续挑米十一趟，其中的艰难困苦，可见一斑。然而，他发现邻居因身体不好无法挑米时，便将那些在山路间经过颠簸辗转，好不容易挑来的米大方地借给了邻居，诸如此类的事情还有很多。同乡付不起工匠钱时，我的祖父都会给他们赊账；山上有个小木桥不牢固，祖父一定会跑去修葺；家里虽然贫穷，但一旦有客人来做客，不论是谁，祖父母一定会把所有好吃的东西都拿出来……

这种乐于助人的精神始终教导着我，引领着我。毕业以后工作，我想着一定要为家乡建设做点贡献，因此捐了一点款，帮家乡修路、造学校。从事教育工作50多年中，我全心全意为师生员工服务，我关心学生们的生活健康。在严州师范当班主任时，看到学生身上的衣服有破洞，我就把自己的衣服给他们。当学生买日用品缺钱时，我就送钱给他们……我的老伴在这方面做得比我好，她特别关心体贴学生，尤其是那些家庭贫困的学生，以至于我们的孩子常常半真半假地抱怨，"你俩对待学生都比对待我们子女还要好"。

我的祖父母，世代钱氏人，在与大自然的相处中，在生产生活中，在和各族人民的交往中，铸造了勤劳勇敢、艰苦奋斗、团结友爱的性格特征。我始终认为我们应该传承这些基因，像先祖们那样践行好人生价值，做一个有益于人民的人。

# 优良家风　传承品质

任顺木

原杭师院数学系主任

## 温和待人，严格育女

认真，是一种常被人们挂在嘴边却难以持之以恒的优良品德。这么多年来，我一直坚持用认真到极致的态度对待任何事情，在教学上如此，在待人处世上也是如此。在杭州师范大学任教期间，我坚持给学生授课，并提出教师应该把复杂问题简单化，把抽象问题具体化。因为我教授的数学是一门抽象的学科，只有教师把它放到实际生活中去，学生才好理解。在执教生涯中，我尽量让自己的教学既具备严谨的态度，又不失生动的形式。令我欣慰的是，我的学生中出了许多优秀的人才。但我知道，优秀的学生并不是我骄傲的资本。不管何时，不摆架子，不高抬自己，尊敬身边的每一个人，是我为人处世的准则之一。

我希望将这种极致认真的精神传承给女儿，所以对她的教育很严格。不管什么时候，我都要求她不能松懈。从小学起，我就在学业上严格要求女儿。说到这儿，就不得不提一件令我十分骄傲的事情，在一次杭州统考中，我女儿发现了试题中有六个错误，这足以说明我的女儿学会了用极其认真的态度对待事情，我对她的教育确实给她带去

任顺木与家人合影

了有益的影响。在我严格的要求及言传身教下，女儿在学习方面的表现一直十分突出，多次获评"三好学生"。高考时，经过不懈努力，她最终考上了北京国际关系学院，并入读当时十分热门的翻译专业。我想她之所以能取得如此优异的成绩，考上理想的大学，很大一部分原因就在于她的认真。我很高兴，"认真"这一品质能在我和我女儿之间延续下去，我更希望它能成为我们家风中重要的一部分，代代相传。

## 家风优良，孝顺为先

上虞儿女一直被认为是孝顺父母的典范，我的女儿和女婿也是极为孝顺之人。我以前就教育女儿要学会做人，首先要做一个孝顺长辈、对国家有用的人。女儿的确记住了我的这句话，从来没有忘记过要将孝顺父母放在第一位。我的女婿是清华大学浙江校友会的会长，毕业后创办了自己的 IT 企业，在事业上有所成就，但是女儿女婿并没有因为工作就疏忽对长辈的陪伴。我和我老伴退休之后，女儿女婿带着我俩四处游玩，前前后后总共去了 30 多个国家，比如美国、俄罗斯、印度、马来西亚，以及欧洲各国……女儿女婿对我们说，只要我俩走得动，想去就去！女儿女婿一直以来的耐心陪伴，是我和我老伴晚年生活中最幸福的部分。

百善孝为先，孝顺作为中华民族的优良传统，能在子女身上得到体现，与长辈的教育有着分不开的关系。我想，我的女儿女婿能如此孝顺我和我老伴，与我们的家风家训有着很重要的关系。今天女儿的百般孝顺，都是幼年时我们对她谆谆教导、言传身教的结果，正是优良的家风家训，塑造了女儿优秀的品质。

## 家庭和谐，相互尊重

我和我的妻子是小学、初中同学，双方的家就隔一个村，我们是大学毕业后在一起的。由于工作分配，我们分居两地近 10 年，全靠书信联系，直到 1976 年才在杭州相聚。但是我们夫妻关系一直很好，也一直被同事们认为是模范夫妻，是青年人学习的典范。我相信我与我老伴的相处模式对女儿女婿有很深的影响，我们一家四口人住在一栋房子里，人虽多，但矛盾少，家人之间的一切关系都协调得很好。

子女都是独立的个体，所以我一直都很尊重子女的意见，但尊重不代表放任。在毕业选择去向时，女儿提出了出国的想法，在当时的大环境下，翻译是个热门且抢手的专业，高等学校翻译专业的毕业生是市场上的香饽饽，国家领事馆等许多机构都向女儿抛出了橄榄枝。然而，我想让女儿在国内发展，为国家建设做贡献。于是我给她做思想工作，告诉她真正优秀的人才一定是具有强烈家国情怀的，劝她不要出国。最终在我的耐心劝导下，女儿接受了我的建议，留在了国内，进了一家外贸公司，干出了不错的业绩。我尊重子女的意见，但也会为女儿着想，给出自己恳切、贴心的建议。不过现在我们老了，更多地将决定权交给了子女。对我们来说，照顾好自己，不给子女添麻烦，就是对子女最大的帮助。

古人言："人生内无贤父兄，外无严师友，而能有成者少矣。"我对这句话深信不疑。子女的卓越成就、家庭的和睦融洽与家风家训有着密不可分的联系，优良的家风对塑造子女美善人格、营造家庭融洽氛围起着十分重要的作用，许多成功者身上的优异品质都是在良好的家风环境中形成的。因此，我非常重视家风建设，认真、孝顺、和睦、尊重又有约束，是我对我们家庭家风的定义，希望这样的家风能传承下去并且历久弥新。

★

# 四世同堂的故事

沈慧麟

原杭师院物理系主任

　　好家风是一个家庭紧密团结、相亲相爱的源泉。很多人对于我们一大家子能生活在一起的生活方式感到惊奇与羡慕，对于现在的青年一代甚至更年轻的孩子来说，与父母住在一起的生活方式是无法接受的，但我的女儿却主动提出这样的方式。全家老小共住一个屋檐下是我们家代代相传的生活方式。在如今这个快节奏且容易浮躁的时代，家庭矛盾是很多家庭特别是家族式家庭所烦恼和痛苦的，但我们一家人却始终能够和谐相处。

　　我和妻子都非常重视对子女的教育工作，也都非常尊重孩子的个人想法。令我们欣慰的是，女儿没有辜负我们对她的期望，她从小就非常优秀。我和妻子一直为我们有这样一个女儿而自豪，原因不仅仅是女儿在事业上有所成就，更是她长成了一位善良正直、爱护家人、对社会有贡献的人。我可以感受到我的女儿是发自内心地尊敬和爱护着我和妻子。她曾经对我说过她从来没有过离开家与我们分开住的想法，即使要搬家也会先问我们对新房有什么要求，会先考虑我们的想法。正是因为家中的每一个人都能互相尊重、相亲相爱，所以我们一家一直被评选为"优秀家庭"，我的妻子、材化学院王德琳老师也被评为"优秀媳妇"。

沈慧麟与妻子在一起

　　总结来说，我们家最核心也是最珍贵的理念就是：家庭中的每一个人都应摆正自己的位置。家中的每个成员都要做到实事求是、尊重他人，大人要有大人的样子，小孩子也要有小孩子的样子。长辈可以教育小辈，但是教育的前提是长辈自己要做到，否则就是毫无道理的，这就是所谓的"打铁还需自身硬"。对于长辈来说，要时时刻刻记得以身作则，要注意有小辈在观察和模仿你。长辈还要从小就教育小辈，不要做没有意义的事。小孩子习惯哭闹，例如害怕打针，但无论小孩子怎样哭闹，也无法逃避要打针的事实，既然这样，不如教育小辈坦然面对，即使有恐惧也不要慌张。而小辈要培养自己的判断能力，要听长辈的意见，但是也不要全盘吸收，要做一个有主见、有自我意识的人。即使小辈觉得长辈的说法有误，也应该仔细斟酌考虑，而不是一股脑儿就认为是错误的，要看到并学习长辈身上好的一面，培养好的习惯，比如谦让。我认为，这才是我们现在这个时代所应该倡导的家风。

家风是传辈的，我的母亲因为生于战争年代，虽然读书不多，但不妨碍她成为一名被邻里尊重、被小辈喜爱的伟大女性。每件日常的小事，都映照着她的品质。她通情达理，又很细心地观察身边的人和事，很少去抱怨他人。即使邻居做了不好的事，她也会用和气的方式去解决。在我的眼中，我的母亲是个大气的女性，从不会和人斤斤计较，所以我一直非常尊敬并深爱着我的母亲。我的母亲总是教育我：如果要说，就要做到；如果不做，就不要说。她是这么说的，也是这么做的。她关心邻居，曾经为一位邻居奶奶专门做了一双小脚的布鞋。这是别人都没有想到的，而她不仅想到了，还做到了。在那个战争年代，人们总是四处辗转，到处搬迁，我们家也不例外。我们一家人辗转去了很多地方，可是无论到哪里，我的母亲都能和身边的人打成一片，无论在哪里也都能受到别人的赞誉和爱戴。母亲对邻居尚且如此热心肠，对家人就更是无微不至、百般呵护了。正是由于母亲强大的榜样作用，我在潜移默化之中继承了母亲为人处世的一些原则，也在不知不觉间继承了母亲的教育方式，总是格外尊重长辈。我习惯于把家中最好的、有阳光的房间给自己的母亲居住，然后按辈分大小进行安排，即使女儿结婚后也是如此。女儿女婿也从没有什么异议，他们觉得这是一件自然而然的事。

"其身正，不令而行；其身不正，虽令不从。"我一直认为要别人做到，首先自己要做到；要以理服人，以德服众。在我的影响下，我的家人也是如此。我们一家人一直温馨和睦地生活在一起，家中的每一个人都既懂道理又互相尊重，并且常常进行自我反思，每个人都具有极强的家庭责任感、社会责任感。我和妻子在结婚 50 周年的时候做了一个早在 10 多年前就商量好的事情：将遗体、眼组织以及其他可用组织全部捐献。决定捐献遗体最初的触动，来自我母亲。她死后就没留骨灰，没修坟。1962 年我母亲退休时，母亲就和我们讲她的身后事要从简。我和我妻子都觉得自己应该比母亲更进一步，在离开人世的那天，将遗体无偿捐献出去。我们觉得不要给小辈添麻烦，不用举行追悼会，不用修坟造墓，每年也无须上坟，把好的品德、习惯、做派这些精神上的东西传承和延续下去才更有意义。我的妻子已经去世了，她的遗体已经无偿捐献出去了，捐献遗体是我们夫妻俩最后的约定。

中华民族历来重视家庭，正所谓"天下之本在国，国之本在家"，家和万事兴。国家富强，民族复兴，最终体现为千千万万个家庭都幸福美满，体现为亿万人民的生活不断改善。千家万户好，国家才能好，民族才能好。好家风是祖辈历经沧桑岁月，用汗水和智慧结晶出来的精神财富，不应该被丢弃和遗忘，我们应当好好继承和发扬。

# 做事"顶真" 做人真诚

徐达炎

原杭师院成人教育学院院长

对于我们家来说并没有十分明确的、形成文字的家教家训，但"做事'顶真'，做人真诚"这几个字，似乎是我们家族几代人基因中的"源代码"。

## 做事"顶真"，无愧于心

我8岁时，母亲就因病去世，我们5个兄弟姐妹被在布店做工的父亲与做针线活的祖母含辛茹苦地养大。父亲虽只有小学文化，但做事非常"顶真"，用杭州人的话讲，就是"一点一划"的性格。

我上高中的时候，父亲在家乡桐乡屠甸镇供销社的蚕茧收购站工作。我记忆最深的是有一年夏初，正值蚕茧收购季节，父亲不仅要白天工作，晚上还要在茧站值班，而那个茧站据说闹过鬼，没人愿意晚上去值班。只有父亲不信邪，拿着手电、木棍住了进去。一天晚上，祖母突然患了严重的胃病，而父亲因职责所在，不能回家，他就赶紧托人通知在桐乡读高中的我，让我请假回家照顾生病的祖母。做一件事，就一定要尽心尽责，这就是父亲的性格。

父亲中年丧妻，但为了我们五个孩子，他坚决不续弦，一心一意

徐达炎（戴红领巾者）与他的父亲、祖母及兄弟姐妹的合影（拍摄于 1954 年）

培养我们读书成才。"锦荣伯（我父亲姓徐名锦荣）了不起，五个子女，个个有出息。三个儿子大学毕业，两个女儿中专毕业，还有个女婿在杭州当医生。"这是 20 世纪七八十年代屠甸镇街坊邻居中流传的一段"点赞语"。能做到这点，在当时是很不容易的，平凡的父亲那可贵的"顶真"精神可见一斑。这种精神也一直影响着我们。

我和二哥做事有一个共同点，就是事无巨细，都要详细地列一个清单，写上"一、二、三、四……"，然后不折不扣地严格按照步骤完成，哪怕去买个菜也是如此。这有时会引起家人的"嘲笑"，说我们是"背时鬼"，但这似乎已成为我们性格的一部分，很难改变。有时因为过于"顶真"自讨苦吃也未能改变。

20 世纪 60 年代末，我大学毕业后被分配到缙云县，当了一名山村教师。有一年寒假，我组织两个班的学生利用微积分中"以直代曲，无限分割，无限积累"等原理，开展田野应用设计课程。严寒中，我在山间爬上爬下，得了重感冒。但为了做好这件事，我咬牙坚持，最后因感冒并发胸膜炎，被送到医院抢救，差点送了命。不过我据此实践经历写成的《一种移山填谷平整土地的测算方法》被国家级刊物《测绘通报》刊载，并被收入当时武汉地区的中学教材。因此，这种"顶真"，也算值得。

1977 年 9 月，因工作需要，我被调到缙云县盘溪中学（区级中学）任教导主任。在此期间，我主动要求担任毕业班班主任及该班数学老师。我对 78 届 35 位同学精心进行教育教学，1978 年暑假有 14 位同学考上了大学，这在该校的历史上是史无前例的。由于工作认真负责，1985 年 9 月我被浙江省教育委员会授予"省优秀教师"称号。

1986 年暑期，我和爱人调回杭州，我在杭州师范学校当了两年班主任及数学老师。1988 年起，我任杭州师范学校副校长达 12 年。在这期间，除了做好行政工作，我还参编了两本教材：一本是受国家教委师范司委托，由我和深圳教育学院、北京三师、武汉一师的老师合作完成的《初等数论》，供全国中师大专班使用，于 1995 年 2 月由开明出版社出版；另一本是应浙江省高等自学考试委员会委托，由徐宪民教授主编（时任浙江师范大学数学系主任，后任嘉兴学院院长）、我参与编写的《高等数学基础》一书，供浙江、福建两省高等自考小教专业用，于 1995 年 12 月由杭州大学出版社出版。在杭州师范学校时期，我多次被授予"杭州市教育系统优秀党员""先进工作者"等荣誉称号。

2001—2006 年，我任杭州师范学院成人教育学院院长兼机关第二党总支书记。

2004 年成教学院的科研论文《积极推进高等成人教育信息化进程的实践与探索》（我是第一作者）获省教育厅高校优秀科研成果二等奖。成人教育是二线教育，能获此奖已是不易之事。

2006 年退休后，我一直任退休党支部书记。2019 年初，我进入学校离退休工作领导小组。10 多年来，我一直尽自己的努力做好这些工作。2017 年，我被学校评为"优秀共产党员"，还两次被评为"健康老人"。

我爱人是我的大学同学，毕业后一起去缙云工作。调回杭州后她曾在朝晖中学、向阳中学工作，多次被评为"校先进工作者"。1995 年，由全校教师无记名投票，她票数最高，被评为"杭州市第七届优秀园丁"（比优秀工作者更难评），获奖金 300 元，妻子全部捐给浙江省青年成才基金会（希望工程）。

我们夫妻两人大学毕业后都分配到了艰苦的山区工作，所以将儿子徐骏寄养在杭州的外婆家。儿子小时候学习上没人督促，成绩不理想，初中毕业后进了职高。我们调回杭州后不久，儿子也工作了。这一时期，不知怎么，儿子忽然"开悟"，似乎也秉承了"顶真"精神，开始利用业余时间发奋学习，从大专、本科，一直到获得浙江大学的硕士学位。

因基础差，英语一直是儿子学习中的"拦路虎"。大学英语三、四、六级全国统考，儿子每一级都要考三次才能过关，屡战屡败、屡败屡战，"一根筋"的他考了九次才最后过关，拿到学位。

几年前，儿子还花了近五年时间，通过大量地考证和搜集资料，将他童年玩耍处的一个牌坊（松木场"浩气长存"牌坊）背后的故事挖掘出来，撰写出版了 30 万字和 600 多幅图片的《八十八师与一二八淞沪抗战》一书。我觉得，这些都是"顶真"的一种体现。他 1994 年进入省委办公厅工作，曾先后 12 次被评为"厅优秀党员"及"先进工作者"，2022 年还被授予全省机关事务工作先进个人奖状。

我孙子徐飞阳现在是名大学生，读的是计算机专业，这也是他从小就喜欢的一个领域。他上小学时就痴迷各种电子元件，还十分"顶真"

2019年4月9日，徐骏（徐达炎儿子）发表在杭州日报《倾听·人生》专栏的文章

地自己组装过一台"手提箱电脑"。现在他还爱上了摄影及视频制作，假期到各地进行拍摄，作品多次获得大学生摄影奖项。做事"顶真"的"基因"，看来也得到了一定的传承。

## 做人真诚，融洽相处

2024年七一建党节，我荣获了"光荣在党五十周年纪念章"。我家三代人，从纵向看，父亲、我、儿子分别是50年代、70年代、90年代入党的。父亲是1959年桐乡县的先进工作者；我1984年被评为浙江省为人师表优秀教师。从横向看，我家三兄弟（大哥、二哥和我）均在20世纪六七十年代入党，分别毕业于上海交通大学、杭州大学和浙江师范大学，在工作中也都取得了可喜的成绩。

我父亲虽然没有什么物质上的家产留给我们，但他将"顶真、真诚"的品格传给了后辈，这一品格还会被继续传承下去，我认为这是最好的家产，是无价之宝。

"做人真诚"，说白了就是与人相处简单直白，人际关系不复杂，没有什么小心思、弯弯绕，人家滴水之恩，就算无法涌泉相报，也要常怀感恩之心，对家人、同事和朋友，都应如此。

父亲虽文化不高、家境贫寒，还上有老下有小要抚养，可他在老家小镇上还曾被选为街长。在他朴实的价值观中，不管是谁，只要给过他哪怕一点帮助，都牢记在心，就算拎几只桃子、橘子上门，也一定要表达心意。

抗日战争时期，父亲曾被日本兵抓去当苦工。当时有个翻译是父亲的老乡，知道父亲家境可怜，就想法偷偷帮父亲逃了回来。后来，这个翻译被定为汉奸，父亲却不忘此恩，仍悄悄地帮助、救济其家属，父亲的真诚也深深地感动了他们。

我和爱人结婚 55 年，风风雨雨走来，一直相濡以沫、不离不弃、以诚相待。尽管我有时脾气不好，喜欢钻牛角尖，常常惹爱人生气，但没过多久，必定是我"无条件投降"。因为当初我爱人，一个杭州姑娘，能看上我这个乡下"傻小子"，是我一辈子的福分。

记得我们刚调回杭州不久，还住在教工宿舍里，晚饭后，我常牵着爱人的手，迎着夕阳，在美丽的校园中散步，被住校的学生看到时，他们会偷偷地笑我们："徐老师这么大年纪，还这么浪漫！"我爱人有些不好意思，我说："怕啥！老夫老妻就是要牵着手、一起走。"

说来很有意思，待人真诚还为我带来了一个好儿媳。我和亲家老黄都是教育系统的，一次出差时住同一个房间，我们聊起了各自的子女。我发现他大女儿正是杭州师范学校毕业的，而且还没对象，当时我儿子也没对象。凭我对老黄的了解，他的女儿肯定优秀，于是就非常真诚地提出撮合两人的想法，老黄也不反对，后来真的成就了这段姻缘。现两人已结婚 20 多年，三口之家其乐融融，儿媳妇贤惠孝顺，工作也十分出色，这就是"真诚"所带来的好处吧。

如今我们一家三代人，沟通融洽，每逢有人过生日，无论老少，都会举行一个小小的仪式，分享一个小蛋糕，吃一碗长寿面，送上一句真挚的祝福，来一个感恩的拥抱。

"顶真"和"真诚"，虽有时会被人笑作"傻"，但相比"马虎"与"圆滑"，我们做事做人更无愧于心、无愧于人。我想，这也是我父亲、我、我儿子及后代所应秉承的一种"家风"吧。

# 读万卷书　行万里路

## ——我的书房故事

张钰林

原健康管理学院书记

　　我的书房墙上挂有一幅书法作品，那是 20 世纪 70 年代末我在陆军驻江苏某部任职时，著名书法家江波先生题赠的《读万卷书》。这幅伴随我半个多世纪的书法作品，正是我毕生的信条、追求和家传。

　　我自小喜爱读书。20 世纪 50 年代在杭州灵隐小学读书时，聪慧好学的我算是学校的"名人"。老师常说，我的考卷就是标准答案。课余时间，我是学校阅览室的常客。1958 年下半年，我升入六年级。当时学校要采购一批图书，老师特地把我带上，让我一起去选购同学们喜爱的新书。那是我第一次走进杭州最大的新华书店——解放路新华书店。看着满屋的新书，我十分激动。凡是我喜欢的书，尽往老师的筐里装。老师去结算时，我就找一堆喜欢的书，坐在一个角落里尽情地阅读。老师好不容易找到我时，只见我满脸通红，情绪高昂，原来我是憋着尿在看书呢。刚出新华书店大门，我就对老师说尿急，这时已经来不及找厕所了……以后，老师常把我"看书忘记尿尿"的事讲给同学们听，以激励大家好学上进。正因为我勤奋好学，表现优异，1959 年我光荣地参加了杭州市第一次少先队代表大会，受到了表彰和奖励。

　　我的书柜里珍藏着一本商务印书馆 1962 年修订出版、1965 年重

江波先生题赠给张钰林的《读万卷书》书法作品

印发行的《新华字典》。这算是我平生购买的第一本书。说起这本《新华字典》的来历，也有一个好学的故事。1965 年 8 月，我考入中国人民解放军南京外国语学院文学系。1966 年上半年，我们在安徽贵池参加"社教"运动。当时我与姚厥懋同学负责一个国营企业的"社教"工作。同样喜爱看书的两个人，工作之余常常谈论与读书相关的话题。有一次，我们为了一个字的读音相持不下，于是在一个炎热的午后，我硬是步行 10 余里路到池州城里的新华书店，专门买了这本《新华字典》，终于把争论的问题解决了。直到现在，这本被我翻阅了 50 多年的新华字典，尽管已经破损，仍是我的最爱，一直陪伴我看书学习、研究写作。

在部队的 20 多年里，从学员、战士到干部的历程中，我都会从有限的津贴和月薪中拿出相当部分来购书。可以说，读书、购书一路伴我前行。随着我的书籍数量的不断增加，如何存放书籍成了大问题。我多么希望有自己的书柜和书房，可那时这只能是臆想。1972 年，我在团政治处工作时，请人用两只废弃的炮弹箱做了一个简易书箱。这个简易书箱打开就是一个两层书架，合拢就是一个可以提走的书箱。这个箱子虽说不怎么好看，但比较实用，能存放我当时拥有的近百本各类书籍，给我的学习和工作带来了极大的帮助。1979年，我任师政治部宣传科长时，后勤部门搞来一批木材为团职干部打造家具。我提出宁可减少其他家具也要定做三个书柜。于是，我就拥有了梦寐以求的立式书柜。我非常喜欢这三个亲手设计且非常实用的书柜。此后多年，尽管我的工作单位和职务多次变换，但这三个书柜始终与我相伴。

在我的军旅生涯后期，卧室兼书房是我学习、工作的主"战场"。在这里，我如饥似渴地系统学习了马恩列斯的选集、毛刘周朱选集，系统学习了哲学、政治经济学、科学社会主义等理论原著，以及中央各时期的重要文献等，打下了比较深厚的理论基础，积累了比较扎实的理论功底，为我在部队开展政治教育和理论教学工作并取得成效提供了有力的支撑，也为我转业后在高校从事政治思想教育和理论研究宣传工作打下了坚实的基础。在20世纪80年代中期的百万大裁军中，我转业回到杭州，当时丢弃了许多家具，就是舍不得丢弃这三个书柜，我把它们带回杭州家中继续为我服务了许多年。

后来，我的书房经历了三次升级。1987年，单位分配给我一套三居室，我立马把两个朝南的房间中的一间做成了书房，从部队带回的三个书柜占据了一面墙，装满了我20多年收藏的各类书籍。这是我第一次拥有独立的真正意义上的书房。我把珍藏多年的《读万卷书》书法作品装裱一新，挂在书房最醒目的位置，以时常激励和鞭策我"读万卷书，行万里路"。1999年"房改"时，我分到一套面积更大一些的房子。在装修时，我忍痛舍弃了从部队带回、但已经不能容纳我全部书籍的三个书柜，定做了两面墙的整排书柜，数千册书籍装得满满当当。2019年，女儿特地为我们夫妻俩换购了一套电梯房，面积扩大了近一倍，我又一次把其中一间朝南的房间做成了书房，并定制了三面墙的书柜，装满了我的万余册藏书。此外，除了书桌还增加了摆放扫描机、复印机、打印机的工作台，书房建设又上了一个台阶。我的大学同学姚厥懋专程来参观了我的新书房，还专门写了一篇博客发布在网上，引来无数点赞。

30 多年来书房的三次升级，为我的学习、工作、研究创造了更为舒适的环境，提供了更为优越的条件。在书房里，我静心阅读，潜心研究，精心写作，细心编辑，取得了一定的成绩，为社会做出了应有的贡献。

书房里，装载着我 50 多年来购买、收藏的各类书籍万余册。有革命导师的原著，有新时期以来党的重要文献，有历史系列丛书，有成套的中外名著，有丰富的相关专业书籍，有军事文献和教材，还有桥牌运动的相关书籍……当然还有我自己的著作、发表论文的原件和参与编辑的各类出版物。可以毫不夸张地说，书房就是我和我家的图书馆、阅览室。

在书房里，我经常学习革命导师的理论著作，及时学习邓小平、江泽民、胡锦涛、习近平等中央领导人的理论著作和新时期中央重要文献，比较系统地阅读学习了党建理论、统战理论、心理学、高教管理以及人文历史方面的书籍，不断武装自己、充实自己、提高自己，始终紧跟时代的步伐，砥砺前行，为新时代中国特色社会主义事业、为"两个一百年"奋斗目标的实现，发挥自己的力量。

在书房里，我撰写了 140 余篇理论学习、研究、宣传文章，其中大部分发表在《浙江日报》《杭州日报》以及其他相关杂志上，获得各级各类奖励的有 40 多篇。1988 年结集出版了《春华秋实》理论文集。浙江省社会科学界联合会原党组副书记、副主席蓝蔚青教授评价说："改革开放以来，我省社科工作者为研究和宣传中国特色社会主义理论做了大量的工作，张钰林同志就是其中的突出代表。近十几年来，每逢中国特色社会主义理论有重要成果问世，在报刊上总能很快看到他发表文章加以阐述宣传。收入本书的只是其中最有代表性的一

张钰林在书房

部分。"这是对我的极高褒奖和极大鼓励，《杭州日报》还专门做了介绍并推介了这本书。

在书房里，我多次应邀为浙江省委教育工委编辑相关书籍，如参与编辑《高举时代旗帜加强高校党建》，担任《青年学生入党教材》《新编青年学生入党教材》《新编青年学生入党教程十讲》的主编或副主编，应邀参与杭州市委宣传部《思想政治工作理论读本》的编辑，负责编辑杭州市宗教研究会的《宗教研究服务社会》《弘扬宗教文化建设和谐社会》，以及主编或参与高校《实用临床心理医学》《中国革命与建设教程》等有关教材的编写。另外，我还多次应邀参加全省高校理论学习中心组的年度论文评选工作，为《高校思想政治工作》杂志编辑专栏。这是领导机关对我的信任和肯定。

书房印证我"读万卷书"的勤奋历程，记录我"行万里路"的社会贡献，也承载我"读万卷书，行万里路"的家教和传承。

好家风，会传承。我在部队工作20多年，限于当时的客观条件，我不能时常亲自教导孩子。但每次休假探亲，我总要为女儿带去许多书籍，以培养她读书的爱好和习惯；每次家属来部队探亲，我总会抽时间带女儿去新华书店，为她选购适宜的读物。女儿也在我的言传身教和潜移默化中，从小养成了读书的好习惯，成为了品学兼优的好学生。

好家风，代代传。在我们父女的示范和影响下，外孙女也成为了喜爱读书、好学上进的时代青年。从幼儿园到小学毕业，外孙女一直与我们二老生活在一起。幼年时，我的书房是她的玩处，除了摆放她的玩具，我的藏书也成了她的最爱；上学后，我在书房里增放了一张书桌和一台电脑，我们祖孙俩经常一人一桌，看书阅读。平时我带她逛杭州各家新华书店，让她挑选自己喜爱的读物，还专门腾出一个书柜给她使用。外孙女好学、勤学、巧学，表现出"青出于蓝而胜于蓝"的趋势。今年，女儿家新房装修，也为外孙女专门设计了一间独立的书房，里面满是她从小到现在购买和收藏的书籍，而且还在不断增加，这让我倍感欣慰和自豪。我与外孙女商定，将我书房里的《读万卷书》书法作品移挂到她的新书房，传承和光大我家"读万卷书，行万里路"的好家风。

读万卷书，行万里路。我的书房，记录了我的人生，传承着我的家教，彰显着我的家风，也必将继续展现我家的美好生活和灿烂明天。

# 我的家风

黄宁子

美术学院退休教师

## 独立自主、一视同仁的成长氛围

翻出父母从前给我写的信件，虽然信纸的边缘泛黄了，个别字也已微微模糊，但字里行间的关切和爱意却依然动人。我的父母与大多数父母不同。他们提倡孩子尽早独立，注重培养我们的动手能力。我们小小年纪就为父母分担家务活，妹妹更是十来岁就在家里帮忙烧饭。小孩子干家务活时难免会遇到困难，但这个过程也使我们的能力得到了很好的锻炼。我的父母除了有培养孩子独立的学习、生活能力这一前卫的教育思想之外，还从来不重男轻女，对所有孩子一视同仁，使每个孩子都在平等的家庭环境中长大，营造了和睦融洽的家庭氛围，也非常有利于我们健康人格的形成。

## 父母对孩子兴趣的培养

在我的收藏品中，有一份台州市路桥区图书馆的捐赠证书。受父亲解放后把家里的藏书都捐给了家乡文化馆的影响，我也捐了许多书。其中，最为珍贵的便是《老照片》。从第一卷的清朝《老照片》

黄宁子的捐赠证书

到 2016 年以后再出版的《老照片》，我都想办法收藏了，最后捐给了家乡图书馆。我所捐的《老照片》共有合订本 26 册，每册四五本，共 100 本左右。捐书不仅可以有效地促进社会公益事业的发展，而且有利于城市的文化建设。

　　书信也是我收藏品中重要的一部分。1963 年，我赴新疆支边，从那时起我就把与父母、朋友、同事的每一封书信都收藏好，一直保留至今。我收集的书信有很多，但其中有一封信令我印象深刻，那是父亲亲笔写给我的，主要内容是鼓励我要有百折不挠的精神。援疆前夕，我的父亲还送了我三件礼物：一是 1963 年 8 月 4 日的《解放日报》刊登的一篇文章《将军的儿子》，父亲在文章右上角题道，"不要好了伤疤忘了疼，记取谢伟三起三落的教训，作为自己的前车之鉴"；二是他用了三年的破旧皮夹；三是一本日记本，在页面上写了对我的要求。这三件礼物我一直珍藏至今。援疆期间，免不了会有不适应、不习惯的时候，免不了会有受到打击感到挫败的时候，免不了会有异常想念家乡、亲人的时候……每当这种时候，我都会将父亲寄来的信翻出来读一读，将父亲送给我的礼物拿出来看一看。父亲质朴又不失真挚的语言给予了我很大的鼓舞，朴素但珍贵的礼物很大程度上平复

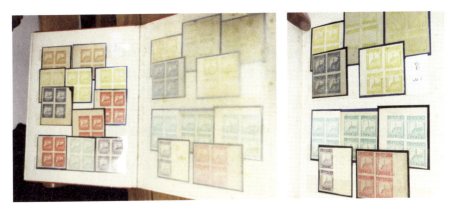

黄宁子收藏的邮票

了我的心情。多亏了父亲的信和礼物，它们使我在援疆的过程中能一直保持着坚定的信念和对援疆工作的热忱，所有的纠结和不安、理想和抱负，都在援疆生活的大熔炉里淬炼，促我成长、实现人生价值。

我的收藏品中还有一种物件——邮票。1956 年，我从家中抽屉里拿了两块钱买了一些邮票。那时的两块钱可是一笔巨款，但父亲看到我买的是邮票，却没有责骂我而是指出不能私自拿，有需求可以提。这些话对我这辈子影响深远。等到家里四兄妹都工作后，我把所有的邮票都交给了父亲，父亲在此基础上开始集邮。现在，父亲把当年所集的邮票都还给了每一个人，中南解放军邮票给了妹妹，东北解放军邮票给了弟弟，西北解放军邮票则给了我。这是兴趣的传承，也是家风的传承。

## 轻物质、重精神的家风

父母去世后，我们四兄妹对遗产都表现出一种不争不抢的态度，与当今社会一些为争夺财产而决裂的家庭截然相反。我们互相推让，处处为家人考虑。父母分给我们兄弟的房产比例不一，我们无半点意见，我还提出将我的部分再多给哥哥 5%。母亲去世留下的金银器，三个媳妇和妹妹都不要，最后由妹妹分成四份抽签而定。因为我们从小受父母的影响，深知物质对于一个家庭来说并不是最重要的，也不是决定一个家庭衰败或是兴盛的根本因素。家庭真正的财富在于家人之间的情感，在于家庭的家风和家教，那是一个家精神上的凝聚力，有了它们家庭才能延续，有了它们家才称得上是真正的家。

## 红色家风代代相传

我是在一个革命家庭中成长起来的，从小就深受信仰坚定、忠诚老实、廉洁自律、艰苦朴素、甘于奉献、严守纪律的优良作风的感染。

我的父亲是革命青年，曾就读于东吴大学，后加入中国共产党，被国民党通缉后转移至上海物资流通单位开展地下斗争。我的母亲是路桥妇女会的主任。红色家风是党员干部定其家、正其身的最佳精神养料。我这儿有一个父亲用过的证件套，这个证件套是父亲革命经历的见证。虽然我的父亲经历过许多挫折、磨难，身临过危及生命的处境，但他并没有就此放弃自己对党的坚定信仰，没有抛弃自己对共产主义事业的坚定信念。父亲的这个证件套是对我、对当代青年的一种勉励——做人要吃得了苦，经得起挫折；党员要不忘初心、牢记使命，始终对党保持忠诚，为共产主义奋斗终身，随时准备为党和人民牺牲一切，永不叛党。

我很感谢我的父母构建了如此良好的家风，我也一定会将这优良家风传递给自己的子女。

# 勤学谦卑　如师如父

殷企平

原外国语学院院长、资深教授

一家三代，孜孜不倦地耕耘着教育这片热土。一首 Sonnet 18 诵出了我们全家对文学的热爱与传承；一封《以身心安全告平儿书》道出了父亲对我的殷殷期盼与悠悠深情。作为外国语学院学术委员会主任、省级重点学科英语语言文学学科负责人，我治学严谨，为人谦逊，待人平等，尊敬长者。

我出身书香门第，先后求学于美国太平洋大学、杭州大学和英国苏塞克斯大学，曾到牛津大学、多伦多大学、渥太华大学、哈佛大学等世界一流大学访学，从事英美文学、西方文论等领域的研究工作，共出版专著6部、译著5部、教材7部，发表论文160余篇、译文3篇，其中多篇论文均发表在国家权威或核心刊物上。

我虽年过半百，却依旧充满活力。岁月带不走我这颗永远年轻的心，更带不走铭刻在我们家族骨子里的"好家风"。勤学谦卑，虽已到退休年龄，我却未选择闲适的退休生活，而是继续抓紧每一分每一秒研究学术，勤勉治学。出身书香世家的我，自幼受到家庭良好氛围的影响，对学术研究秉持着热情、严谨的态度。父亲殷作炎是著名的语言学家，现今已80岁有余，仍不失对学术研究的热情，继续钻研《中国哲学史》《史记》等著作。父亲对学术研究的这份热情，对教育事业的热忱一直潜移默化着我。不管是去哪里参加会议，我都会随身携带书籍，利用会议的闲暇时间看书、学习，不断充电，不断提升自我。如今，我的女儿在国外一所教育机构工作，负责对外汉语的传播，我也把这份热忱传承给了女儿。

我虽年过半百，但对待身边的每一位年轻教师都永葆平等谦卑之心。我认为平等待人、为人友善是做人的基本原则。

## 如师如父，倾囊相授

父母言传身教、以身作则，对教育热忱、对学术热爱的"好家风"一直根植在我的内心深处。在学术研究上，我喜欢默默耕耘，倾囊相授；在学习生活上，我愿意嘘寒问暖，分享经验。

我看到身边很多年轻教师都在积极申报课题，努力提升学术研究水平。我也非常支持年轻教师们能够在学术研究之路上收获更多成果，无论是国家级重大课题申报，还是研讨讲座，只要我有时间，只要学院或任何老师需要我帮助，我都非常愿意将自己发表论文、申报课题

殷企平与家人在一起

的经验与心得毫无保留地分享给大家。

我年轻时，不论是我的家庭成员还是我的师友，他们都曾在学习、生活、工作上给过我无私的帮助。现在，我也非常关心年轻教师的培养与发展，会询问关心他们的近况，关心他们的成长与职业规划，与他们分享我的经验。虽然平日工作繁忙，但我一直心系家人，只要有空就会抽时间陪伴家人。我每周都会去看望我的父亲和奶奶，每年过年也都是和家人在一起。我非常珍惜与家人在一起的每分每秒，觉得陪伴家人的时光是最温馨、最幸福的。

我很幸运拥有和睦融洽的家庭氛围，也很幸运能够成为"外院一家人、学术共同体"的一分子。我认为和谐的家庭生活与良好的工作业绩是相辅相成的，我们每个人都应该重视良好的家风家教对人生的深远影响。我希望通过我的努力，潜移默化地感染身边的人，将正能量传递给更多的人。

我一直坚信，如果在日常工作中，我们将同事视为工作战线上的亲友、战友，互相之间多一份关爱的帮扶问候，多一些融洽的相处相助，我们的工作和生活就会增添更强的凝聚力，每个人才会有更多的工作动力和更强的工作干劲！

# 怀念父母

## 写在父亲 100 周年诞辰

赵志毅

原图书馆馆长、教授

    2021 年 6 月 27 日，是父亲赵明贤（1921—2017）去世 4 周年忌日暨 100 周年诞辰。

    父亲籍贯陕北，祖父的祖父那代从山西洪洞大槐树迁到陕北榆林佳县王家砭乡赵家沟村。在曾祖父手上家道中兴，花钱捐了个"顶子"，父亲得以受到良好的教育。20 世纪 30 年代，谢子长、刘志丹、李子洲、习仲勋等在陕北秘密发展党组织，宣传党的救国救民政策。当时的陕西省立绥德师范学校红色底蕴深厚，由共产党早期活动家、教育家李子洲先生任校长。父亲在求学期间受进步思想影响走上了革命道路。1937 年，七七事变的枪声惊醒了他的教育救国梦，16 岁的他投笔从戎，参加红军，在阎揆要、张达志（二位都是开国中将）麾下当兵，后由高增汉、李德玉介绍入党，担任佳县青年救国会会长时他才 19 岁。1943 年，组织送父亲去延安中央党校学习。当时由于国民党的封锁，学校条件十分艰苦，他们响应党中央的号召，一边学习一边开荒种地，开展大生产运动。每个学员要完成一石二斗（360 斤）小米的生产任务，还要学习手工纺线，织毛衣（从懂事起我就记得我们姐弟所有过冬的毛衣、毛裤、毛袜都是父母亲织就的），做被服，搞运输。星期天大家主动上山打柴去集市售卖以筹措经费。党的七大之后，党中央

赵志毅的父亲赵明贤年轻时

赵志毅的母亲范德功年轻时

根据革命形势发展的需要，决定让延安中央党校学员全部出校工作，组织上派父亲回佳县担任区委书记，动员群众开展生产自救，支援前线。1947年，国民党驻榆林二十二军的一个连在父亲等共产党人的积极争取下投诚起义，对革命工作产生了很大的影响。同年，党中央动员地方干部到部队工作，开辟新解放区，父亲积极响应组织号召，在第一野战军司令部供给处搞后勤保障工作，筹措粮食，并参加了彭德怀指挥的青化砭、沙家店、养马河、瓦子街战役。

母亲范德功（1930—1999），少年时投奔王震将军的三五九旅，在野战医院当救护兵，曾在战斗中抢救伤员时中弹受伤，右脚留下了残疾，走路时有一点跛。母亲信奉的是礼义智信的耕读文化，践行的是革命军人纪律约束的生活方式（她始终保持着中国传统妇女和模范军人的风采）。

我们家父慈母严，姐弟五人中，大姐赵萍是父亲在老家早年去世的原配夫人毛氏所生，跟着父亲走南闯北，在颠沛流离中长大，20世纪50年代考入甘肃农业大学读书。在父母身旁的是我们兄弟四人，父母从小就给我们立下许多

赵志毅兄弟四人合影，右二为童年时的赵志毅

家规，比如"早操锻炼""诚实守信""勤俭持家""尊老爱幼"等。严格的家教培养了我们独立自主、勤奋好学的品质。我们很小就要自己洗衣做饭，刷鞋补袜，整理内务，寒暑假里每天晨练回家吃完早饭后，就要伏案做作业。我们兄弟四人有着明确的家务活分工：大哥与二哥协助爸妈每月一次去煤场买煤、去粮站打粮，以及干日常的担水劈柴等体力活儿，我负责每月一次的大院公共厕所的保洁清理和家里的洗碗扫地。家里老式写字台左边的第一个抽屉里是一字排开的两件套的深黑、草绿、淡紫、海蓝四色小搪瓷杯，杯体的胶布上分别写着魏碑体的"刚""强""毅""力"四个字，是爸爸的手迹，这是我们哥儿四个的名字。上层放着彩色的豆豆糖，下层放着数量一致的饼干、点心。我们从不争抢，只把自己的那一份装进口袋里带去学校吃。"文化大革命"中，父亲被打成了"走资本主义道路的当权派"。当时我已经读三年级了，母亲带着我去兰州市公交公司修理厂探望父亲（时任公司党委书记）时，他叫妈妈把专门给他准备的一饭盒饺子带回家给我们吃。当时我的心里五味杂陈，鼻子酸酸的。回来的路上，妈妈默默地抹眼泪。后来，"四人帮"覆灭，父亲得到了平反。

父亲喜欢喝酒，但很少见他喝醉过。他年轻时候多才多艺，唱京剧，写书法，吹笙箫。他对党的事业无限忠诚。身为公交公司党委书记，他牢记为人民服务的宗旨，时刻为职工着想，深受广大职工的爱戴。从我有记忆起，他都是骑自行车上下班。星期天，我们全家逛街时往往会有公交车停下来，司乘人员请我们上车顺路带一程，他从不允许我们乘坐，婉言谢绝的同时提醒司机、售票员不该违规停车。改革开放以后，家人有时会在饭桌上谈论"官倒""反腐"话题，他会感慨地说："要干，要发展就会有困难，如果没有困难，要我们这些共产党员干什么！"

在我大三时，父亲遭遇车祸，在兰州军区总医院抢救了三个多月，做了三次开颅手术，连下三次病危通知。在医院守护的那些日子，我常常望着沉睡中的父亲暗自垂泪，从小一直佑护着我们的伟岸身躯小了，也瘦了。密密麻麻的绷带缠住父亲的头颅，千丝万缕的情愫捆绑着我的心。父亲凭借顽强的意志力，坚强地挺过一个个难关。后来我大学毕业，分配去西北民族学院预科部任教，工作四年后考入西北师范大学教育系攻读硕士学位，再后来我考入南京师范大学师从鲁洁教授攻读博士，毕业后教书育人数十年，父母亲对党的忠诚与热爱，顽强的革命意志和优良作风，为子女们树立了榜样，时刻勉励、鞭策着我奋力前行。

# 爱如山岚

郭　涛

美术学院教授

郭涛的父亲年轻时

　　2024 年的夏天，我带着 20 岁的儿子踏上了他从未去过，而我却认为是根的地方——山西，去看看他爷爷出生的晋北小城岢岚。对儿子来说，那是一个遥远且陌生的存在，我想他应该去看看……

　　父亲葬在了南方的杭州，生前一直不适应南方的潮湿和米饭；母亲是南方人，不喜欢北方的干燥和面食。记忆中母亲非常照顾父亲，几乎每顿饭母亲都会不厌其烦地为父亲做一份面食，而父亲又很迁就母亲，离休后又随了母亲的心愿选择定居江南。

　　我的父亲 13 岁便离开父母参军，加入了抗日的队伍，历经抗日战争、解放战争、抗美援朝，几经生死，一生从未离开军旅，他的工作和家庭已经完全与部队融合在一起了。虽然，父亲未在学堂读过几年书，可是在军旅中他从未停止学习，以哲学、历史为尤，从父亲书房里的藏书便可见一斑。书房是父亲离休后在家中待得最多的地方，他在那里读书、写诗、研习书法，偶尔也会拉拉二胡、吹吹笛子，一直要到中午妈妈做好了午饭大声喊叫他，才蹒跚下楼吃饭。父亲每天用大量的时间阅读，以至于视力每况愈下。父亲对书法很是喜爱，可以说就像是他从事的第二份工作。有时跟父亲讨论他的习作，父亲会非常想听到我的建议。对于书法，我其实是外行，是按照我的雕塑专业从空间和结构的角度来转换对书法的理解。书法成了父子间谈书论艺的交汇点，父亲的作品《融古铸今》还曾获得了南京军区书法比赛一等奖。

父亲长期从事军事政治工作，在家中同样关注我们的三观。在我高中的时候他便要求我凡事要看事物的主要方面，抓大放小，要客观地看待发生在身边的事物……父亲是自律、寡言且不幽默的，不是那种会成为像朋友一样的父亲类型。我大学时期乃至中年，对待时政和一些社会现象常常与父亲持有不同观点，父亲总是耐心地从历史的、辩证的角度沟通，辩论有时很激烈，他未必能够完全说服我，但我能深深地感受到他对国家的情感和信仰是那么地坚决并且不可动摇！

父亲有日常读报和准时看新闻联播的习惯，《人民日报》《解放日报》《参考消息》是标准三件套。有时，我也跟着父亲坐在院子里翻看报纸，其中以《参考消息》最为喜爱，它是那个时期少有的能够多角度、多方位了解世界的媒体。每当我看到有兴趣的世界各地的要闻，便会跟父亲沟通，我发现休养多年的父亲对时政和世界动态依旧有着深刻而清晰的判断。而每晚7点的新闻联播基本上也是被锁定的，无论那个时段有无其他热播的电视剧。父亲看电视，音量会开得很大，从我记事起就是这样。那是因为在战争年代，父亲的耳朵被巨大的炮声震聋，留下了残疾，以至于他说话的音量会比常人高许多，即使跟他谈话的人就坐在他的近旁。听妈妈说，以前父亲在大会上做报告根

★

上
篇

郭涛父亲的军功章

本就不需要麦克风。

父亲有许多军功章，放在一个结实且老旧的皮箱里。每当妈妈定期整理的时候，我便会很好奇地翻看各种精美的勋章，并询问父亲勋章的来历。父亲会一边擦拭一边回忆，语调从平缓说到高亢，把我带入到了一个布满硝烟和生死的年代。虽然那时我还是只知道过年要穿新衣的年纪，英雄主义便无声无息地流入到我的血脉之中，从军便成了我儿时的梦想。

在我少年时期，父亲要求我凡事不能迟到，只可提前，因为"如果迟到了，就会贻误战机！就会被动"！我懵懵懂懂地听着父亲的告诫。直到有一天我也成了父亲，准时便成了我对儿子要求的基本准则。"实实在在"是父亲浓重山西腔口语中高频出现的词汇，他反反复复地要求我们做人要实在、要谦虚、要踏实做事，不要那些虚头巴脑的东西，这也是父亲最为看重，也要求自己和身边人必须做到的底线。

儿时的冬天，父亲带我去澡堂洗澡，我是又高兴又害怕，高兴的是可以在浴缸里玩玩具，怕的是父亲给我洗澡搓背时力气很大，也很仔细，很多次在洗完澡穿上衣物时，脖子后面都会被毛衣蜇得很痛，这可真是"痛并快乐"着，直到过了很多年，爸爸老了，没有了气力，我来给父亲洗澡，洗着洗着，仿佛感觉到时间有了正反。

在教育上父亲鲜有红脸的时候，除非在他看来是原则问题的事；

郭涛的父亲和母亲

而母亲则是日常较为严厉的那个。母亲持家唯有勤俭，家中器物不到用至穷尽，难以弃之，多数还会转做他用。记得儿时家中的一把藤编竹椅用久了，扶手下方破出一个大洞。读小学的我已经有了虚荣之心，放在军部高干家属院家门口的这把破椅子让我感到颜面尽失，趁父母不在一把火烧了。事后母亲知道了，狠狠地训斥我。那把椅子就成了我和我母亲共同的记忆，节约也深深地刻进了我的骨髓。

那时的妈妈担心我会娇生惯养，总是说穷人家的孩子懂事早，从小就会帮忙操持家务。于是我想要表现得像妈妈口中那种能干的孩子一样，在我12岁那一年做了人生的第一顿晚饭——一锅不知道有多稀的稀饭，然后便兴高采烈地去爸爸办公室催他回家吃饭。爸爸听说是我做的饭，高兴极了，夸我能干！爸爸温暖的大手牵着我回到了家。后来，妈妈说那是一锅没法吃的夹生稀饭。

小时候的衣服都是妈妈亲手做的，妈妈还会裁剪，有时她会让我帮她穿针引线，我坐在缝纫机旁边看着妈妈麻利地缝制衣物。那时电影《加里森敢死队》热播，我觉得电影里的军服很帅，没过

郭涛与兄弟姐妹

几天，妈妈就为我量身定做了一套军绿色呢子制服，这可让我的那些小伙伴们羡慕了很久。经常在晚饭后，妈妈洗完碗便拿出她的毛线篓子坐在沙发上，边看电视边打毛衣。那时我觉得很神奇，妈妈怎么能眼看着电视，手指交错间却不可思议地把一根线变成了一件毛衣。

母亲是成都人，15岁入伍参军，在部队结识父亲组建了家庭，养育了我们兄弟姐妹五个。1952年，父母一起参加了朝鲜战争，在朝鲜驻军五年多，我的二姐就是在朝鲜出生的。2020年，母亲收到了"中国人民志愿军抗美援朝出国作战70周年"纪念章，看着这枚纪念章，仿佛看到母亲70年前身着军装的身影。从朝鲜回国后母亲退伍转业到地方工作，母亲的职业选择是不自主的，基本上是跟随父亲部队的调动而调动，哪怕是她的工作刚刚有了起色。她曾经在服装厂、皮鞋厂、毛巾被单厂、学校、工商银行等单位都工作过，跨度也很大。母亲对这一点一直耿耿于怀。这样频繁更换岗位，还能多次获得表彰，荣获了开封市劳动模范，那可是在抚养五个孩子并且照顾好丈夫的同时。我觉得母亲是一个要求很高的人，无论是对自己还是对孩子，被子要叠整齐，房间要收拾整洁，物品摆放要有秩序，她基本上是按部队要求来要求我们的。每当我在学校受到表扬，妈妈都会在家里当着父亲的面表扬我，并把各类奖状贴在墙上，这使我对荣誉逐步产生了认同感。

郭涛的全家福

父亲离开我们已经六年了，父母家中的院子里没有了以往的喧闹声，那棵父亲喜爱的枣树依旧在那里静静地生长，依旧年年会结出许多的甜枣，院子外时不时传来小鸟的鸣叫声；这个夏天，从岢岚故居带回的一抔黄土，轻轻地散落在南山爸爸的墓地，我想，父亲以后一定会睡得更为踏实、更为香甜……

# 处世以德　仁心仁术

陈维亚

基础医学院教授

习近平总书记在 2019 年春节团拜会上发表重要讲话时强调："家庭是社会的基本细胞，是人生的第一所学校。不论时代发生多大变化，不论生活格局发生多大变化，我们都要重视家庭建设，注重家庭、注重家教、注重家风，紧密结合培育和弘扬社会主义核心价值观，发扬光大中华民族传统家庭美德，促进家庭和睦，促进亲人相亲相爱，促进下一代健康成长，促进老年人老有所养，使千千万万个家庭成为国

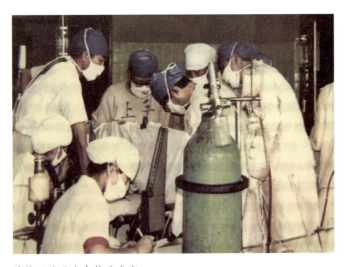

陈维亚的父亲在救治患者

家发展、民族进步、社会和谐的重要基点。"家是最小国，国是千万家，家风相连形成民风，民风相融促成社会风气。家风正，则民风淳；民风淳，则社风清。家风是融化在我们血液中的气质，是沉淀在我们骨髓里的品格，是我们立世做人的风范，是我们工作生活的格调。传承好家风，于社会而言，是一种巨大的道德精神力量。

好家风是一件传家宝，是整个社会积极、向上、健康、和谐等正能量的源泉，是传承道德文化不可或缺的重要渠道。

## "处世以德，仁心仁术"是我的家风家教

我生活在一个普通的医务工作者家庭。我父亲是一位外科大夫。在我的记忆中，父亲为人好学，得片刻闲暇便会坐到书桌旁阅读并研究医学。父亲工作忙碌，不能按时下班是常态，饭吃到一半或睡到半夜被叫去医院抢救病患，亦为常事。有些病人从农村赶来寻他治病，到达时已到下班时间，父亲仍旧加班加点为其诊治，故而深得病人的信赖与好评。记得一日中午天下着大雨，父亲已经下班回家，这时一位浑身湿漉漉、满腿沾满泥巴的农村大爷来我家找父亲看病（我们住在医院旁的宿舍，这是医院为方便抢救病人而给安排的），父亲马上放下碗筷开始问诊，我见老农把地板踩脏了就露出不满情绪。事后父亲对我说："医者仁心，不论贫穷富贵，救死扶伤是医生的职责。他们是住在山区的农民，由于山区交通不便，赶到城市往往过了上班时间，如果让他们等到下午，肯定会误了回去的末班车。"还有一次，父亲带队到农村巡回诊疗，在给一位老年患者手术时，因患者同时患有慢阻肺病，术中病人突发窒息，呼吸极度困难，需要紧急吸痰，不然就有生命危险！父亲让助理马上用吸痰器吸痰，但是由于基层医院设备简陋，没有吸痰器。时间就是生命！父亲毫不犹豫用嘴将病人的

浓痰一口口吸出。他挽救了病人的生命，也感动了身旁其他医务工作者，被当地人传为佳话。父亲常教育我们，作为医务工作者，处世以德固然重要，但必须要有扎实的医学基础知识和精湛的医疗技术。不然"处世以德，仁心仁术"将会是一句空话！记得20世纪60年代末，一位青年工人在工作时不慎将一块玻璃刺入心脏，送入医院时已经失血过多处于休克昏迷状态，急需开胸做心脏修补术。但是60年代的地区医院其医疗设备不具备做心脏手术的条件，如果将患者送往省级医院，由于路途遥远，病人会支撑不住，怎么办？权衡利弊之下，父亲秉承"时间就是生命"的理念，加之平时的知识积累，在简陋的医疗设备条件下，成功完成了心脏修复术，挽救了年轻工人的生命，也填补了地区医院开展心脏手术的空白，被记录在医院院史中。

父亲正是如此以身作则，率先垂范，传承着"处世以德，仁心仁术"的家风。

耳濡目染之下，我也选择了医学教学工作。从教30余年，我始终秉持教书育人、管理育人、服务育人的工作理念，醉心于教育实践，以实际行动践行党员教师的职责义务。

在教学上，我以培养学生素质和能力为重，积极参与教学改革，不断探索和尝试新的教学方法。我有时利用休息时间将学生带往医院，让他们提前接触病人。当学生初次面对病重患者忍着病痛配合我们教学时，深受感动，也就真正地明白了学习医学基础知识的重要性。我以此激发学生的学习动力和创新意识，引导学生将理论和实践、基础和临床相结合，助力学生积极参与科技创新活动，并给予悉心指导。在课堂教学上，我也非常重视学生"基本理论、基本知识、基本技能"的三基培养及三基与临床关联的重要性。记得在一次实验带教中，我发现一位学生给动物做手术，手术切口太大、不规范且动作粗暴，我马上指正，学生却很有成就感地回答我说："老师，手术切口是大了，但我手术很成功啊！"学生的答复让我明白，她缺乏"基础医学与临床实践相互关联"的意识，这也是部分学生认知的通病。当即我就告知全班同学，在临床实践中，我们会遇到一些手术后前来复诊的病人，有些病人虽然手术成功，但术后却出现不同程度的后遗症，如腹腔手术后发生肠黏连、甲状腺手术后发生声音嘶哑等，其原因之一就是手术不规范或在手术过程中动作粗暴导致周围组织过多损伤。所以我们在手术过程中操作要尽量规范精细，把损伤降到最低限度，以减轻病人的痛苦，提高病人今后的生活质量。作为医者光有"救死扶伤"这颗"仁心"是不够的，我们必须还要具备精湛的"仁术"，即医疗技术。这精湛的技术就是在这无数次的实验中练就、积累和总结出来的。多年后，该学生回忆道："这次教育，深受震撼，让我明白基础医学教育对后续临床医学学习和实践的重要性。"

在生活中，我也尽己所能为学生排忧解难。但凡学生来电，我都认真倾听，耐心疏导，为学生解开心结，消除烦恼。记得有位女生在学校和家长不知情的情况下做了一个外科小手术，并在校外的小旅馆疗伤，结果晚上 11 点左右发生出血、剧痛。她马上打电话给我，当时正下着大雨，我立刻与丈夫驱车到小旅馆把学生送到丈夫就职的医院，安排其住院治疗。由于治疗及时，学生很快康复了。平时学生身体不适时，我也会主动给予帮助，联系医生、安排就诊。有些中药不能现取，我就利用休息时间去医院取药，第二天上班再给学生送去，一送就是一学期。在工作中，除了认真做好学科建设和管理工作外，我还关爱退休、患病的同事，利用休息时间去医院探望他们。传承"处世以德，仁心仁术"家风的过程也让我得到了学生和同事们的喜爱。我先后多次被学生评为"我最喜爱的老师"，被同事推荐为浙江省教育系统"事业家庭兼顾型"先进个人、"杭州市教育系统先进工作者"等。

良好家风是中华文明的璀璨明珠。我要弘扬老一辈的医德医风，掌握先进的医疗知识，承前启后，继往开来，并将"处世以德，仁心仁术"的家风家教传承给下一代。

# 我理解的家风

楼佳庆

基础医学院退休教师

我的双亲都是地地道道的庄稼人。我的母亲是童养媳，3 岁到父亲家，16 岁与父亲完婚。家中有哥哥姐姐和我一共五个孩子，我是最小的。土里刨食的生活，虽谈不上滋润，但也能温饱。从懂事起，我就知道家里有个不成文的规定，那就是勤俭持家、孝敬长辈、坦诚待人、廉洁奉公。春种秋收，岁月如流，父母的言传身教，潜移默化地影响着我。

父母文化程度不高。母亲没念过书，解放后通过扫盲班学习识字，加之听戏、看小说，学到的文化知识倒也不少。祖母说父亲小时候常被祖父训斥"不争气"。最终，刚念完三年私学，父亲就被祖父拎回家种地，从此便与土地打上了交道。可能是因为农村孩子在地里摸爬滚打惯了，父亲干起活儿来颇有"天分"。听父亲说，解放后，那时生产队算工分，他手脚利落，是村里有名的勤快人。母亲则担任村里的妇女主任，负责妇女工作，最初负责评光荣妈妈，后又忙计划生育的工作。他们平日都是早出晚归，我们兄弟姊妹便由祖母带大。父亲白天在生产队干活，收工后还要到自留地种点小菜，就连下大雨的日子也要去田埂上照看照看。父亲说，踩着地就觉得踏实。平日里，父亲不仅能将自家农事照料周全，遇见邻里乡亲需要帮忙出力的，还会

楼佳庆家边一景

热心肠地帮衬一二。

父亲也常念叨，做人要耿直、老实。幼时不解，年岁渐长，便有了些许感悟。或许，他口中的耿直、老实就是坦诚吧。父亲与人打交道，总是有一说一，说一不二。因此，性情温和的他没少同人急眼。一次，生产队年底分鱼，一户一堆，别人都拿走了，最后留给我们的只剩下最小的鱼。我哥说："我们家分到的鱼最小。"父亲说："我分的，就是要别人先挑，最后才轮到我们。"之后没有听闻村民有意见，但我认为，那鱼很小，而我们家人多，鱼小，吃亏了。父母却认为吃亏是应该的。

同父亲一样，母亲也是个老实人，她很早就加入了中国共产党。母亲在妇女工作中绝对负责，而且是个极俭之人，她的节俭与父亲的勤恳总是相得益彰。她不仅自己舍不得吃穿，也教孩子省吃俭用。记得 7 岁时的一个雨天，我从学校报名后回家，发现村口的路上有一个大皮包，比我整个人还高大。我提不动，四周也不见人。母亲高声询问了许多次是谁的包，我们在包边上守了一个多小时，依旧无人认领。天色已晚，母亲决定把它送到公社（我们并未打开检查包内物品，因为别人的东西不能动）。我们提着包走了一公里左右，忽见一个 40 岁左右的中年男人推着自行车，急匆匆从前面一路问人，有没有见到一个包，因母亲给那个包罩着雨具，他没有发现，直至问到我们。母亲问明包的颜色、大小、形状、样式，皆与我们所拾到的包一致，便确定是他遗失的，就还给了他。他一见到包便千恩万谢，说正是他的包，自己是从萧山来给当地一个工厂工人发工资的会计，包内有 3 万余元（1969 年时是巨款），刚从临浦一家银行取出，用草包裹着大皮包绑在自行车后座上，在砂石路上一路骑行，直到到了工厂门口才发现包早已不翼而飞。心急如焚的他一路往回走，边走边问，正好碰见拾到包的我们，否则他不但要赔偿这笔巨款，可能还要入狱。母亲总是信任他人，不是自己的东西坚决不要。此外，我从母亲身上习得的第一件事就是记账。我高中时开始住校，也就开始了自己"管钱"的日子。父母十分信任我，并不担心我乱花钱。同别的孩子不一样，我领生活费并不是按月，而是按学期。受母亲的影响，每笔花销我都在小本上记得一清二楚，因此没有出现用钱紧张的情况，也能够合理地计划自己的生活与学习。

我总觉得母亲是个把日子过得刚刚好的人：每顿饭都做得刚刚好，每个人都能吃饱，但饭菜不剩余；衣服买得刚刚好，价格不贵、数量不多。她会裁衣，总是买来布料自己裁制衣服，但总让我们一年四季不缺穿。往往哥哥姐姐穿过的衣服弟弟妹妹再穿，但过年大家都会有新衣服，母亲自己却总是没有。农闲时，她还会自己织毛衣，她总说，织的比买的便宜，穿着也更暖和。从小到大，我一件毛衣也没买过，都是母亲织的。工作后，我的生活费再也不依靠父母，可母亲省吃俭用的习惯仍丝毫未变。过年回家给母亲百十块钱，她还总是说："我有钱，你自己留着，以后娶媳妇要花的。"其实母亲又何尝给自己花过多少钱呢。她几十年如一日，勤俭持家、相夫教子，帮着父亲把家打理得井井有条，深受乡亲邻里的称赞。母亲把我们五个孩子培养成人。我们从八个人住不足 35 平方米的土改时期分得的房，到 1974 年时建起三间每层 120 平方米的二层新房子，住房条件有显著改善。后来我们一个个成家立业，而母亲自己已青丝不再。

勤俭持家、孝敬长辈、坦诚待人、廉洁奉公。虽然父母亲说不出如此标致的话，但总是身体力行。我一生所学到的做人的道理，皆出自他们的教育。那些话虽然没有明明白白、清清楚楚地写出来、挂起来，但是实实在在、稳稳当当地长在我的心里，融入我的血液里。这些不成文的家训，走到哪里，我就带到哪里，终身受益。

家风家训这个看起来虚渺的名词，真实地存在于我们每个家庭之中。父母的每句叮嘱、每句关心，都是他们年岁积累的财富。若留心，就会发现其实有许多言语，父母在我们成长过程中不断地重复、提及，或许这正是隐藏在我们身边的家风家训。

我家不是书香门第，也不是官宦人家，只是中国千千万万普通人家中的一家，勤劳、善良、朴实的父亲和母亲用粗糙的双手抚育我们长大，为我们树立了"成才先成人"的榜样。

从记事起，父母亲常跟我们聊做人的道理，教我们礼貌礼节、待人处世，教我们吃苦耐劳。走上工作岗位后，我遵从父母的教诲，努力做一名好职工，与同事们真诚相处，同事们也乐于帮助我，支持我；我尽心尽力地完成领导布置的每一项工作，每一位领导也给予我关心和爱护；我勤奋做事，加班加点，积极上进，党组织向我敞开了大门，我光荣地加入了中国共产党，在思想上、政治上、事业上不断进步。

2016 年，我获得了"校优秀共产党员"，以及"杭州市优秀教育工作者"等荣誉称号。

参加工作 32 年来，我常需做人体解剖实验室工作。需要接触尸体的工作，许多人都不愿意，但我认为工作总需要有人去完成，并无贵贱之分，这也与家人的支持紧密相关。特别是近几年开展的捐献工作，只要有电话来，我总是认真完成，不论昼夜，不论路途远近，都是第一时间执行，做到捐献家属满意，捐献者安息。截至目前，我共接收了 1385 名大体老师，为学校医学教学科研工作尽了自己的职责。不论我身边的同事如何调换，我依然在坚持，这与家人的支持和理解是分不开的。

回想自己走过的路，我对"成才先成人"这句话有了更深的思考。在我逐步成长成熟的过程中，它给予我深深的启迪。"成才先成人"，成人是成才的基础，一个优秀的人往往具有良好的品德和行为习惯，具有乐观豁达、积极健康的人生态度。我谨记父亲的话语，不断修正自己的不足，努力成为对社会有用的人。"诚者，天之道也；思诚者，人之道也。"在诚实守信的良好家风中，我始终谨记祖辈们的谆谆教导，以实践来传承我的家风；在生活中，我铭记诚信的传统美德，待人诚恳，不轻易许诺，一旦承诺，必当竭力完成。正是这样一种诚实守信的优秀家风，教给了我朴素而又真切的道理，给予我受益一生的品格。

# 父亲的诗和远方

叶旦捷

人文学院退休教师

我父母都从事绘画工作，我们的家风，最突出的就是对艺术、对美的热爱。

我祖父、外祖父及其家人受传统文化的影响，都喜爱绘画和音乐。父母对艺术的兴趣始于童年时期。父亲说起过小时候到亲戚家的照壁上画"下细上粗"的竹子，糟蹋了白墙，却受到长辈纵容的趣事；母亲则回忆起她童年时家里有许多画册，笛子、箫等乐器。母亲从小就喜欢临摹画册。我的大舅舅李元庆则从小就喜欢吹拉弹唱，后来成为著名的音乐家，担任过中国音乐研究所所长、中央音乐学院研究部主任、中国音协书记处书记、《音乐研究》主编、国际音乐比赛评委等职。

父母都是少小离家，走南闯北，很早就参加了革命。随后，他们对艺术、对美的追求就与民族情怀融合在一起了。父亲曾因参加"中国左翼美术家联盟""反帝反封建文化大同盟"，组织进步木刻活动被捕入狱，鲁迅先生在《且介亭杂文末编·写于深夜里》记述了此事；母亲在日伪统治下的北平参加抗日救亡活动，组织过受中华民族解放先锋队领导、由音乐家崔嵬担任演出指挥的中学生歌咏队；我的大舅舅则和聂耳一起组织了"北平左翼音乐家联盟"。1941年，父母经周恩来介绍、由八路军驻重庆办事处安排赴延安，进了"鲁艺"。此后，

中年时期的叶洛

在组织的安排下，他们"哪里需要到哪里去"，从延安到东北解放区、天津、北京、西安……其间做过各种文艺工作：延安时期做美术研究员、做泥塑、画宣传画；解放战争时期编画报、写通俗诗；抗美援朝时期写歌词。后来画连环画、年画、儿童画、油画，做美院教师……几十年里他们乐在其中。

我的父母对艺术、对美是不折不扣地迷恋。

我小时候对父母不满意，因为他俩白天总是各自作画，不理我。母亲说过，她在人民美术出版社做创作员时，常常因为画画而忘记去吃饭。父亲外出写生，从不在乎寒暑、辛苦。童年时期，我跟着父亲出门，常见他用手指框成长方形的"取景框"，对着他感兴趣的景物移动，琢磨绘画的取景方法。在那个闭塞的年代，几年举办一次的全国美术作品展览对画家来说是难得的学习机会。从"美展"的第一天到最后一天，一个月中，父亲天天往中国美术馆跑，有时也带我去。

我总是看到父亲在一幅画前一站就是一二十分钟甚至更长时间，入迷地盯着画看。记得父亲有一次去甘肃，回来后动情地说起参观汉代石雕时看到一位外国人（应该是一位艺术家）面对石雕号啕大哭，说"来晚了"。当时我理解父亲动情是出于民族自豪感，后来我明白了：父亲的感情中，还有对那位外国人反应的认同、情感共鸣，即面对艺术美无法抑制的激动。父亲也喜欢文学，中国古典文学和外国文学都喜欢，闲暇时会摇头晃脑地吟诵古诗，乐在其中，谈起《水浒传》《好兵帅克》、爱罗先珂的童话……他如数家珍。母亲除了绘画，还特别喜欢欧洲古典音乐，常放贝多芬、德沃夏克、柴可夫斯基等的音乐听。

因为对艺术、对美的热爱，我们家的日常生活挺有意思。我小时候，母亲给我做过泥塑的小房子、小磨盘、井栏辘轳等，用它们在桌上摆成有趣的"缩微"农家小院；父亲在民间折纸的基础上花样翻新地给我折了一堆纸动物，有马、羊、狮子、鸟、刺猬等，还给它们上了色。它们漂亮得我都舍不得玩，把它们放在壁柜里，邻居家的大人孩子来我家，常常是三五人簇拥在壁柜前欣赏它们。父母会带我到美院附近的小镇杜曲的集市上买剪纸，会在下班途中折野菊花、捡园艺工人丢下的冬青树枝叶回家插瓶，会去捡河滩上有美丽花纹、色彩的石头回家放在柜子里，会从杂货店里淘来或古朴或别致的各种瓷器做日用品或摆设……从小学到大学，同学到我家总是饶有兴致地"考察"各种摆设。

在我的记忆中，小时候我学画，父母把引导我发现美、感受美放在第一位。我临摹书上的画前，他们会让我先"看画"，让我说出"好在哪里"，然后给我补充讲解；我进入画石膏教具的阶段了，他们也是先引导我注意石膏上明与暗、光与影构成的美。他们会叫我观察清晨随着太阳的升起田野上的色彩变化、晚上树木和房子在夜空背景下的"剪影"风格，会叫我体味门前铁根海棠疏影横斜的"水墨"韵味、

《石头缝里种树的人》 叶洛作于 1950 年　　《迎春》 叶洛作于 1985 年

注意农民扬场时动作的刚与柔……后来我喜欢上了王维的诗歌，读到"坐看苍苔色，欲上人衣来""山路元无雨，空翠湿人衣"这样的诗句，不由得想起当年父母引导我观察生活中的美的往事——有一双善于发现美的眼睛能让人获得多少享受啊！

父母这一辈子，从事专业工作的条件并不好。抗战、解放战争时期条件艰苦，东奔西走；解放后又被政治运动消耗了许多的时间和精力。父亲担任过许多需要做事务性工作的职务，比如延安美术工作者协会理事、《齐齐哈尔报》报社美术科长、《西满画报》《嫩江画报》创作研究科科长、中央音乐学院创作组副组长、北京人民美术出版社《连环画报》编辑室主任、西安美院油画研究室主任等，其间他本可用于作画的时间被职务工作大量挤占；母亲在"人美"工作期间下乡时患上了冠心病，时常发作，这严重影响她作画。

但是，父母在美术领域均有成就，尤其是父亲。20 世纪 30 年代，父亲成为中国新兴木刻运动的先驱之一，版画作品被鲁迅、宋庆龄送到巴黎展出，被法国《人道报》刊载，也被鲁迅先生收藏，现藏于上海鲁迅纪念馆；鲁迅逝世时父亲画的《鲁迅先生遗容》被北京鲁迅博物馆收藏；20世纪40年代在延安时父亲创作的富于民族、民间色彩的小泥塑被朱德总司令当作礼品赠送给外宾，也被访问延安的外国友人采购，从而成为延安走向世界的一张"名片"。解放后，在中国很少向世界"输出"自己的美术作品的年代，父亲的插图作品被送到莱比锡国际图书插图装帧展览会展出；父亲的油画作品被中国人民革命军事博物馆和中国美术馆收藏……

促使父母在艺术领域辛勤耕耘的，除了他们对艺术、对美的迷恋之外，还有他们对自己作品社会价值的看重和责任感。父母对自己作品被群众认可、产生社会效应的情况津津乐道。记忆中，父亲常讲起西安美院隔壁村子里的农民进画室看他作画舍不得走，讲起"土改"时他写的通俗诗歌使农民改掉愚昧习俗，讲起他为抗美援朝写的歌词被谱成曲、由上海音乐学院歌唱家周小燕演唱后受到群众的喜爱时他眉飞色舞，自豪之情溢于言表。他们有着从延安走出来的艺术家的共同心态：认为自己有责任创作出被群众喜爱、在社会生活中发挥作用的作品。因此，父母能够在艰苦的环境中执着钻研绘画艺术，能够愉快地在艺术领域"打杂"，接受写通俗诗、歌词，画海报、宣传画、儿童画、插图……这样的"小儿科"任务，做起来很愉快、很投入，能出彩。

父母的艺术和人生的追求，不是源于简单的政治理念，也不是源于功利性的人生目的，而是源于他们对人民的感情。记忆中，父亲在西安美院周边的村子里口碑极好，有许多农民朋友。"文化大革命"时，"造反派"拘禁、殴打父亲的消息传到学校隔壁的村里，有威望的老者立刻召集村里的年轻人说了句："你们去！"于是一群青壮年农民冲进学校，一拥而上从"造反派"手里"抢"出了父亲。那架势吓住了"造反派"，从此他们再没动过父亲。父亲常说："没有他们，我没准儿就死了。"对父母来说，"人民"就是由这样的可亲可敬的人组成的群体，"文艺为人民服务"是他们发自心底的追求。

父母对艺术和美的热爱，他们的人生追求，影响了姐姐和我。

姐姐对绘画、对美的迷恋，比起父母有过之而无不及。没上学的时候她就趴在桌子上画画，一画就是几小时。她从上中央美院附中开始住校，放寒暑假回家，总是第二天就背起画板往外跑，早出晚归。她的作品和画框多到家里放不下，得租了房子来放。迷恋绘画带来的勤奋，使她终于成为了一个不错的画家，成为中国美术家协会、中国版画协会会员，有许多作品发表或在中国美术馆展出。在媒体采访时她说，能画画她就高兴，绘画就是她的生命。她也像我父母一样追求作品被群众喜爱。因此，她的创作逐渐形成了鲜明的民族风格。生活中，她"置办"漂亮摆设的兴趣，也远超父母。她的家里，墙上挂的、柜子里桌子上摆的、地上铺的工艺品，多到令人眼花缭乱。

我喜欢文学，也是受父亲的影响。小时候学画的经历对我学习文学很有帮助。大学时期，一次古代文学期末考试，试卷是樊维刚老师出的，上面从头到尾都是宋词分析题。我觉得这些题目挺有意思，做起来也没什么压力。哪料考试结束后班里叫难声四起。这门课我拿了班里的最高分。后来我想明白了：学画时受到的审美训练，让我对"用形象说话"的文学作品中的美比较敏感。父亲病逝后，我独自照顾体弱多病的母亲。母亲一累就要犯心脏病，一犯病就要住院，我失去了行动自由，时间精力长期受限制。郁闷之下，幸而有文学给我以精神慰藉、心灵享受。我喜欢上文学课，能和学生分享文学作品之美是一种享受；学生也喜欢我的课，给我的评教分数也没有低过。我也喜欢制作课件，我制作的"东西方文学"课件有 1300 余页，用于链接的

叶旦捷和母亲李炎、姐姐叶丹妮（从左到右）

PPT更是多达两三千页。对我来说，制作课件是一种享受，这个过程，我沉浸在重温作家作品带给我的文学愉悦之中，也沉浸在设计页面布局、处理页面色彩、运用插图插画……带给我的美的愉悦之中。后来我还制作了"外国文学作品导读"课件。这些课件页面美观，内容丰富，刻进光盘里和教材一起出版后，反响不错。我的同学觉得我花如此多的时间、精力弄课件这种"小儿科"的东西"不划算"；而我则觉得把这样的课件提供给有需要的教师们使用是有价值的服务工作。我在这个工作中得到了享受，这就不错了。

受家风的影响，我姐姐的孩子也学绘画。我的孩子，从小喜欢文学，小学时是杭州日报社的"蓝精灵"小记者，大学读的是中文系。现在她们虽没有从事艺术职业，却享受着浸润在艺术和美中的人生乐趣。人，在物质需求基本满足之后，自会追求审美欲望的满足。随着社会经济文化的发展，我们的社会里，"诗和远方"已被提上议事日程。我相信，我们的家风会传下去。热爱艺术和美会成为越来越多家庭的家风。

# 坚毅善良代代传

傅素芬

经亨颐教育学院教授

我是一位极其普通又非常平凡的教师和医生，一辈子做了一件事，干了一个专业——精神卫生。运用心理学的理论与技术教书育人、挽救心理（心理援助以及心理危机干预）。细细回顾自己的半生，有一点体会是可以写出来与大家分享的，那就是父亲坚毅的人格特征与母亲善良贤惠的品质对我人生的影响可谓隽永深远。

## 坚毅的父亲和内心的坚持

我家在宁波慈溪的农村，世代是农民。父亲有两个姐姐和一个弟弟。在我父亲 8 岁那年，祖父因为非常普通的"拉稀"（学医的我猜测应该是得了"痢疾"）不治而亡，留下了祖母和四个孩子。祖母是值得我们尊敬的，守寡一辈子，没有再嫁。

祖父过世后父亲就此辍学，家里主要的劳动力变成了我父亲。奶奶是缠裹小脚的，农活、累活、重活主要靠父亲。在奶奶的协助下，小小年纪的父亲就开始在农田劳作，播种、抽水、种菜卖菜等。父亲有时为了能多挣几个钱，挑着 100 多斤的担子到几十公里以外的地方去卖。祖母和父亲都曾经给我们讲过一些父亲的经历：白天在农田里

傅素芬和父母的合影（拍摄于 2018 年）

采摘整理好可以卖的菜或其他农作物，凌晨三四点钟出发，一早开卖，傍晚收摊，再走回家，回家早的话也要七八点钟。他常年大部分的时间是这样过的。没有这份坚毅、坚强、坚持，一个还未满 10 岁的孩子能做得到吗？在讲述这些经历时父亲始终是轻描淡写，微微笑着，并经常会说："生活想让你怎样，你就得怎样，不能轻易屈服，现在不是都好起来了吗。"这句很朴素的话其实非常有哲理，我给他归纳为"顺应环境，挑战自我"的积极生活态度，生活很多时候是不顺的，但我们自己有能力把它过顺了。

父亲曾多次给我们讲述过有关家里一本翻得稀巴烂的《新华字典》的故事。父亲从小喜爱学习，辍学后他没有因此中断学习，反而更加地渴望学习。《新华字典》成了我父亲辍学后的家庭老师，他一直都边认字边查字典边理解。无论走到哪里，这本字典他几乎都带在身边，田间地头、菜场、路边、床头等都是父亲的学习场所。两个姑姑也经常和我们说："你父亲从小爱学习，只要看到书店就会偷偷跑去看一会儿书,但凡身边有几毛零花钱，宁可饿着不买吃的也要买本子和笔。"这点在后来我们带父亲出去旅游时得到了印证。旅游途中但凡有书店父亲一定会进去转转看看，并随时记录所见所闻。父亲还特别关注国家大事，后来生活条件改善了，有了收音机和电视机，父亲最喜欢看的和听的就是"新闻联播"和世界大事，并特别偏爱历史类书籍。所以我两个姑姑以及周围的邻居都认为父亲有文化，明事理，家里大大小小的事情都会来找父亲商量，特别信任父亲。

父亲自学不仅仅只是识字理解，对复杂的财务也有一套。在我读小学时常能看到父亲挑着夜灯整理着大队的账本，账本里的字迹整齐划一，每年的账本也是装订成册，整理得井井有条。父亲义务担任大队的财务 30 多年，直到 60 岁才转交给他人。他做了大半辈子的财务工作，没有出现过任何差错，这也是社员们对父亲最佩服和敬重的地方。社员们都喊他"阿龙哥"（父亲的名字有个"龙"字）。父亲做事低调，为人诚恳，评理客观，所以邻里闹意见、夫妻吵架都会让父亲出面说道说道，在我中学阶段邻居们还给我父亲取过一个外号"包青天"呢。

## 善良的母亲和潜移默化的渗透

我母亲也出生在贫苦的农民家庭，她 3 岁时我外祖母去世了，自幼没有亲娘疼爱，也没有读过一天书，是一个彻底的文盲。母亲 17 岁嫁给我父亲。听我母亲说过她嫁给我父亲后才知道有娘、才有家的感觉，所以我母亲一直待我祖母如亲娘，祖母也始终选择和我们住在一起直到终老。祖母年轻时生活非常艰苦，但年老后被我们宠爱、被我们尊重，尤其是母亲那朴素的善良和孝顺，更是让她感觉生活幸福踏实。譬如母亲教育我们出家门必须要和奶奶道别，进家门先要招呼奶奶，有啥吃的一定要先让奶奶尝过我们才能吃。我还记得农村里第一顿新米煮好的饭也必须让奶奶吃第一口，所以祖母对我们也是宠爱有加，她总会把姑姑送给她吃的糕点、糖果偷偷地分给我们吃，那种开心满足和家庭氛围的温馨和谐，现在想起来都非常甜蜜，也成为我们成长中最好的养分。没有文化的母亲对长辈的尊重是最朴素的，这种美德可以说深入到了骨髓，深入到了每个细胞。母亲言传身教，我们深受教育。

母亲的善良也让我们印象深刻。母亲认为父亲在外做劳力，在家里应该受到照顾，但其实母亲劳动也很辛苦。父亲的生活起居母亲照顾得非常周到，父亲基本不用碰家务，甚至连洗脚水都是母亲为他准备。譬如用餐时母亲教育我们要随时查看父亲的饭碗，要我们主动帮父亲加饭，如果没有关注到，母亲会批评我们不懂事。

母亲的善良和勤俭持家，父亲的能干和吃苦耐劳在我们村还是蛮有名的。我们家种植过多种蔬菜瓜果和各种农作物，我记得种过大片的青菜、包菜、大蒜、洋葱、番茄、茄子、花生、土豆、甘蔗、西瓜、芝麻、水稻、麦子等。无论春夏秋冬，父母一直忙碌在田埂地头和菜场，钱是一分一分地攒。譬如2～3公里坐车要花1元钱，他们宁可一步一步走回来，中午时分肚子饿也不舍得花钱买饼子，总是带着家里的炒豆子、番薯条等充饥。就这样，父母起早贪黑地干，除了农活，还搞很多副业，如每到年关，我父亲就背着刀走巷串户地去切笋（本地土话称为"六笋"，是过年专门用来烧肉的一种切得像一张纸那么薄的笋，是家家户户用来招待客人的必备菜之一）。他一般会在过年前一个月左右开始，每天天不亮就出发，直到晚上八九点才回家。家

2018 年 5 月 12 日傅素芬赴汶川进行心理危机干预

里还有纺棉纱机器、织布机等，我母亲也基本天不亮就开始劳作，半夜时分才歇下来。我读小学和初中那个年代，放学回来都需要协助母亲做这些事情。当时最不喜欢我母亲的就是让我们轮流吃饭，因为不能让这些机器停下来。如果哪一天可以让机器停一下一家人围坐在一起吃个饭就是一件很幸福的事情。就这样，靠父母勤劳的双手我家基本都能吃上白米饭，从来没有吃过米糠，并在 80 年代初期就盖起了宽敞的小楼，那时很多家庭还是住非常狭小的低矮的房子，真的很是让周围邻居羡慕。

受父母的影响，我的一生是平凡的也是无憾的，因为我从小沐浴在深沉的父爱和母爱之中，父母的一举一动无不对我具有现实的教育意义和榜样作用。我这一辈子没有惊天动地的成绩，但无论是相夫教子还是对父母的孝顺，不能说我做得最好，但我认为已无憾于人生。我要感谢党，感谢祖国，感谢父母的栽培和优良的家风熏陶。我曾远赴四川汶川，参与第一批灾后心理援建工作；又作为心理专家被浙江省委宣传部邀请出席"浙江省新型冠状病毒感染疫情防控工作新闻发布会"。我也感受到自己被社会接纳，被患者需要，同时社会又给了我太多的荣誉，如获得杭州市十佳临床医生、第七届最美杭州人——感动杭城十佳教师、浙江省社会组织领军人物、浙江省首届高校心理健康教育年度人物、杭州市巾帼建功标兵、长三角优秀科技志愿者等荣誉称号。

值此撰写家风传承的机会，谨以此篇记录我的父亲母亲传承给我们的家风家训点滴，以飨我们的后代！

# 家风兴家

王　康

马克思主义学院教授

我们每一个人都生活在家庭中，家庭教育是培养个体道德品格和良好行为习惯的第一场所。正所谓"播下了一种行为，收获了一种习惯，播下了一种习惯，收获了一种性格，播下了一种性格，收获了一种命运。"家风对每一个家庭成员的影响是潜移默化的，是巨大、深沉而久远的。良好的家风打造了儿童成长的良好摇篮，它不仅能熏染家庭成员成长成才、促进家庭和谐兴旺，而且还有利于形成良好的社会风气，这都是民族兴旺发达、国家繁荣昌盛的必要条件。

我的父亲和母亲都是 20 世纪 50 年代的大学生，他们一生生活上克勤克俭、工作上兢兢业业、为人善良朴实。虽然父亲已经亡故多年，但时至今日每每想起他的音容笑貌、他的谆谆教诲，仍不觉泪流满面。回顾我的人生，颇多受益于我的家庭、我的父亲和母亲，他们的言传身教成了我人生道路上为人处世的原则和准绳。我深刻体会到，家风是一个家庭最宝贵的财富。

# 百善孝为先

小时候不知道什么是"孝"，只记得爷爷一直都是跟我们家生活在一起的，也是由我的父亲母亲给他送终的。奶奶在父亲十几岁的时候就去世了，是爷爷一人艰难地把孩子们拉扯大的。后来爷爷年纪大了，谁来赡养的问题就出来了。父亲出生于农村，按早年农村的习俗，女儿出嫁后就是别人家的人了，一般是不承担赡养自己父母的责任的，也没有权利继承遗产。父亲的几个兄弟都是农民，父亲是家里唯一考上大学、跳出农门的人。在那个普遍贫穷的年代，我们家虽然也穷，但相对情况要好些。父亲和他的几个兄弟理应都承担赡养的义务，但因兄弟或妯娌对赡养爷爷有诸多抱怨，父亲就干脆把爷爷带在身边，跟我们家过了。当时我就问父亲："妈妈不嫌烦吗？"父亲说："你妈妈是很孝顺的，一直悉心照顾你爷爷到死。"我清楚地记得当时父亲说这话时脸上洋溢的表情是赞许、欣慰、幸福又钦佩的。从那时起，我清楚准确地理解了什么是"孝顺"，这两个字也就深深地印在了我的心间。

后来外婆过世后，父亲母亲把外公接来我家住了很长一段时间。外公在我家时，父母在工作之余照顾他也是无微不至的。外公是有退休工资的，但他住在我家期间，父母是不花他一个子儿的，把他的钱都存了起来。记得外公刚来我家时带来了一包衣物，里面乱糟糟的什么都有。母亲就把这包衣物做了彻底的清理，该丢的丢，该补的补，又添置了一些新衣。所以，平时外公一年四季的穿着总是整洁、大方又合体的。家里每次开饭，爸妈总是要把最好的菜先给外公留出一份后才让我们吃。只要有时间，父亲都会陪外公出去散步、郊游。过年了，外公作为长辈是一定要给我们压岁钱的。母亲每次都拿自己的钱用红纸包好交给外公，然后年三十时由外公给我们，算是外公给我们的压

王康与父母在一起

岁钱。现在虽然外公已经去世多年，但我想起当时生活中的点点滴滴还是那么地清晰。现在母亲也老了，我们几个孩子不约而同、自然而然地担负起了照顾年迈母亲的责任，谁都没有推诿，大家都觉得这是理所当然的。

## 来到家里都是客

父亲的处世为人是很有些古风的，他像爷爷一样遵循着"来到家里都是客"的规矩。不管是什么人、什么身份，既然来到家里了就都是客人，都要热情招待。在我的印象中，小时候我们家的客人非常多，一部分是父亲母亲在城里的领导、同事和朋友，更多的是来自农村的亲朋。在农村，原本爷爷的亲戚朋友就很多，父亲自己的朋友也不少，再加上父亲有兄弟姐妹八个，他们的孩子，以及他们孩子的孩子，沾亲带故的农村亲友就更多了。经常是到一个地方，就会有人喊父亲舅舅，有时连父亲自己也搞不清楚这是什么关系。后来我知道在农村舅舅的地位是很高的。

平日里父亲母亲上班很忙，还要招待来到家里的各方客人，负担其实是很重的，但他们似乎乐此不疲。来城里找父母的农村亲朋，要招待他们吃，有的还要招待他们住。那时中国人穷，不可能下馆子住宾馆，都得自己亲力亲为，很是麻烦。但这还不算，还要帮他们解决各种问题，有的是孩子读书升学的事，有的是孩子找工作的事，有的是看病找医生的事，有的是请舅舅去调解家庭纠纷的事，有的是起草法院起诉状的事，有的是看上了某家姑娘让舅舅帮忙上门提亲的事，有的是来借钱的，不一而足。其实，父亲在城里上班，结交这些在农村的亲朋对他本人并没有太多的助益，但父亲母亲似乎并不计较这些。来到家里的人，他们都一一热情接待，尽自己所能真诚地帮助他们解决各种困难。农村的亲友也不忘父亲母亲的情谊，经常拿些农村的土货来，比如自己种的菜、玉米、番薯等，自己做的豆腐、米粿、茶叶、各种干菜等，山上打到的野猪、野兔、野鸡等。父亲常说，这些东西虽卖不出什么价钱来，但也耗费了人家很多的时间和力气，也是人家一份十足的心意，我们都要回礼，不能让别人吃亏。平时过年过节，按照风俗，亲戚朋友们都会互相走动送礼。我总记得每每这个时候我们家都会提前囤各式各样的烟酒、糖果、水果、点心等以备回礼之用，父亲母亲总是以比别人所送东西的价值多一点的原则一一回礼。不让别人吃亏，就这样这种待人之道深深地烙印进了我们的骨子里。父亲一生借出去的钱，很多后来都没还回来，他也就算了，他说上门去讨债太伤情面，他做不出来。记得每次我们回乡小住，母亲都不允许我们穿太漂亮出众的衣服，而且严格要求我们碰到乡里乡亲的都要主动热情地打招呼。所以，父亲母亲在当地的群众基础是很好的。当年父亲在杭州医院病危时，很多亲戚朋友专门包了一辆大车来病房看望他。他去世后办丧事时，也有很多亲友专程来公墓送他、祭奠他。

## 勤俭持家

我小时候，中国的家庭普遍贫穷，我们家虽然没有吃不饱饭、穿不暖衣，但家里一直是比较拮据的。为了在有限的收入里让全家人尽量过得好些，父亲和母亲是非常勤俭的。记得每个月发了工资，母亲首先要去买 20 元的贴花（当时固定储蓄的一种形式），剩下的钱才用于日常开支。当时很多家庭一个星期吃不上一次肉，我们家也一样。有一次我们经过一户人家的厨房，里面飘散出红烧肉的香味，那种诱惑不是现在的孩子所能体会的。我流着口水跟母亲说，我们家要是每周能吃上一次肉就好了，母亲听后心酸地笑了。后来，能干的母亲就开始想办法尝试着自己养鸡。她跟人协商，在我家附近圈了一小块地，父亲帮助搭建了一个小鸡棚。自己养鸡可是件很麻烦的事儿，完全没有现在工业化养鸡那么可控。刚抓来的小鸡很娇嫩，要给它们准备合适的饲料，要让它们吃得适度，吃得太少会长不好、吃得太饱会撑出病来，同时还要时常注意保温，一不当心小鸡就死了。等它们好不容易长大了，时不时也会莫名其妙地得病死去。母亲是个勤快人，她是不怕麻烦的，一次又一次，她很快从完全不知道怎么养鸡而迅速地成长为一位养鸡能手。在那个年代，这个鸡棚对我们家真是太重要了，在相当长的一段时间里它成了我们家蛋白质的主要来源。

我小时候，老百姓穿的衣服鞋帽是很少买成品的，买成品对大多数的中国人来说太昂贵了。一般家庭要么是自己做，要么是请专门的裁缝到家里来做。请裁缝肯定是要给工钱的，所以，最便宜省钱的方法当然是自己做。但问题是很多家庭主妇不太会做。母亲是个聪明人，她奶奶是旧社会的手工裁缝，母亲小时候在她店里帮过一段时间的工。就凭着这点基础，她开始利用业余时间自学裁剪。后来父亲母亲下决心花多年的积蓄购买了一台缝纫机，从此，我们家所有人的衣服都出自母亲之手了。那个年代，除了过年，一般人家平时是很少有新衣服穿的，有的家庭甚至连过年也穿不上新衣服。我们家即便家里经济再紧张，父亲母亲都从来没有少过我们孩子过年的新衣服。我平时总是穿姐姐穿过的旧衣服，过年穿新衣服，这是我一年里最渴望的事了。我总是记得年三十的晚上，母亲在灯下缝纫机上忙着给我们赶制过年的衣服，我很是兴奋地睡在暖暖的被窝里，艰难地跟瞌睡虫战斗着，希望能醒着尽快看到做成的新衣，但每每总是被瞌睡虫打败而沉沉睡去。等到第二天大年初一早上醒来，我一定会看到母亲给我做好的新衣服就盖在我的被子上。母亲心灵手巧，她很有审美眼光，总是反复挑选较为别致的布料，裁剪缝纫时精心设计，或用绣花点缀，或镶嵌漂亮的花边，或用不同的花布拼凑出不一样的图案，反正她做的衣服就是亮眼好看。通常，大年初一我穿着新衣服吃过早饭后就会急不可待地出门溜达显摆去了。毫无例外地，一路会收获对我新衣服的各种赞美，我心里总是不胜得意与满足。

我们家其实是一个再普通不过的家庭，日常生活琐琐碎碎，没有什么轰轰烈烈的事迹，只有温情脉脉的点滴。我们的家风从爷爷和外公那里传承到了我的父母，又从我的父母传给了我，而我也将继续传给我的孩子。

中 篇

# 老吴家的家风

吴汉全

马克思主义学院教授

家风是社会演进中的家风，以社会为形成和演化的土壤，传承社会生活的特质和因子，并且"家风是社会风气的重要组成部分"[①]。我们吴家在家风承继方面非常重视信仰的价值引领作用，坚持以"勤俭持家，忠厚处世"作为家教的信条，不仅将和睦邻里作为家庭成员的处世之道，而且将做人和成才作为家庭教育的目标追求。我的父亲吴春锦和母亲朱正英为我们吴家家风的赓续传承做出了巨大努力。我是家里的长子，大学毕业后30多年来一直从事教育事业，在教书育人和学术研究方面亦小有成绩，先后获得国务院政府特殊津贴专家、全国优秀教师等称号。回顾自己的成长历程，我是在党和人民培养下成长起来的，同时也深受我们吴家家风的熏陶和影响，更得益于父母的悉心教育。

## 笃信马列，恪守信仰

父亲吴春锦生于1931年，尽管小时候接受的是传统的私塾教育，

---

[①] 习近平：《习近平谈治国理政》第二卷，北京：外文出版社，2017年，第355页。

吴汉全的父亲吴春锦和母亲朱正英

读的是"四书""五经"等儒家经典书籍，接受的是中华文化的传统价值观，但我爸爸在解放后参加了革命工作，置身于新社会、新思想、新风尚的环境中，并在党和政府的领导下系统地学习了《毛泽东选集》等著作，接受了马列主义的洗礼。故而，爸爸特别重视思想上的信仰，强调信仰在人生做人和做事方面的价值引领作用，并要求做子女的将研究马列作为学问上的追寻目标，自觉地践行毛泽东思想。这对于我们，尤其是对我来说有着极大的影响。

我在5岁（算起来应该是在1969年前后）的冬天，曾随我爸爸到他工作的单位——沈灶银行待过一段时间。我看到，爸爸的桌子上有《毛泽东选集》，还有《三国演义》《水浒传》等图书。爸爸在工作之余研读《毛泽东选集》，有时还小声地读出声音，并用铅笔在书上画画写写。爸爸研读《毛泽东选集》的具体细节，我已经记不清楚了，这一方面是由于我当时还年幼，另一方面是他读书的时候，我大多是与其他孩子一起在外面玩耍，不在他身边转悠。但有一点我记得清楚，爸爸平时喜欢研读《毛泽东选集》，在讲道理时也经常征引《毛泽东选集》中的话。在我上大学时，我带了我们家的一套 4 卷本的《毛泽东选集》到学校，就是我爸爸曾读过的那一套《毛泽东选集》。

爸爸自接受马克思主义后，终生恪守信仰，践行其所信，力行其所知。他对党高度忠诚，一生矢志不渝，仍然坚信正义的力量，坚信党和政府会主持公道。20 世纪 50 年代，我爸爸工作的小海镇银行有一笔 700 多元的钱款被不法之徒盗领。盗领钱款的人私刻公章，开具假介绍信，装扮成单位的财务人员而冒领。事有凑巧，我奶奶多年在家做芦席，卖掉芦席的钱就存在爸爸工作的银行中，账户上也有 700 多元。这在当时确实是一笔巨款。而当时银行被盗领的款项，在数目上正巧也是 700 多元。我爸爸作为接手这笔"业务"的会计，没有发现盗领者的"手续"有诈。事发后，公安部门也是第一时间介入，但限于当时的侦破技术，一直没能抓住冒领者并将其绳之以法。虽有出纳证明我爸爸没有冒领这笔钱款，但爸爸作为经手的会计，出现这样大的损失，总是要担负责任的。最后，我爸爸赔偿了这笔款子。[1] 为了还债，我奶奶在家做芦席（一张芦席能卖 9 分钱到一毛钱不等）。爸爸在受到不公正待遇时，始终坚信党和政府最终会把事情弄清楚的，能够给自己一个公正的交代。故而，爸爸在工作中，仍然一如既往、尽职尽力，没有任何怨言，也没有表现出不满的情绪。这对一般人而言，

---

[1] 我大学毕业后曾就此事询问爸爸："银行的钱不是你拿的，你为什么同意赔款？如果自己赔款了，这不是就等于钱款是你拿的？"爸爸略思片刻，平静地说："发生了这样的事，不赔款就被单位开除工作，而且被开除了，还是不能证明你自己的清白。大丈夫能屈能伸，韩信还能受胯下之辱，我一介平民，有何不能？我坚信党和政府不会冤枉好人！只是需要等待时日罢了。"我听了，感到爸爸有着强大的内心，能够在逆境中忍辱负重。爸爸对党和政府的坚定信念，亦深深地感染并教育了我。我们无论在什么境况下，都要相信党、相信组织，坚信邪不压正、正义必胜。

是很难做到的。在后来的"一打三反"运动<sup>①</sup>中，那位盗领国家款项的人终于被揪出，国家为我爸爸恢复了名誉，并给我爸爸退赔了款项。当时，在小海镇召开了平反大会，为我爸爸公开平反。在大会上，爸爸激动万分，振臂高呼："毛主席万岁！毛主席万岁万万岁！感谢毛主席，感谢共产党！"我爸爸收到这笔退赔款后，买了两麻袋的领袖像章，逢人就送一枚，并说："感谢党和政府为我申冤！""感谢毛主席，感谢共产党！"爸爸对党的感恩之心、敬爱之情，溢于言表。

1983—1987年，我在徐州师范学院（现为江苏师范大学）历史学专业学习。每年放寒暑假回来后，爸爸都跟我聊聊学习上的事，特别关心我研读《毛泽东选集》的情况。他要求我，学历史的同时要学理论，要认真阅读《毛泽东选集》，最好熟读其中的《矛盾论》《实践论》等名篇，并且能达到"熟读成诵"的地步。印象最深的是，爸爸对"实事求是"的理解，对于抓主要矛盾和矛盾主要方面的认识，对于"实践"这个范畴和认识运动总规律的阐发，很是到位。可以说，爸爸对《矛盾论》和《实践论》中的相关论述是内化于心的，故而能够信手拈来、运用自如。我在爸爸的影响下努力研读《毛泽东选集》，尤其喜好《新民主主义论》这篇文章，经过多年的研习也确实有所心得。我从政治学、社会学等角度研究《新民主主义论》，基于文本视角解读《新民主主义论》，在《政治学研究》上发表了《〈新民主主义论〉对马克思主义政治学的贡献》等文章，即将有《〈新民主主义论〉文本研究》的著作由人民出版社出版。这本书，尽管是聚焦于《新民主主义论》，但实际上也是我几十年来研究《毛泽东选集》的结晶，这其中就有我爸爸的教导和影响。

----

① "一打三反"运动：打击反革命破坏活动、反对贪污盗窃、反对投机倒把和反对铺张浪费。

尽管父亲晚年疾病缠身，但仍然注重理论学习。有一次，大概是2008年，我从工作单位回老家看望父母。那时，父亲已经卧床，不能自由活动，但仍坚持看报，了解外面的形势。父亲拿着一张报纸，对我说："科学发展观是大学问，要好好研究。"我们姊妹们的小孩那时也在读大学，父亲见到他们时，常给他们讲外面的形势和科学发展观的内容，要他们加强理论学习，恪守信仰。此情此景，历历在目。

我在爸爸的影响下，恪守对马克思主义的信仰，并把信仰放在人生的第一位，同时亦努力把这种信仰贯彻到学术研究之中。我研究中国马克思主义先驱者李大钊，出版了《李大钊与中国现代学术》《李大钊早期思想体系与中外思想文化》《李大钊与中国社会现代化新道路（外二种）》等李大钊研究专著；我研究中国马克思主义学术史，出版了3卷本的《中国马克思主义学术史概论（1919—1949）》、5卷本的《中国马克思主义学术史》等著作，这两部著作力图自立新说、自创体系，获得了学术界的好评，且都获得了教育部颁发的二等奖。我几十年来在研究马列方面能坚持下来，聚焦于"马克思主义学术中国化"问题，不断探索马克思主义在中国与学术文化相结合的道路，可以说，是信仰的力量在支撑着我的学术研究。

## 勤俭持家，忠厚处世

我们家的对联，每年都是我爸爸手写的，其中有一副对联是："勤俭持家，忠厚处世。"这是自我记事的时候，我爸爸为我们吴家定的规矩，也是我们做子女立身处世的信条。

持家要"勤俭"，说的是持家既要勤快，又要节俭，也就是我们平常所说的"开源节流"。我的奶奶朱广英，将克勤克俭作为持家的准则。在我爷爷去世（我爷爷35岁去世）后，我奶奶就靠做芦席来维持生计。我三四岁记事起，印象中奶奶是整天忙碌着编织芦席，即使是晚上也不停歇。芦柴变成芦席，要经过复杂的工序：先要浇水浸泡芦柴；然后用抽刀剖开芦柴；接着就是用榔头锤软，并去除芦柴的外皮；最后，就是按照既定的尺寸，编织成一张张精美的芦席。奶奶将芦席做好后，爸爸将芦席送到街上的小店，换取一点报酬，每张大约能赚取八九分钱。奶奶手艺好、做得快，快的时候一天（包括晚上）能做 10 张芦席，算起来也就是八九角钱。前面提及，奶奶在我爸爸工作的银行中存的 700 多元钱，就是奶奶多年做芦席积攒下来的。在今天来说，做芦席就是奶奶的"生财之道"。爸爸对于"勤"亦格外看重，他常对我们说："闲则生非。一切坏事，都是从不劳动开始的。"爸爸教导我们不得贪玩，从小就学会劳动、有事做，从而养成勤劳的习惯。记得小时候，爸爸动员我们姊妹们出去割猪菜，按斤给予劳动报酬，我们由此也挣得了部分零花钱。在家里特别困难的时候，爸爸在镇上的商品店找到糊纸袋的活计，以补贴家用。我们姊妹几个白天上学，晚上就在家糊纸袋。

我妈妈为了使我养成"勤"的习惯，在我很小的时候就教我做一些力所能及的事。她出去劳动时，也常常带着我，让我"见见世面"。记得在我 5 岁的时候，妈妈将家里的玉米棒剥去玉米后收集起来，与邻居一起用船拉到公社的窑厂，换取砖头。当时是夜里出发的，妈妈和几个邻居在岸上拉着船行走，而我则是睡在船舱里。早上，太阳升起的时候，我们也到了窑厂。我看到，窑厂的人很多，一片忙碌的景象：工人有专门做砖坯子的，有挑着砖头上船的，有将船上的柴草挑上岸的，有用推车推砖坯子送到窑洞里的。工人的上身一般都不穿衣服，下身就穿了一个大裤衩，脚上以草鞋居多，个个都是汗流浃背。妈妈带我到窑洞旁看看，感觉那里是热浪滚滚，无法靠近。至此，我才知道每做一块砖都不易。前几天，我与妈妈视频聊天，问及那时到窑厂换砖头这事她是否还记得。87岁的老母亲说："这事怎么记不得？我是带你去看看窑厂的！你是家里的男子汉，让你看看砖头是怎么做的，工人是怎么劳动的！"我随母亲出去，因为年龄小，自然帮不了什么忙。但我随母亲出去，看到了劳动的场面，能体验到生活的不易、劳动的艰辛。

关于"俭"，爸爸和妈妈时常教导我们，家庭方面既要开源，又要节流，即使生活条件好了一点，也要厉行节约，不能浪费。改革开放前，农村还是大集体生产。生产队是按照人口来分配"基本粮"，同时又按照劳动的工分来分配"奖励粮"的。我们家虽在农村，但爸爸在银行工作，属于国家工作人员，就我母亲一个农村劳动力，因而我家每年分得的粮食很少。家里的粮食不够吃，最多只在早上和中午有玉米稀饭吃，而晚上一般都是没有粮食下锅的。为了维持生活，妈妈从外公家拉回一些小山芋（红薯），洗好后在锅里蒸一下就端上桌子了。这小山芋，我们都是连着皮一起吃下去的，舍不得浪费一点。

节俭不仅是在吃的方面，也表现在日常的穿戴中。我爸爸妈妈在生活上都是尽量省着一点，能不开销的就不开销，能不买的衣服就尽量不买。我母亲有一件花布的褂子，这在当时算是一件好衣服了，但她只在每次"出人情"时才穿上，回来后就立即洗了，晒干后收起来。我记得，我们家左邻右舍的妇女，在出人情时，还常过来借我母亲的这件衣服。那时，我们姊妹们的衣服也都是大的穿了、小的再穿，而且都是缝缝补补的。我们小孩子都盼着过年，想着过年能有新衣服。但事实上，不是每年过年的时候都能穿上新衣服的，只有年成好点，家里的超支款还清了，才有可能添置新衣服。而我们家因为劳动力少，每年都是超支户，还超支款是一项急务，还不了部分口粮就会被扣着，所以过年时很少有新衣服穿，更是难得有一双新棉鞋。家里尽管很困难，但妈妈每年总是给小舅家的孩子每人做一双棉鞋，这使我们姊妹们都很羡慕。①有一年，家里的吃饭问题实在是无法解决，爸爸带着大姐去大丰县城打短工，剥蒜、包糖、翻晒废品等活计都干过。大姐回来时，自行车上还得带着一袋豆腐渣（有时是酱渣），用来喂家里的猪。大姐人小，驮的东西又重，自行车前轮翘起不得着地，她就在车前压上一小袋豆腐渣或酱渣。生活确实充满了艰辛。我1983年考上大学，家里的条件已经好转了一些，家里帮我添置了一套新衣服，就差一双雨鞋了。母亲说："上大学了，还是要节俭的，雨鞋就不买了，把已经穿破的雨鞋缝补后带上。"

我爸爸最重视的是"忠厚"，他说："历史上，忠孝常不能两全。'忠'是忠于国家，好男儿志在四方，精忠报国。'忠'实际上就是孝，而且是大孝。"爸爸说这话，是希望我们从小立下远大志向，努力走出家庭、服务社会，争做"好男儿"而为国家做事。爸爸在"忠"与"孝"的关系上特别重视"忠"，但他对于长辈的"孝"，也是身体力行的。爸爸孝敬奶奶，在村里是典型的大孝子。奶奶生病后，爸爸寻医问药，但因为自己工作在身，不能在家照应，就把奶奶带在身边，悉心照料。爸爸对外公、外婆也是孝敬有加，以前，尽管家里经济十分困难，但每次大的节日（如端午节、中秋节、国庆节、元旦、春节等）来临，爸爸都会买东西去看望他们。

爸爸深受中国传统文化的影响，不仅强调"忠"，而且强调"厚"，

---

① 写到这里，我想起一件关于棉鞋的事。那是1982年冬天，我骑着自行车到新丰中学去补习，途经大丰县新华书店时，想到书店里看看有没有新到的复习资料，便将自行车停在新华书店门口以便能看见。也就在转眼看柜台的一刻，回头再看车子，车上的新棉鞋已经被人偷走了。过了几天，妈妈来学校看我，我懊悔地说，在新华书店看书时，妈妈做的新棉鞋被偷了。妈妈听了，没有责怪我，只是轻轻说："罢了，就是一双新棉鞋，就等于送给人家穿了！你还有一双旧棉鞋，就凑合穿着吧！"妈妈的话，使我心安了不少。

此"厚"乃是"仁厚"，厚道也。在爸爸看来，所谓"忠厚"乃是以仁义、谦让、诚信为核心要义的，他还从吴姓的起源上进行历史的诠释。爸爸曾研究吴家的族谱，了解吴姓的历史，说我们吴家以"三让堂"为堂号，以"仁义"为本位，谦让、诚信乃是题中之义。他给我们讲吴家"三让堂"的起源：周太王有太伯、仲雍、季历三子，在王位的承继上互相谦让，加之后来孔子有"太伯可谓至德矣，三以天下让"的赞许，故而后人以"三让堂"为号，借以纪念吴姓先人"三让王位"的贤德。为此，爸爸还引用了《史记》中的这样一段话："吴太伯，太伯弟仲雍，皆周太王之子，而王季历之兄也。季历贤，而有圣子昌，太王欲立季历以及昌，于是太伯、仲雍二人乃奔荆蛮，文身断发，示不可用，以避季历。季历果立，是为王季，而昌为文王。太伯之奔荆蛮，自号句吴。荆蛮义之，从而归之千馀家，立为吴太伯。"爸爸说，太伯、仲雍以国为姓，是为吴国之始祖；而周文王以国为姓，则为周姓之始祖。

爸爸教导我们做子女的要努力承继吴姓"三让"的美德，严于律己、宽厚待人，为人要存"忠厚"之德和"仁爱"之心，做事实在，待人诚信，不说"虚话""谎话"，更不可耍小聪明。"聪明反被聪明误"，这是爸爸常说的一句话。爸爸对我们要求很严，认为做人要学会忍让、宽容，对别人要诚心相待，把"忠厚"作为立身的准则，要求我们在勤于做事的同时，更要与人为善、老实做人。爸爸是家里独子，没有弟兄姊妹，解放前曾遭受欺凌。我的爷爷在35岁的时候因病去世，爸爸那时才15岁。家里就剩下爸爸和奶奶两人。孤儿寡母，相依为命，生活很是不易。家里很少的一点田产被村上的人霸占了，我爸爸经历了多年打官司的岁月，生活之艰辛可想而知。解放后，爸爸参加了工作，人民政府主持公道，才改变了他和奶奶被欺侮的局面。对于这段家庭历史，父亲生前多次说给我们听，教导我们："命运不公，要与命运抗争！但始终要忠厚待人，做一个诚实守信的人。"我爸爸恪守"一言既出驷马难追"的信条，与人交往从不以"虚话"应付，甚至将"虚话"视为"失身"，因而一生中严谨有加，从不开玩笑。

爸爸在家庭教育上注重言传身教，奉行"养不教，父之过"的理念，对我们的教育更是"严"字当头，教我们如何做人，如何在社会上立身处世，期待我们长大后成为社会上的有用之才。我随爸爸在他工作的沈灶银行生活时，有一天下午，我擅自拿了爸爸宿舍桌子上的5分钱，一个人溜到镇上的电影院看了一场电影，回来后被爸爸罚站了一个小时，他让我深刻反省，知道错在什么地方。此事距今已经50多年了，但我仍然记忆犹新，犹如眼前事。还有一次，家里添置了新床，床架的表面很光滑，木纹清晰可见。我用锥子捣着玩，目的是想看看木纹之中有什么暗线。结果，被爸爸发现了，又被罚站了半个小时。妈妈看我站着，也是一脸严肃，一言不发。在我的印象中，我没有被爸爸打过，只记得被罚站过两次。

爸爸常教导我们，"大丈夫，一言既出，驷马难追"，他要求我们谨慎立言，言行一致、言之有据、说话算数，不说空话、虚话、大话，做一个诚实守信、受人信赖的人。爸爸在晚年更是期待我在学问上有所进展，能为学术文化事业和教育事业做出贡献。他说，你能有今天的成绩，固然有你的付出，但也有祖祖辈辈一代又一代的努力，"三代才能出一个人才"，但更有社会提供的条件，有党和人民对你的多年的培养。人要有感恩之心和报国之志，要感恩我们的党和我们这个伟大的时代，要为我们这个民族做点事！同时，个人更要谨慎从事，励志奋进，"穷不过三代"，但"富也不过三代"，所以要谦虚谨慎、居安思危、克己奉献。

我们家风中的"勤俭持家，忠厚处世"有着挚爱的意蕴，这种挚爱是深刻的、持久的，留给我们的是温暖的记忆。我记得上高中时，身体发育，肚里饿得慌，特别想吃饭，可中午就是喝玉米稀饭，跑到学校就饿了。母亲就在稀饭里放一两个萝卜，我吃下去感觉能饱一点。每次开饭的时候，母亲总是让我们先吃，她忙其他的事。最后，锅里没有稀饭了，她就用水洗一下锅子，然后将洗锅水喝下去。20世纪70年代后期，还是集体劳动。生产队农忙的时候，社员在十点钟能分到一个烧饼。母亲舍不得吃，而是把这个烧饼揣在怀里带回来。到家后，母亲将烧饼一分为四，家里的每个小孩都分得一角。我爸爸是"严父"类型的家长，他对我的爱非常深沉。我记得在我五六岁那年的冬天，爸爸一大早从工作的沈灶银行骑着自行车带我回老家。一路上由南向北，寒风瑟瑟。爸爸过一会儿就停下来，在农家的草堆旁歇歇。这时，爸爸把我的双脚放在他的胸口捂捂，我顿时感到全身暖和了许多。

我们吴家所恪守的"勤俭持家，忠厚处世"家训，对我影响至深。我坚持勤俭持家、淡泊人生，始终保持家庭中艰苦朴素的品德。几十年来，我保持衣着朴素的习惯，不求衣穿名牌，不求生活享受。现在，尽管生活好了，但我也不浪费一粒粮食，时刻记着"粒粒皆辛苦"。在处世方面，我低调做人、踏实做事，平等相待，谦虚相让。即使在做院长的十年中，我也是秉持诚信的心态、服务的理念，以普通一员的身份与人相处，时刻提醒自己"不得高高在上"。多年来，我严格要求自己，始终记着爸爸说的"人过留名，雁过留声"的话。

## 和睦邻里，以德报怨

爸爸在邻里关系方面主张诚实不欺、以和为贵、谦让待人，秉持"大事讲原则，小事讲风格"；当邻里关系紧张时，爸爸力主化解矛盾，以德报怨，"各退一步，海阔天空"。在爸爸看来，邻居是"抬头不见低头见"，和睦、友好的邻里关系是家庭生活的重要资源，必须以友爱之心建立，同时又需要以诚心加以维护。

在过去的中国农村，家庭里有四五个孩子的是很正常的。有少数家庭甚至还有八九个小孩。农家是聚居成村、相互联络的，各家的小孩子也经常在一起玩耍，不时会发生打闹的现象。故而，农村邻里间的矛盾有时是因为小孩子之间的矛盾引起，并会因家长的不适当介入而激化。记得小时候，有一个邻居觉得自家的小孩"吃亏"了，就出来"帮忙"，甚至把我的弟弟打了。我父亲得知此事，为了修复邻里关系，特地找来了村干部，也找来了那位邻居，坐下来协调。我记得当时的场景：村干部、我爸爸和邻居皆坐在我家桌子的四周，各自陈述情况，说明自己的看法。在我爸爸讲话时，邻居却插话不断，甚至有出现争吵的可能。爸爸说："这样吧，我说完情况和想法以后你再说；或者你要说的话，你就先说吧，我等你说完了再说，如何？我们不是来争吵的，是来解决问题的。"在调解中，爸爸最反对的是"对口词"，最反对的是你一句我一句争论不休。村干部在了解情况后，严厉批评了这位邻居。说小孩之间闹矛盾是常有的，发生纠纷了，大人只能在其中调解，家长不能打人家的小孩，以后邻居间的关系还是要相处的。最后，村领导要求邻居检讨和道歉，并保证以后不会乱打人。这位邻居自知理亏，当场也道歉了。此事本该告一段落，他心里还是有点不服，在别人唆使下节外生枝。过了几天的一大早，他唆使他老婆破坏我家的庄稼，企图通过扩大事态而使矛盾激化。事后，这位邻居自知理亏，主动示好。我爸爸秉持"冤家宜解不宜结"的态度，与其和好如初，并在各方面给这位邻居以帮助。我是家中的长子，爸爸在这件事后对我说："为人处世，'大事讲原则，小事讲风格'，许多事都不可计较。宁可人负我，不可我负人！吃点亏是财富！"后来，我爸爸60岁生日时，这位邻居主动过来祝贺，还说"自己不懂事，受了别人的挑拨"。我在外地工作时，这位邻居还特地来看望我。

奉行"大事讲原则，小事讲风格"，就得有肚量、气量，不斤斤计较，更不可小肚鸡肠、睚眦必报。爸爸常说："宰相额头能遛马，将军肚里能撑船。"他希望我们能大度容人，做一个有格局的人。20世纪的90年代，按照生产队的规定，各家前面的鱼塘是可以养鱼的。可是，有一位邻居，不知在什么时候，在我家的鱼塘里投入了10元钱的鱼苗。爸爸得知后，说："好啊，我家也投入鱼苗，咱们一起养鱼吧！"年终鱼塘起底时，我们家给他送去了不少鱼，这位邻居很是满意。还是这位邻居，在我家翻盖房子时，将界标向我家一侧悄悄移动了一点，爸爸知道后佯装不知，不计较这事。爸爸私下对我们做子女的说："对于这样的事，我让你一尺，又何妨呢？"我妈妈也是明事理的人，在邻里关系处理上奉行"你待我一尺，我待你一丈"的信条。尽管年纪大了，她在农忙时还是会主动帮邻居家劳动。我在外地工作，回老家的机会不多。但只要是回去看望父母，我母亲总是忙好一桌菜，请来左邻右舍，把平时舍不得喝的酒拿出来招待大家。

我们吴家"和睦邻里，以德报怨"的传统对我有很大的影响。在单位里，我几十年来从不争荣誉，而是主动让给其他老师。记得在原单位，有一年学院对教师的科研进行奖励，我因为这个时段获得了国家重大项目和教育部颁发的二等奖，又发表了不少权威论文、出版了多部学术专著，按照标准应得的奖励不少。我作为院长，在班子会上表示：学院有20多名教师，我的科研成绩折合为20多篇C刊，将奖励分发给学院里从事教学工作的老师。我想的是，学院的教学是生存、科研是发展，两者相辅相成、缺一不可，故而需要把握两者的关系，调整科研与教学之间的矛盾，维护学院的团结和稳定。而我作为学院的院长，就要有高的姿态。刚来杭州师范大学工作的时候，因为自己科研等方面比较突出，领导推荐我为先进工作者，我一再推托。我说："我是一名老同志，已经获得省突出贡献中青年专家、国务院政府特殊津贴专家等称号。这些荣誉，还是留给年轻人，而且工作是大家一起干的。"确实也是，尽管我个人也是努力的，但工作是大家一起干的，荣誉应该给那些进步的年轻人！我是一名老党员，多年来受到单位领导的高度重视，我能为单位做点事情，并有出彩的机会，我已经很满足了！为人处世方面，我主张谦和忍让，遇事讲风格、少计较，多多想着自己的不足，多多关注身边有需要的人。

## 人才辈出，为国争光

我家重视知识、努力培养人才是从我奶奶开始的。爸爸生前曾告诉我，我的奶奶朱广英，虽然没有读过什么书，但天资聪颖，心算能力强。我爷爷没有读过书，人很老实，算账尤为不精，常常出错，被人家坑了还不知道。有一次，我爷爷赶集回来，奶奶问他卖了多少钱，爷爷回答说"一共多少斤，总共卖了多少钱"。奶奶掐指一算，发现相差很多。此时，爷爷也知道在买卖上吃了大亏，顿时焦急起来，竟顶着烈日、光着脚板，急匆匆地赶过去讨要。由于我们家吃了缺少文化、不会算账的亏，我奶奶下决心要把我爸爸培养成读书人。恰好，我爸爸的表哥潘安智①家里开私塾，需要个陪读的。奶奶就送我爸爸到姑奶奶家，陪着表哥潘安智读私塾了。这一读，就是六年半（从 8 岁的春天到 14 岁的暑假）。

---

① 我的表伯潘安智读过几年私塾，他在我们家乡来了新四军后毅然参加新四军，抗击日寇。据我爸爸生前告诉我，他的表兄潘安智所在的战斗小组，有一年冬天的夜里，被许多伪军追击，前面有大河拦着，只好渡河撤退。伪军见河水冰冷，知难而退，放弃了追击。新四军战士从河对面上来后，挤掉棉衣上的水再穿上，消失在茫茫的夜色之中。解放后，表伯潘安智做了镇食品站的站长。我爸爸 2009 年去世的时候，表伯还过来吊唁，他前几年也去世了。

我爸爸视做人和做事为高尚，特别注重业务上的提高。在我很小的时候，爸爸常给我讲刘备"三顾茅庐"的故事，并以自己的工作经历说明"天生我材必有用"的道理。我爸爸说，他15岁（1946年）的时候，我的爷爷就因病去世了，家里只有我奶奶一人，他不能再去表兄家伴读了。爸爸辍学在家，耕种仅有的几亩田，与我奶奶相依为命，真是"孤儿寡母"的境地，日子过得特别艰难。尽管如此，爸爸在家不忘读书，亦时常练习珠算。又过了几年，共产党领导人民取得了全国的解放，乡里亦成立人民政权，由人民当家作主。新中国成立后，百废待兴，乡政府亦急需人才。据爸爸说，人民政府的乡长是位礼贤下士的工农干部，一次又一次来我家，动员爸爸到乡政府工作。起初，我爸爸以奶奶一人在家为由婉言谢绝了。可这位乡长求贤若渴，第三次到我家邀请爸爸"出山"。我爸爸是受传统教育的人，被乡长的诚心所感动，终于答应了。爸爸对乡长说："我吴某人何德何能，让我们的乡长一而再、再而三地登门邀请？我有再大的困难，也是能克服的！"爸爸参加工作后，一直担任银行的会计，努力钻研业务，自学了很多课程，先后在小海镇、沈灶镇、大丰县城、射阳县城、盐城市等地工作，并受邀在银行干部培训班上讲课，讲授"会计学原理""会计实用""银行货币学"等课程，一直到退休。在我的印象中，爸爸常说到自己参加工作的经历，并要我们记住"真有才能的话，就会有人来请你去"①。

———————————

① 父亲每次讲这话，我们做子女的总是不以为意，认为现在已没有这样的好事了。不过，也不尽然。我个人体验到，自己苦练内功，有点才干，现在的社会还是有伯乐的。就我个人而言，因为喜欢写论文，做研究，在全国有点影响，1997年被徐州师范大学引进。10年后的2008年，南京审计学院又把我作为人才引进，并且还当了政治与行政学院的院长。又过了10年，杭州师范大学在2019年又将我作为人才引进。现在想来，父亲的话是有道理的。

爸爸总是勉励我们努力读书，期待我们学有所成。在我很小的时候，爸爸常对我说："书到用时方恨少""用功读书在平时，要做有心人，勤于积累，功夫不负有心人。"又说："万贯家财不好携带，但知识可以随时带着，而且你走到哪里，知识就带到哪里！"我大学毕业工作后，每次回去都向爸爸汇报，今年读了什么书，写了什么文章，做了哪些事。爸爸对我写文章这事，尤为高兴。他说"人以文传"，希望我著书立说，在做学问的道路上不断前行，成为知名的学者。他教导我，要多读、多写，"好记性不如烂笔头"。他晚年常说的一句话是"人才辈出，为国争光"。

爸爸在我的心目中是"严父"的形象，但对我又是严中有爱。我是家中的长子，爸爸在我小时候常说："家有长子，国有大臣！"这是期待我具有担当和责任，将来支撑门面、"出人头地"，长大后能服务社会。我印象最深的是，小时候他在睡前给我讲《水浒传》中的故事："武松一个飞步骑在老虎身上，一拳打在老虎的右眼上"。我即刻发问："何谓右眼？"爸爸伸出双手，告诉我哪边是右手，哪边是左手，我学会了区分左右。爸爸还说，武松打虎的故事说的是要有胆识、敢于出手，不怕艰难险阻。这就需要有意志和能力，没有坚韧的意志不行，没有足够的力气也不行。我上小学了，爸爸教我写毛笔字，学的是颜体。那时纸张紧张，爸爸为了让我练习毛笔字，在街上找木匠给我加工了一块木板。木板抛光后上了白漆，犹如黑板上刷了白油漆一样，写了毛笔字后用湿毛巾抹去，还可以继续书写毛笔字，爸爸给这块板取名为"粉板"。写毛笔字要一笔一画练习，这就得有耐心。而对好动的男孩来说，这就有点困难。我小时候耐心不够，玩心很大，在书法上没有进步，这是我至今都感到遗憾的。我上初中了，爸爸知道我心算能力比较强，对数学有特别的兴趣，他特地买来了一套4卷本的《初等数学》。我利用空闲时间，重点自学了这部书，同时还参阅了当时的中学数学竞赛试题，做了一些高难度的试题，数学成绩居然很好。1983 年我参加高考，数学满分是 120 分，我得了 118 分。我考上了师范本科，爸爸很是高兴，连声说："好！好！我们家终于出了一位大学生，终于有一个人做教师了！"我妈妈知道我考上了大学，也是喜笑颜开，也问我毕业后做什么工作，我说："做老师！"妈妈听了后，立即纠正："是做教师，哪有人说自己是'老师'呢？"在妈妈看来，"老"和"老师"皆是尊称，人家可以叫你"老师"，但教师本人是不能自称"老师"的。

我母亲是农村妇女，小时候没有读过书，解放后只是上了几天夜校。我的外祖父朱魏然（1906—1989）是解放前的老党员，解放后曾经做过北虹乡的副乡长，他特别欣赏有文化的人，但又有传统的重男轻女的思想，故而在家庭中极力支持男孩读书，却又不让女孩读书。我的两个舅舅都生于解放前，但都读到初中毕业，他们在当时的农村都是属于有文化的人。然而，我的母亲、大姨和小姨却没有上过学。不过，我的大姨夫、小姨夫都是初中毕业，我爸爸也读过六年多的私塾。我的母亲希望我把书念好，教育我要有毅力和恒心，不可虎头蛇尾。她常对我说的一句话是："读书就像打仗一样，要打死不离战场！"记得在七八岁的时候，爸爸周日在家休息，顺便给我们讲故事。这个时候，母亲总是对我说："你爸爸是读书人，读过几年私塾，现在工资是 45 元，算起来每天是一块五角，星期天休息了也是有工资的。我没有读书，劳动一天最多得一个工分，算起来也就是两三角钱。"母亲对我说这话，是期待我好好读书，将来能像爸爸一样，"做公家事，吃公家饭"。妈妈说的话，尽管朴实无华，但其核心要义就是期待我成才。

爸爸作为农村中的"文化人"，晚年在家最喜欢做三件事：一是修家谱；二是写毛笔字；三是抄写名著。

修家谱是爸爸晚年的一大爱好，爸爸在其中也得到了很大的乐趣。我们吴家是从苏州迁到大丰小海镇的。据家谱看，爸爸是"苏迁小海17世"。为了研究这段历史，爸爸找到民国初年的地方志及其他相关资料，修了《吴家苏迁小海家谱》，并打印出几份送交大丰吴文化研究会留存。当地吴家的后人得知后也常来我家看家谱，主要是了解自己家庭是吴门的哪一支，与其他吴姓后人之间的亲疏关系。爸爸总是留着人家吃饭，并利用吃饭的机会交流，同时还抄出简谱相送。

爸爸喜欢写毛笔字，对自己的毛笔字是自信的。有几年的春节，爸爸在小海镇上摆摊写春联。对于爸爸来说，摆摊不是为了赚钱，而是为了能有与其他摊主交流的机会，同时也是为了有机会为乡亲们写几个字。镇上有的老人（大多是七八十岁的长者）少时亦读过私塾，不喜欢印刷体的春联，而喜欢手写且带有墨香的春联，爸爸就给他们写几副春联。钱是随便人家给的，爸爸并不计较多少。有时，人家会多给一点，爸爸说不要这么多，可人家硬是塞给爸爸。此时，爸爸见实在推脱不了，立即加写几个"福"字送上，以示谢意。后来，爸爸年纪又大了些，骑车出去不方便，就不去街上写春联了。在家里，爸爸一有机会，总是提起毛笔写几个字。他对我说过，字就得经常写，此所谓"拳不离手，曲不离口"。在家里，爸爸利用废弃的纸张，有空就写毛笔字，写好后用线装订起来。现在，我手里还收藏着两本：一本封面上写着："百家姓，吴春锦读。二〇〇六年十月二十日，时年七十六岁。"另一本封面上写着："朱柏庐治家格言，吴春锦读。二〇〇六年十一月下旬，时年七十六岁。"我看着这两本小册子，脑海里就浮现出爸爸端坐在桌旁，凝神写字的场景。

爸爸晚年特别喜欢读书，可以说是乐此不疲。与别人不同的是，爸爸是通过抄录而读书的。爸爸除了抄录《古文观止》外，又把年轻时读过的小说，如《水浒传》《三国演义》《西游记》等，在家抄录

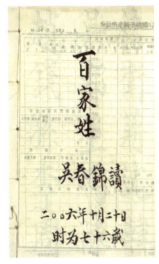

吴汉全父亲写的毛笔字

了一遍。在爸爸七十五六岁的一个夏天，我也是在家里度假，午睡起来后，我看到爸爸一字一句地抄录《三国演义》。当时，我疑惑不解。读书就读书，为啥要一字一句抄书呢？其实，爸爸抄录过去读过的作品的目的是品味其精髓之处和思想意蕴，[①]同时也是要唤起他年轻时读这部书所留存的记忆。读书是爸爸晚年的一大爱好，而他的"抄读法"也是有特色的。

爸爸晚年修家谱、写毛笔字、读书这三大爱好，用他自己的话说是"消遣时间"，但亦折射出他对文化事业的挚爱。这实际上也是他老人家一贯倡导的"人才辈出，为国争光"理念的另一种表达。爸爸

① 在我小时候，爸爸曾告诫我："不动墨，不读书。"又说："好记性，不如烂笔头。"还说："买书不如借书，借书不如抄书。"爸爸在读书方面主张"下硬功夫"，特别强调抄写的意义，认为书仅仅读一遍，印象不深，但如抄写了一遍就有较深的印象了。我自读大学后，遵循爸爸的教诲，养成了读书做笔记的习惯，我的不少文章和专著都是依据自己的读书笔记写成的。

晚年的三大爱好，表面上是"消遣时间"，但却属于那种有着"大用"的"无用之用"。这就是积极地营造家庭文化的氛围，彰显中华优秀传统文化的意蕴，并为人文精神的当代承继做出一种表率。

　　20世纪是中华民族由苦难走向辉煌的重要阶段，同时也是创建中华民族现代文明的重要阶段。家风在优秀文化的传承、时代精神的彰显、社会实践的推进中发挥了重要作用。就20世纪历史演进的逻辑来看，辛亥革命推翻了帝制，新文化运动倡导民主和科学精神，中国共产党领导的新民主主义革命的凯歌行进，新生的中华人民共和国建立，改革开放和社会主义现代化的实践，新时代中国特色社会主义的成功推进，这些不仅使中国社会发生了历史性的巨变，而且也为家风的传承、家训的凝练和家庭美德的传播提供了社会历史条件。我们吴家家风奠基于我奶奶那一代，勤于耕作、雅重读书为其特色；我父母这一代，承前启后、继往开来，将家风发扬光大，形成恪守信仰、和睦乡邻、勤俭持家、忠厚处世的家风；到我们这一代，努力于创新创造，在家风中不断践行积极奉献、低调做人、踏实做事的要求。说到底，家风是社会变迁的结晶、文化演化的产物，它是发展变化的、与时俱进的，既表征民族的诉求、社会演化的轨迹，葆有历史的意蕴和民族的精神，同时又带有各自家庭的鲜明特色。我们吴家的家风亦不例外。

# 克己复礼为仁

邓新文

公共管理学院特聘教授

我母亲去世已经一年多了。她留给我和我们整个家族的精神遗产，可以用"克己复礼"四个字来概括。颜渊问仁，子曰："克己复礼为仁。一日克己复礼，天下归仁焉！为仁由己，而由人乎哉？"母亲不识字，《论语·颜渊》的这几句话她肯定没有读过，但母亲的一生却是"克己复礼"的一生，比古今许多把《论语》背诵得滚瓜烂熟的人还要虔诚，还要实在，还要义无反顾。我曾追随时代潮流，认定母亲"克己复礼"的言行属于封建迷信，是奴性的思想，是弱者的哲学，但最终发现自己根本就错了。母亲才是她自己思想和言行真正的主人，而我们却更多的是自己囫囵吞枣所得的思想和理论的奴隶。母亲一生行其所信，恬淡隐忍，表面谦卑顺从，从不忤逆人意，但内心里却主见甚强，坚不可摧，决不因为已经做出的承诺而束手束脚、畏首畏尾。我也是中年以后，深入母亲的生活中，才发现她内心的强大，比我知道的那些倚仗权势、恃强凌弱的人，有点地位钱财、有点知识技能就沾沾自喜、自以为是的人，强大百倍。

"克己复礼"，用今天的话说，克是克服、战胜，己是私心、私欲，复是恢复、光复，礼是礼让、礼敬。"为仁由己"，就是仁爱的言行完全出于自觉自愿，而不是被诱被迫。"经礼三百，曲礼三千，一言

邓新文婚礼合影（拍摄于 2009 年）

以蔽之，曰：'毋不敬。'"所以，礼最重要的不是繁文缛节的礼仪礼貌，而是对对方发自内心的敬意。孟子说："爱人者人恒爱之，敬人者人恒敬之。"这道理，谁都能懂，谁都知道它的好处，但做人最难的就是发自内心的爱敬很难生起，即便偶尔能生起，也很难保持。为什么发自内心的爱敬很难？因为我们的私心、私欲太多太强。所以马一浮先生才说："克己复礼，正如收复失地、战胜攻克一般，须是扎硬寨、打死仗才行。"从这个意义上说，私心、私欲越强的人，仗越难打；私心、私欲越弱的人，仗越好打，这是从克服战胜的对象一面来说。如果从克服战胜的主体一面来说，"克己复礼"的意愿越坚强，这个仗越好打；反之，则越难打。回顾我母亲的一生，我觉得她之所以能坚持下来，首先在于她的私心、私欲很少很淡，其次才是她的意志坚强。

庄子说："嗜欲深者其天机浅。"我母亲的道德成就之所以能征服我们家族每一个人的心，其中一个重要的原因是她的嗜欲几近于无。母亲一生舍不得吃，舍不得穿，苦行程度近乎头陀。吃得好一点，穿得好一点，她的心里总有一种负罪感。即便晚年生活条件有了很大的改善，母亲依然节俭如故。直到去世，母亲一生没有住过一天医院。从前家庭困难，她是"有钱把病治，无钱把病挨"，伤风咳嗽、发热头疼，母亲多半是拖好的。实在疼得厉害，母亲就把手帕卷成绷带沿着太阳穴紧紧地捆扎起来。这些细节，我至今记忆犹新。晚年每次生病，儿女要带她去医院，她是能拒绝就拒绝，不能拒绝，最多顺从一下，到医院看看医生，开些药，就吵着要回家。她说："人到这个年龄，总是要走那条路的，何必花这个冤枉钱呢！"一般人最忌讳的就是死亡，而母亲却真是视死如归。一个把生死置之度外的人，其内心之强大可想而知。能淡泊欲望，是母亲一生能坚持克己复礼的基础。正因为欲望寡淡，所以母亲很容易满足，从而相对才有"剩余"的钱财和时间去帮助他人。

母亲一生乐善好施，对自己近乎吝啬与苛刻，可对别人却一生慷慨。从我有记忆以来，只要家里有什么新鲜的吃食，她是非送给左邻右舍不可的。如果家人阻止，她偷偷摸摸也要送出去。每当我们因为这个责备她，她都会回敬我们一句："吃独食，不落肚！"还有一句："关起门来吃好东西有罪！"小时候我不止一次地跟母亲起过争执，怪她爱别人胜过爱自己的亲人，不止一次地抱怨："自家这么穷，您怎么还老往外送啊！"每次母亲都会用同一句话来批评我："你这孩子！人家不也时常送东西给我们吗？做人要记得'受人滴水之恩，当以涌泉相报'啊！"母亲一生在知恩图报上有种近乎苛刻的执着。无论我们怎样用"新社会新观念"去启发她，甚至批判她，她都是我行我素，顽强地恪守她自己内心的做人原则毫不动摇。这是我母亲一生能坚持克己复礼的内在动力。

母亲一生的克己复礼，让她在晚年收获了令人羡慕的福德。尽管20年前就被专家判了"瘫痪在床，痛病终老"，可她硬是我行我素、

双亲老而弥笃的爱情不仅是儿孙辈的幸福，更是儿孙辈的榜样（2006 年 10 月摄于北京颐和园）

悄无声息地让专家的判决只定格在病历本上。她不仅没有瘫痪在床上，而且 80 多岁还能下地干农活，直到去世前夕，她生活一直能够自理，以至于医学专家都不得不叹服："张素兰老人创造了医学上的奇迹！"母亲晚年儿孙满堂，个个孝顺。她不仅收获了我父亲对她老而弥笃的爱情和我们家族 42 口人对她发自内心的爱敬，而且收获了左邻右舍、乡里乡亲以及我在城里不少朋友的敬重。

2006 年 10 月，我应北京一位朋友的邀请，带双亲到北京看病。在朋友家住了五天，本是打扰他们，可是离别之际，朋友的一句话却让我深受震撼。他说："新文，你妈妈真是太好了！要是你妈是我妈就好了！"朋友这句发自肺腑的话让我思考了六年。是什么让母亲无论在哪都让人如此赞叹呢？论知识，我是博士而母亲是文盲，为什么我"有心栽花花不开"的人际关系，母亲却总是"无心插柳柳成荫"呢？直到 2012 年母亲节前夕，我才找到比较满意的答案。那天，我偶然翻看《孟子》，其中一句话引起了我强烈的共鸣——"爱人者人恒爱之，敬人者人恒敬之。"这不就是我母亲一生的写照吗？母亲一生对他人的爱和敬，绝不是口头上的，而是真心实意的。她不光对长辈是这样，对同辈是这样，对晚辈也是这样，甚至对动物依然这样。一言以蔽之，曰"毋不敬"！母亲不识字，没有文化，可凭着"爱""敬"两种情感、两种德行，她收获了纯朴而安宁的人生。母亲的一生看似很苦，实则比我们许多看似幸福的人幸福得多。至少在我的心目中是如此。母亲"克己复礼"的一生，非常值得我学习和传承。母亲一生的实践让我坚信："爱""敬"二字，是人类文明的精髓，是人类教育的灵魂，是解决人类一切争端的根本出路。舍此别求，不是自欺欺人，便是肤浅的侥幸。

★
中
篇

# 根植于我心中的家风家教

王奎龙

物理学院副教授

我出生在非常普通的农民家庭里，母亲是文盲，父亲读过旧时的初小，家里也谈不上有什么成文的家教家训，有的只是长辈对晚辈的言传身教、生活中点点滴滴的潜移默化的影响。父母的为人处世对我成长的影响以及我认为值得保持和传承下去的一些道理和做法，也算是一种家风家教吧。

## 吃苦耐劳

吃苦耐劳是中国劳动人民的标志，也是中华民族的传统美德。在我的印象里，父母总是处于忙碌的状态中。以前有生产队的时候，他们白天在生产队里干活，收工后，再抽空打理自留地，种一些经济作物。特别是母亲，忙完地里的活，晚上还要操持家务。尤其是夏天农忙"双抢"季节，白天干活一身泥一身汗，家里每天都有一大堆衣服要洗，还有其他七七八八的家务活，往往家里操持完毕，总要到晚上九十点钟，第二天早上可能天不亮又要出早工了。母亲总是辛勤劳作，没有怨言。而我的父亲，不管春夏秋冬，永远是最早起床的，从来没有睡懒觉一说，每天都是早早地起来，把一家人的早饭做好，然后下地干活。即使父母到了 80 多岁，依然闲不下来，父亲依然会每天下地干活，种点小菜什么的。而母亲虽然已经不怎么下地干活，但一空下来，总会收拾这儿，收拾那儿的，搞搞家里卫生。再有空闲时间，又会去拿些手工活干（老家义乌，小商品加工手工活还是很多的），有时还会晚上干得很迟，说老板要求赶活。我们子女总是说："你又不愁吃穿，还做那些干什么？"但她经常说的一句话是："闲着也是闲着，反正力气也是攒不起来的。"就是这样一句朴实的话，支撑她们一辈子勤勤恳恳地劳作着。

父母的勤劳也深深地影响着我们子女，我们也早早地学会了分担家里的家务活。7 岁左右，我就学会了帮家里干洗碗、做饭、扫地等力所能及的家务活。从 11 岁起，我每年暑假都跟着大人到生产队里劳动赚工分。到读初中，我基本上学会了干各种农活。我读高中时，村里实行了"分田到户的承包责任制"，一直到大学毕业分配到学校工作后好几年，每年暑假我依然会回家帮着父母下地干活。父母的勤劳一直影响着我，使我学会了做事不偷懒、不怕苦、不怕累。不管是工作、学习，还是做家务活，我都会认认真真地去做。

## 节俭持家

节俭、不浪费一直是父母辈们的生活习惯。20 世纪 70 年代，物资还比较匮乏，加上家里条件不太好，粮食还要卖掉一些换钱，所以口粮往往不够，但母亲会想尽一切办法让大家吃饱，吃得好一点。她会根据不同的季节摘一些植物的茎叶做菜吃，比如芝麻叶、地瓜茎、马兰头、荠菜、苋菜，还会用有限的食材做出不同的口味来，比如她会把白萝卜加工成萝卜片干、萝卜丝干。萝卜干，还分为生晒的和蒸煮后再晒的，非常好吃。每年她都会晒一些梅干菜、晒制豆瓣酱、洗晒地瓜粉。到了夏天，她还会自己做一些甜酒酿，也会用地瓜粉做一些豆腐。地里每年应季种一些瓜果蔬菜。粮食不够，母亲会经常掺一些杂粮吃，比如地瓜、玉米、胡萝卜。她经常会在饭里蒸上一些，但更多的时候是她自己吃这些，而给我们吃的却是米饭。另外，为了贴补家用，母亲还会养羊、猪、鸡、鸭、兔等。所以，从小我就帮着家里放羊、喂兔子、拔猪草等。虽然那时经济条件不好，但通过养这些换一些钱，每到年底母亲都会给全家做几身新衣服，也能给我们准备好读书的钱。在我母亲井井有条的操持下，我从来没有觉得生活有多苦。但我们兄弟姐妹知道粮食来之不易，自觉养成了节俭、不浪费的习惯。即使现在条件比以前好了，我们依然保持着节俭持家之风。生活上，做到够用就好，不铺张浪费。

## 尊老爱幼

我们从小受到的教育就是对长辈要尊重，碰到长辈一定要有礼貌地打招呼。对家里的哥哥、姐姐不能直接叫名字。在我的印象里，父母对长辈也是尊敬有加。我母亲与奶奶一直和睦相处，从来没有过争吵，或者背后说不满。小时候，家里开饭一定要等父亲干活回来，再饿也不行。干饭要留给父亲吃，因为他在地里要干体力活，我们一般吃一些杂粮。因此，我们家里一直保持着一个习惯，等人齐了才开饭，要是谁下班或者有事晚了，能等的一定要等，这样才有一种家的感觉。

从小父母要求我们大的不能欺侮小的，长的要照顾幼的。他们自己对待小孩也很宽容，除了礼貌等必须的规矩外，没有太多的条条框框束缚。母亲对待小孩也是非常爱护，带小孩自有一套，我的孩子，以及我姐姐和妹妹的孩子小时候都让我母亲带过，都养得壮壮的。小孩们放假很喜欢到他们那里，对他们也是很尊敬。大外甥已经工作了，经常会给他们买一些东西，很懂得孝敬；孙子远在外地读书，会时常打电话问候他们。老人生病住院了，孩子们都想到医院去看望。我想，尊老与爱幼是相辅相成的。

## 与人为善

父亲 16 岁时，爷爷就病故了。父亲作为长子，就担负起了家庭的重担。一家四口，相依为命，共同成长，因此父亲兄妹三人之间关系非常融洽，长幼有序，邻里之间的关系也都非常和睦。我听父亲说过，爷爷以前就教育他们人与人之间不要斤斤计较，要"与人为善"。在长辈的影响下，我们表兄妹、堂兄妹之间关系也非常融洽。每年大年初一，大家都会在我家里相聚。父母不但对家人不会斤斤计较，对外也是以诚待人，因此，非常受大家的尊重。

受父母的影响，我们与他人交往也总是以诚待人。对自己的小孩，我们自然也要求他们这样做。

## 敬重知识

我母亲是文盲，我父亲虽识一些字，但文化水平也不高。然而，他们对待知识和文化人非常敬重。他们对我们的学习虽然没有过多的要求，但对尊敬老师的要求是非常严苛的。虽然小时候家里农活、家务活很多，但如果我们在做作业，或者学校里有什么事情的话，父母是绝对不会叫我们去干活的。我母亲非常好学，看到人家做得好的，她会非常虚心地向人家学习、求教。我读中学前后，我母亲看到村里有个人种的黄金瓜相当不错，就向他求教，怎么选种、怎么管理。后来她在自留地里种出了又脆又甜的黄金瓜，黄金瓜成了暑假里最为消

祖孙三代共同学习

暑的水果。现在想想也是一种美好的回忆。

　　我父亲话不多，更不会空洞地说教。但他一直有看书学习的习惯。一直到老了，他的床头总是会放着各种各样的书。他对知识的探求，潜移默化地影响着我。20世纪70年代，我父亲一直在村里的农业科技队当队长，那时他们会做一些相对简单的农业科技方面的试验，比如"蒸汽育秧"、新品种的试种、病虫害的防治、农药化肥的使用，以及后来的杂交水稻育种、新式农机用具的使用等。这些知识基本上都要靠自学，他会买一些书在家里经常翻看。另外，我父亲的爷爷辈有人学过医，家里留下来不少古医书，我小时候经常看到父亲在睡前翻看那些医书。育儿、日常保健方面，他经常会引用书上的一些知识。我从小就体会到，书本真是像个宝库一样的好东西，可以学到很多其他地方学不到的知识。

　　前两年，父亲因病去世了，家人至今甚是怀念。但在父母的影响下，勤劳、节俭、尊老爱幼、以诚待人、家庭和睦、尊重知识、尊重文化等成了家人共同遵守的价值观，并且也影响着我们下一代，这就是所谓的家风家教吧。

# 我的家风家教故事

陈光乐

外国语学院教师

　　"家风"是家族成员秉持的一种约定俗成的价值准则，是隐性的文化。习近平总书记强调，"不论时代发生多大变化，不论生活格局发生多大变化，我们都要重视家庭建设，注重家庭、注重家教、注重家风"。谈到家风必须提及家训、家规和家教。家训是一个家族的美好蓝图，是崇高理想；家规是底线思维，是维系家族和家庭和谐发展的保障；家教是言传身教，是传承和发展的重要实践。只有将三者有机地结合才能形成自己的品牌家风而得以传承。历史上非常有名的家训无不体现了"修身、齐家、治国、平天下"的理想。喜欢曾文公家书"莫问收获，但问耕耘""大处着眼，小处着手"的处事方式，也喜欢诸葛亮《诫子书》"非淡泊无以明志，非宁静无以致远"的高超境界。好的家风家教对子女一生都能产生重大影响，并影响整个家族的门风而得以流芳百世。

　　我父亲9岁时丧父，12岁时又失母，少年时靠吃村里的百家饭而活着。成家后他养育了八个子女，没有让一个孩子中途夭折。他们除了依靠国家日益改善生活条件外，其他的依靠的就是自己的勤劳节俭。那时家里生活条件差是出了名的，食不果腹、住草房和穿粗布的日子我都经历过。恢复高考后，我家陆续出了四个大学生，邻里间称赞父

陈光乐的全家福

亲家风好。其实这与父亲崇尚勤劳、母亲秉持节俭和祖父留下的"耕读"理念息息相关。祖父当年应该算是村里为数不多的"文化人"，因为他解放前曾参与过族谱的编修工作。父母认识一些字，虽然生活艰难，但从不放弃孩子们读书的机会。他们最朴素的理念就是读书能明事理、长才干，这样才有可能对社会和家庭有更多的担当。我经常听他们说，"惯儿不孝，肥田出瘪稻"，这也许就是他们那代人最朴素的家风家教理念。

## 家训要高瞻远瞩

现代人驾车都特别喜欢用导航，这样可以实时观察路况，寻找便捷道路。家训就像是一个家族前进的"导航仪"，可以帮助我们克服社会巨变给我们带来的焦虑心理，从而保持有节奏地生活和学习；可以帮助我们驱除极度的功利思想，拓展家庭教育的视野。教育孩子不能像企业那样依规开除违规职工，也不能用营业额和产品报表的方法去核算孩子的成绩，遇到问题一定要用沟通交流的方式解决。我们要聚焦在孩子的核心价值观和核心文化素养的培养上，因为这是关系到全人的教育问题。

## 家规要守住底线

家规是对家庭成员举止行为、交友治家、为人处世的条规。司马光严于教子，很注重培养子女自律自立的意识。《训俭示康》里他告诫其子："俭以立名，侈以自败。"包拯在家训中说道，子孙后代做官者中，若有贪污的人，都不能回老家，也不允许死后葬在祖坟上。包拯的家训，是他对后人的训诫，也是他一生的写照。萨特说过自由不是不受约束的，没有约束就没有自由，自由并不意味着完全不受约束地行动，当然也不意味着随意行动。我们的成长过程就是伴随着行为的约束和思想的自由。培养孩子的自律性首先要树立孩子的底线思维，懂规矩才知方圆。

## 家教要言传更要身教

唐太宗本人虚怀纳谏、文治天下，为李家做出了典范。《戒皇书》"逆吾者是吾师，顺吾者是吾贼"告诫后代要听从不同意见。欧阳修《示子》曰："玉不琢，不成器。人不学，不知道。"欧阳修为官为人率先垂范，强调如果不学习，就要失去君子的高尚品德而成为平庸恶劣的小人。曾国藩一辈子以勤奋、简朴、求学、务实要求自己，他的十六字箴言一直为曾家后人所传颂："家俭则兴，人勤则健；能勤能俭，永不贫贱。"

# 家风是一种文化自觉

梁晓声说过，文化是"植根于内心的修养，无需提醒的自觉，以约束为前提的自由，为别人着想的善良"。"不积跬步，无以至千里；不积小流，无以成江海"，良好的家风也是日积月累的过程，更是一个长时间润物细无声的过程。尽管家庭不同，但家风还是有一定的共性。榜样的力量是巨大的，父母勤俭持家、注重孝道的优秀品质肯定会对孩子的影响深远。家庭关系的和谐始终是家庭中最坚定的基石。对于良好家风的培育，我特别崇尚"天行健，君子以自强不息；地势坤，君子以厚德载物"这句名言，虽然不同的人有不同的理解，但我笃信一个美好的家庭必须拥有前进的方向和动力，也要保有美德和宽容之心。

## "以约束为前提的自由"可以提高孩子责任感和自制力

教育是一个逐渐放松的过程，民主的家庭也要立规矩。俗话说："没有规矩，不成方圆。"在孩子小时候，我们要不断地告诉他们学习是自己的事情，完成作业就可以做自己喜欢的事情，这样孩子就会提高学习效率。注重培养孩子的"底线意识"，破坏规则必然有罚。渐渐地孩子就会知道，遵守规矩就可以做自己喜欢的事，孩子的责任感和自制力都会有所加强。

## "功利性"学习可能会影响到孩子的兴趣和视野的拓展

在孩子成长过程中一定不能太功利，让孩子做喜欢的事情，他的好奇心和学习的热情就不会泯灭。在孩子未来的专业选择上，我们要尊重孩子的想法，但不管选择什么专业方向，都应该文理兼修、中外贯通，既要有科学思维，也要有人文情怀，既要有国际视野，也要坚守中华文化之本。

## "节奏"是攻克焦虑的最佳良方

家长和孩子经常会面对"焦虑"一词，即对未来学业的担心或忧虑，主要表现为"病急乱投医""头痛医头，脚痛医脚"。其实只要把握好教育的大方向，在校期间跟上学校的教学节奏，假期里"演奏好"自主学习的节奏，孩子的学习肯定没问题。龟兔赛跑就是一个最浅显易懂的好故事，乌龟用自己的节奏去克服它短时间内无法战胜兔子的焦虑心理，并最终到达了比赛的终点。一个人在生活中没有节奏肯定会活得乱糟糟，运动员跑步没节奏很难出成绩，音乐如果没有节奏那会变成噪音。

## 家长率先垂范，以"理"服人是家庭教育的前提

论及家庭氛围和家长的示范效应，其实我们家长也都明白"己所不欲，勿施于人"的道理。要孩子做到的，家长是必须做到的，否则有失公允。尽管家长无法与孩子的知识水平完全相同，但是勤奋学习和勤劳工作可以在某种程度上取得平衡点，孩子们用勤奋学习来回报家长们的勤劳工作，也足以以理服人。家长贪玩不思进取，要求孩子勤奋好学也就无从谈起。

## 家、校、社会教育的协同与互补是促进孩子成长的最大动力

教育切忌完全依赖学校。家庭教育在一定程度上更能发掘孩子的个性和特长，只有将家庭教育与学校教育形成一股合力才是好的教育。学校教育带有普遍性，家庭教育更有其特殊性。学校教育有时会给家庭教育带来契机，家庭教育应该帮助孩子了解学校和认识教师的优秀特点。善于教育的家长应该在家长会上学会记笔记，里面不仅仅记录孩子的成绩更应该标注上该门课程老师的优秀特点，帮助孩子深入了解老师并喜欢上他们。家、校教育必须与社会教育保持紧密联系，明代顾宪成有一副对联"风声、雨声、读书声，声声入耳；家事、国事、天下事，事事关心"。从家庭走进学校，每个人最终都要奔赴社会，所以要时刻教育孩子关心国家和社会，将来才能更好地承担应有的社会责任，为社会和国家服务。

# 给儿子的一封家书

龚上华

马克思主义学院副院长、教授

亲爱的儿子：

　　你好！从幼儿园步入小学一学年以来，你成熟了不少，俨然是一个棒小伙子了。平时我们爷儿俩交流很多，但像今天这样写信正式交流还是大姑娘上轿——头一回。这里，我想把我作为父亲的人生经历和感悟与你分享，希望对你有所帮助。我的人生感悟基本可以概括为八个字，即勤奋、责任、诚实、乐观，给你取名龚诚乐，用意亦在此。

　　所谓勤奋，就是勤劳和奋发有为的意思。我认为这是人的立身之本。作为一个农家子弟，如何才能出人头地，如何才能在人生前进途中立于不败之地呢？我想，勤奋是立身之本。勤劳是中华民族的传统美德，中国有句古话，"业精于勤，荒于嬉"，讲的即是此道理。"勤能补拙是良训，一份辛苦一份才"，你的奶奶从小就教导我们要勤劳，他们自己也是非常勤劳的。当年我大学毕业后在中学教书五年，只有高中英语水平的我硬是啃下了英语这个硬骨头，自学《新概念英语》，突破自己，超越自我。记得我当年为了备考，利用暑假，别人都在休假，自己准备了一些粮食，入住学校，制订了严格的考研计划，特别是每天晚上9—12点，前一个小时把《新概念英语》第三册的一篇英语翻译成汉语，后一个小时再把汉语翻译成英语，经过将近半年的反复训练，我最终突破了英语大关。一年多的辛勤努力终于修成正果，1996 年我考取了浙江大学的硕士研究生。可以说，如果离开了勤奋，要考取浙江大学研究生那是不可想象的。这一年正是我的本命年，我记得当时我还自撰了一副对联表明心境：上联是"汗水初圆上华梦"，下联是"勤奋终见西子湖"，横批是"奋发图强"。正如上联所说的初圆梦，指的是仅仅考取了硕士研究生，以后还需要考取博士研究生。浙大研究生毕业后我来到杭州师范大学教书，时隔十多年后继续努力，于 2010 年考取了同济大学博士，才终于圆了博士梦。初中时期铭记在心的格言"宝剑锋从磨砺出，梅花香自苦寒来"，正是自己一路走来的最好写照。圆梦的过程就是勤奋的过程，这历程中每一步都与勤奋紧密联系，每一点进步都是勤奋的结果。

责任是成就人生的基石，是完善自我、成就自我的翅膀。责任重于泰山。人生就是一次次地履行责任。我们活在世上，既要承担各种大大小小的责任，更要对自己的人生负责。讲责任不一定要挂在嘴上，而是要内化于心、固化于制、外化于行、实化于行。对于我来说，小时候的责任就是好好读书，争取考上大学，不辜负父母家人的期待，同时照顾好两个妹妹；工作后的责任就是认认真真上好每一堂课，踏踏实实做一名好老师，十年树木百年树人，做好教书育人的工作，好好培养学生；结婚后的责任就是孝顺双方父母，照顾好家人。讲责任重在行动，体现在日常生活中的点点滴滴。一个人的能力是有限的，一个人的责任范围也是有限的，但只要责任在心，就一定会得到大多数人的认可。虽然爸爸做得还不是很完美，有时还很固执，有时还丢三落四。但是，可以负责任地说，爸爸还是做到了在单位是个负责任的老师，在家里是个负责任的丈夫、父亲、女婿和儿子。

诚实是人生的基本准则，是一切美德的基础，是为人立德的核心，也是做人的基本准则。孔子曾经说过，人而无信，不知其可也。高尔

龚上华荣获浙江省第四届最美教师提名奖

基也说过，诚实是人生永远最美好的品格。可见，人应该拥有一颗诚实之心才能称其为人，才能立于不败之地。小时候我很淘气，经常和同村的小朋友一起去摘人家的橘子，你的奶奶就教育我们不要随便去摘别人家的东西，如果摘了要勇于承认错误，要诚实。从此之后，我一直秉承这样的原则：不说谎，讲诚信。虽然，在一生当中，我们或多或少会遭遇被欺骗的事情，而且看起来老实人容易吃亏。虽然，在我们的日常生活中，会发现有很多不诚实的人、不诚实的事非但没有被发现反而可能瞒天过海，骗取不少利益。但是，有句俗话说得好，出来混总是要还的。从长远来看，诚实的人更容易得到别人的信任，诚实的人才能走得更远。因此，只要我们始终秉承这样一种诚实做人的准则，只要努力与人沟通、消除误会、相互理解，我相信，我们的人生道路一定会走得更加通畅，不仅走得对、走得通，而且也一定能够走得稳、走得好。

乐观是人生健康发展的护航器。总结我的人生经历，虽然在学习、工作中没有遇到较大的困难和挫折，但是也免不了会遇到许多小的磕

龚上华与儿子一起在杭四中高考考点安全区域做公益

磕绊绊，而保持良好的心态是做好一切事情的重要支撑，也是战胜困难的有力武器。乐观意味着不要趴下，意味着不要被此拖累而深陷其中不能自拔，更意味着卧薪尝胆、奋发进取。虽然我从6岁开始读书，一直平稳升学，并且在那个升学率极低的年代，17岁就顺利考上了大学。但之后我也遇到了一些挫折，当年我考研失败过一次，当然回想起来当年报考就是打酱油（意思是陪考），记得当时考的是东北师大，我考博也经历过三次：第一次报考浙大时排名第二，但没被录取，应该说对我的打击很大，但是我以乐观的心态对之，继续努力；时隔三年后考复旦大学，又陪考了一次；时隔十年后再考同济大学，这一次经过充分的准备，加之乐观的心态和辛勤的努力，终于成功考取。"有志者，事竟成，破釜沉舟，百二秦关终属楚；苦心人，天不负，卧薪尝胆，三千越甲可吞吴。"蒲松龄的这副"落第自勉联"也一直激励着我奋发进取。可见，人生的道路并非一帆风顺，而是充满了荆棘、坎坷，如何重新站起来，关键在于保持积极、乐观、向上的心态。

亲爱的儿子，爸爸的感悟仅是自己人生中的体验，仅代表一家之言。你可以比爸爸拥有更精彩的人生之路和更丰富的人生体验。汲取别人的经验将有助于自己少走弯路。今后的人生道路还很长，爸爸只想对你说：

你不一定要成为最优秀的人，但一定要成为最努力的人；你不一定要在意别人的目光，但一定要成为一个有责任心的人；你不一定要处处争第一，但一定要成为善良谦逊的人；你不一定要凡事追求尽善尽美，但一定要成为爱自己、爱他人、热爱生活的人！

亲爱的儿子，在你成长的道路上，爸爸妈妈愿意站在你身后，用心陪伴，做你最坚强的依靠和后盾。

希望你能把"勤奋、责任、诚实、乐观"这八个字铭于心、践于行、持于恒，在未来的道路中成长为最好的自己！

爸爸

2021 年 3 月

# 千年来氏　忠孝勤勉

## 来国灿

材料与化学化工学院党委书记

不少初识的人会对我的姓氏感兴趣，"来"姓在南方的确不多见。据《萧山来氏家谱》的世系记载，来姓出自古代舜帝的后代遏父，属于以封邑名称为氏。南宋嘉泰二年（1202），来氏始祖先来廷绍从河南迁居萧山，出任绍兴府事。经过千年繁衍，来氏家族以长河为渊源，日益发展，明中叶以后，号称"两浙巨族"，素有"无来不出榜"的传说。来氏名人众多，自古忠孝勤勉，恭行孝悌的家风代代相沿，陶然后辈。

我自幼遵循来氏家训：忠孝勤勉。立身处世，忠诚于国家，忠信于社会；持家治业，孝悌和顺，勤勉努力。父母言传身教的这条朴实至简的家训，可以说是镌刻进来氏家族的骨子里。

## 五十年，雷打不动的"大年初二"

自打记事起，每到大年初二的早上，父母就会早早地带着穿好新衣的我拎着满满的年礼去舅舅家"拜大年"。所谓"无舅不成席"，中国人对"舅舅"的重视，远高于家族其他长辈。来氏家族里的老老小小也相约在每年大年初二，团团圆圆地相聚在舅舅家，从我记事起就风雨不改，就算再忙也从未间断。

小时候，父母带着我去给舅舅拜年，小孩们得双膝下跪，郑重地磕头向长辈拜年表示尊重，说完拜年的贺词，欢欢喜喜双手高举过头顶，接过压岁红包。而现在，虽然磕头的习俗已经淡化，但是小辈对长辈的尊重和关心只有增多从未减少。我和爱人年年带着儿子去给我舅舅拜年，最早几年是大包小包一家三口都不够手拿的礼物，后来因为舅舅身体欠佳，很多东西忌口，就改为以红包为主，然后再送上适合的保健品。进门后一定是主动向舅舅问好的，这是起码的礼仪。现在物质生活好了，老人们最在意的也不是一点吃的营养品或红包什么的，而是精神上的愉悦享受，因此，我们几个做晚辈的，只要舅舅乐意，不管在什么时间、什么地点，一定会亲亲热热地陪舅舅唠嗑，聊聊舅舅他老人家感兴趣的话题。

来氏家族餐桌上的礼仪，体现出祖辈"长幼有序"的家训。餐桌上的惯例是：开席前小辈必定主动摆好碗筷，恭请长辈一一入席上座，各人的座位也按辈排序，固定不可乱坐；要等长辈先动筷，小辈才能用餐；吃要有吃相，坐要有坐姿，举筷夹菜不能挑拣，不能随意走动离席不归……这些吃饭的礼仪和场景，几十年来至今，虽然随着时代的进步不再如从前这般墨守成规，但在每一个年初二，伴着浓浓年味和仪式感，深深地印刻在我们每一个来家人的记忆里，成为家庭和睦团圆的象征。

## "定制"来氏旅行团，圆母亲们一个"首都梦"

北京，是父辈们精神上最牵挂和向往的地方；去北京天安门看庄严的升旗仪式，到纪念堂瞻仰伟大领袖毛主席，是老一辈人内心最热血沸腾的梦想。我的母亲年纪大了，身体又不好，市面上普通的旅行

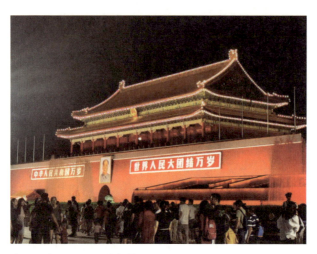

来氏母亲们同圆"首都梦"

线路对他们来说都不合适。虽然我从来没张罗过旅游，自己可能会累一点，但我还是想好好地、尽自己最大所能为母亲们安排一次让她们满意、记忆深刻的北京游。记得那时，连续两个周末，我努力挤出时间，张罗来氏家族的 10 个妈妈一起去首都，为她们量身定制了一个北京旅行团。组团出游确实不易，从给来氏的长辈们一个个打电话，征集"团员"，到找齐她们"开会"讨论行程，征求旅游景点、确定宾馆住宿、安排用餐地点、规划游览线路，都得事无巨细，安排妥当。但看着她们欣喜出行，平安满意归来，我心里也欣慰无比。

这次首都游之后，我规定自己每两三年至少要带母亲旅游一次，带她去她爱去的地方，因为母亲年轻时很少有机会出门旅游。这个年纪的母亲爱去寺庙烧香拜佛，我就带她去舟山普陀山，我的爱人和孩子往往会陪同前往。母亲夏天怕热，就带她去清凉的地方避暑。除此之外，我们来氏兄弟姐妹从不忘记每年给父母过生日，一家人聚在一起，其乐融融。

## 病床边"四天三夜,一刻不离"地守护

有一次,我母亲动手术住院,虽然不算大手术,但看到母亲躺在病床上,身上布满仪器,我的心里真不是滋味。那时正逢小长假,我就想好好尽孝,四天三夜,一刻不离,守在母亲病床边照料。妻子和妹妹都劝我歇一歇,她们能安排时间跟我换班轮流陪护,但我还是拒绝了。平时工作太忙,陪母亲的时间实在太少,难得遇上放假,有时间尽孝,就一定要不留遗憾。功夫不负有心人,看着儿子整天陪在身旁,母亲多了一份安心,身体也很快恢复了。

母亲现在 70 多岁了,身体抱恙的次数也多起来了。平时只要母亲说起有什么头疼脑热,我们做小辈的一定会安排好时间,及时出现在母亲身边,送她就医。家里房间不够,为了晚间能陪伴母亲,我们即使睡在客厅沙发或地板上也是幸福的。对于母亲平时的起居饮食,我们小辈也是一直关心,宁愿自己辛苦一点,逢年过节是一定要回家看望老人家的,买些营养品给老人家,希望她老人家能够过得舒服安适是我们的心愿。

## 丝袜、蛋糕和围巾

我小时候家里并不富裕,父母亲每天工作很忙、很辛苦。母亲总是挑起扁担干活,勤俭持家,很少打扮。对于他们的辛劳,我都看在眼里,记在心里。我读中学时,班级退还了 4 元班费,在物质并不宽裕的 20 世纪 90 年代,4 元钱对于一个学生来说也算是"巨款"了。同学们都拿着钱去买好吃的,我握着钱,一口气跑进百货商店,买了一双当时流行的长筒丝袜,兴高采烈地回家送给母亲,想让她也漂亮地打扮一回。母亲收到这份礼物,很欣慰,激动得直抹眼泪,这双丝

来国灿送给母亲的丝袜

来国灿儿子送给他的围巾

袜也一直被她保存珍藏着。事情虽然过去多年，但母亲一直记着，每次念叨起来都是满脸幸福。

父母孝敬长辈，孩子自然耳濡目染。我孩子上小学二年级那年的三八节那天，在放学路上，他悄悄地用自己积攒的零花钱，为他的妈妈买了一个小蛋糕。虽然这个蛋糕只有手掌心大，但足以看出孩子的孝心和爱心。有一次我过生日时也惊喜地收到了儿子用他拿到的第一笔工资为我买的羊毛围巾。儿子为我戴上，给了我一个大大的拥抱，那一瞬间，作为大男人的我也感动极了。想起往事，一幕幕浮现，"丝袜、蛋糕和围巾"其实代表的都是对父母辛勤养育的感激、感恩，只是通过礼物的方式，有仪式感地表达了出来。我想这就是言传身教的作用，也是每一个来家人最基本的、应该一代代传承下去的孝道。

家风家教是一个家庭或家族最为重要的、无以替代的精神财富，弥漫于整个家庭或家族之中，惠泽家族的成员，更支撑着整个民族的繁衍和进步。萧山长河"来氏家族"的良好家风，伴随着家族的繁衍，一代代心口相传，影响了一代又一代的来家儿女，推动着家族繁荣向前、生生不息。

# 爱的传递

丁同俊

音乐学院副教授

在人类文明的历史进程中，中华文明是世界上唯一一个没有中断的文明。社会总是在不断前进的，文明也同样在历史的洪流中不断升华与发展。今天，当我们站在科技高速发展、文化空前繁荣的时代路口，回眸来路，中华的许多优良传统与文明恰恰更加深刻地镌刻在每一位华夏儿女的内心。这些不仅没有随着时间的流逝而渐行渐远，恰恰相反，因为时代的发展，更加深耕于人们的心灵深处。因为每一位成功者的背后常常具有一个良好的知理明事的品格，每一位平凡者的人生也从来不缺温良恭让的美德。而这些品质恰恰源自于家庭潜移默化的熏染。家庭是社会的缩影，良好的家风不仅会对个人产生重要影响，而且对社会亦必然产生积极作用。今天，我很有幸与大家分享我的家风家教故事。

## 一袋胡萝卜种子救活全村人

爷爷出生那一年，中国发生了一件非常重大的事情——五四新文化运动。然而，就像当时绝大多数人那样，爷爷并没有机会通过读书来改变自己的命运，而是成为了一个地地道道的农民。他真切地体验着人世的艰辛，也十分珍惜今天这来之不易的新生活。

在我的记忆中，童年时期有着爷孙幸福的天伦之乐。爷爷虽不识字，却是一位极其明事理而乐于助人的长者，在方圆数十里深受乡亲们的敬重。听老乡们说，在粮食匮乏的年代，在一个下着滂沱大雨的傍晚，乡亲们都收起农具回家，只有爷爷一个人坚持在地里播撒胡萝卜种子。后来胡萝卜长势很好，乡亲们说幸亏我爷爷的坚持救活了全村人的性命。因为那一年，由于天灾人祸，粮食歉收，爷爷种的胡萝卜成为全村人缺粮时的最主要的口粮。至今说起这件事，大家仍然十分感激爷爷那份执着与坚持。

1987年7月爷爷病逝，数百人来为爷爷送最后一程。从那一刻起，我明白了一个道理，做一个为他人活着的人，无论生前还是生后都会得到人们的尊重。

## 一把米的教育

人民公社时期，一切都是计划经济，物资十分匮乏，粮食都是按照人口多少发放的。尽管如此，人们还是经常吃不饱肚子。当时我爷爷是村中的生产队队长，队里有一袋大米放在我们家中。白天大人们下地干活，我的小叔，当时仅有七八岁，由于饥饿难忍，就偷偷地从米袋中抓了一把米放在嘴里。后来这件事被队里做饭的炊事员察觉了，询问所有人，大家都说没有动过大米之后，我爷爷就把小叔叫到身边，让小叔漱口，结果漱出了米粒。当时爷爷十分气愤地给了小叔一记耳光，说："做人要堂堂正正，即使在最困苦时也不要丢弃做人的尊严。"当我听爷爷讲起这个故事的时候，我的内心极不平静，眼里含着泪水，不仅为我小叔那一记耳光而心疼，而且我在心灵深处暗暗发誓，将来一定要做一个堂堂正正的人。

# 父爱的传递

我的父亲是一位老共产党员，1941年出生于安徽省全椒县。出生于解放前，成长于新中国的他经历了许多在他那个时代所有人都要经历的事情，例如，知识分子上山下乡、生产"大跃进"、"文化大革命"、四清运动、责任田包干到户、改革开放等。作为一个知识分子，他经历了从农村到城市，再从城市到农村的曲折人生轨迹。作为一名共产党员，他也见证了一次次社会变革。但是，他从未忘记爷爷对他的教育，做一个堂堂正正的男儿，做一个有担当的爱国爱家之人。

父亲童年时家庭经济并不富裕，但是爷爷克服了许多困难坚持让他读书，从解放前的私塾，一直读到解放后的县城重点中学，后来到省城合肥读了大学，20岁独自一人到蚌埠中国人民银行参加工作。22岁那年父亲加入了中国共产党，在那里结识了我母亲，在下放前一天晚上与我母亲举办了婚礼。那天晚上，全银行的领导和职工见证了这对新人的幸福时刻。这既是一场婚礼，也是一场送别仪式。

父亲和母亲都没有种过田，从城市到农村，他们心里难免产生了强烈的反差。村里许多人，尤其是曾经认为读书无用而反对爷爷让父亲读书的那些人，都在看着这对从城市里回来的青年能否把地种好。看着别人等着看笑话的眼神，我的父亲与母亲就暗暗下定决心，不仅要把地种好，而且将来也要把孩子教育好。

记忆中，儿时的我经常爬到父亲的背上玩耍，尤其在夏日，父亲肩膀上的一道道疤痕给我留下了深刻印象。自从责任田到户后，父亲在公社做会计，母亲在小学当教师，家里还有十几亩农田，要养活四个孩子，这份担子不轻啊！在这种情况下，爷爷奶奶义无反顾地来到父母身边帮忙，这一帮就是几十年。所以，我们和爷爷奶奶有着十分深厚的感情。但是，爷爷奶奶年事已高，所有的重担还是都落在了父亲一个人的肩上。就这样，父亲一边在公社上班，一边务农。有时候农活赶不及，为了加紧进度，他一个人要挑两百斤的担子走很远的路，肩膀被扁担磨出了一道道血痕。即使如此，他也咬着牙挺直了腰板，因为他知道背后有人在看着他。旧的伤刚结了疤，新的血印又不断磨出，对于父亲来说这是一种常态。当时，许多亲戚和乡亲都说，家里四个孩子，就让孩子不要读书来帮忙种地，这样负担会轻许多。但是，父亲和母亲都十分坚定地认为，自己吃了这么多苦，只希望今后孩子们少吃这样的苦，读书才有更好的出路。可以说，我们姐弟四人的今天与父母的勤劳与贤良，以及几代人努力的结果是分不开的。

如今，我已为人父，有了可爱的女儿。我经常给女儿讲过去的事情，让她知道今天的幸福来之不易，让她知晓应该怎么样做一个堂堂正正且有担当的人。从女儿懂事起，我便成为她的钢琴启蒙老师。现在，她已经是一位高中生了，站在我面前已经超过了我的个头，但是我们这种父女与师生情依然十分亲密而和谐。弹钢琴需要每天刻苦训练，记得年幼的她每每想打退堂鼓，我就会耐心地教育她做事应该坚持，美好的生活是需要自己的双手去努力创造的。

记得女儿在上小学五年级的时候，有一次她突然肚子痛，由于临近期末，便去医院简单开了一些药，继续到学校上课，她最终顺利通过了考试，优异的成绩和表现得到了老师和同学们的认可，获得了"三好学生"与"五星少年"的称号。就在学期的最后一天，因为肚子实在痛得厉害，我们立即带着她去省儿保检查，确诊是急性阑尾炎，需要做手术，住院二十天。在医院里，她仍然保持着一种积极乐观的精神，反而不断安慰着我们大人，而且她和病友们打成了一片，关心着与她一同住院的小朋友，给小朋友讲故事，拉着小朋友一起去散步，有了好吃的会很开心地与他人分享。出院那天，还有几个小病友特意赶到病房来看她。

出院之后，我们立即进入钢琴考级强化训练模式，每天练习六七个小时，累了就在沙发上躺一会儿，休息好了就接着继续练琴。遇到连续八度的弹奏或复杂的指法，她都能够静下心来慢慢地、一遍遍地练习。经过刻苦努力，钢琴八级顺利过关。后来，我对女儿说："虽然生病了，你却拿到了三好学生和钢琴八级证书，将来我不再为你的学习与心理状态而担心了。"听了我的话，女儿莞尔一笑。

如今，女儿已经上高中了，但是弹琴仍然是她学习之余一件非常快乐的事情，每每听到女儿悠扬的琴声，我仿佛懂得了"父爱如山"这句话的力量。从我的家庭一代代"爱"的传递中，我深深懂得了"家风"的价值和意义。爱是构成家风的核心主题，是父亲宽广的肩膀，也是母亲谆谆的教诲；爱是爷爷那记响亮的耳光，也是奶奶慈祥的目光；爱是一份温暖，更是一份责任与担当。家庭中的爱就像阳光雨露一般，无须豪言壮语，却无时无刻不在滋润着我们的心灵，一代代，一辈辈，就这样流进我们的心田。

# 一个支边海岛家庭的情怀

冯 涯

音乐学院党总支书记

习近平总书记说过，家庭是人生的第一个课堂，父母是孩子的第一任老师。孩子们从牙牙学语起就开始接受家教，有什么样的家教，就有什么样的人，家风就是这样一种道德力量。有的家风可能是有据可依的古法门规，有的可能是口口相传的人生哲理，但对于我而言却是父母亲的言传身教，是支边家庭特殊的生活。留在我记忆中的并非什么值得回味的箴言，而是他们以及那一代人最为朴实的行为与品格。时代在发展，快速而猛烈，也许创新是这个时代最需要的品质，但我始终相信在父母身上的这种不加修饰的质朴、勤劳、奉献无论在哪一个时代都是最宝贵的。

我父母一直是我前进路上的目标与榜样，他们对我的影响是深刻而悄无声息的。父母亲均出生在杭州，从杭州医学院校毕业后，响应国家的号召申请支边，自愿支援建设海岛，来到了那时地域偏远的海岛——舟山群岛。原本留在杭州可以拥有更好的工作环境和生活质量，但他们却毅然决然地离开了他们的父母和兄弟姐妹，去了那个尚未开发、条件极其落后的海岛。回忆起当时的选择，父亲说"作为一名青年学生，特别是我又是学生干部，当时响应党和国家的号召是极其自然的，在很多青年人心目中，支边是神圣和崇高的事业，我至今仍记

冯涯的父亲带领医疗队乘坐渔船前往小岛巡回诊疗

得申请报名时的热情澎湃和前往海岛路上的昂扬激情，当时我还坚决要求去最偏远、最艰苦的地方——岱山"。那时海岛人口不少，但缺电缺水，传染病频发。在支边日子里，海岛落后的医疗条件和生活环境对于这位来自大城市的年轻人而言，注定充满了艰辛。幸运的是，他在海岛遇到了与他志同道合——同样为建设海岛从杭州到舟山支边——的人生伴侣，我的母亲。

自我记事起，印象最深的，便是太阳还未升起时父母离开家模糊的背影与半夜里翻身醒来看到他们疲惫的身躯。当时我们住在医院的大院里，这里住着不少有同样经历的家庭，大人们都起早贪黑地工作着。我们大院里孩子的成长，更多的是依靠哥哥姐姐的帮带，父母基本无暇顾及。我清晰地记得，自己在玩耍时不小心摔跤磕破了头皮，血流如注，当时父母都在给病人做手术，仅仅简单地托人向我姐姐交代了一句"先把血止住就好"。那时还是孩子的我很害怕、很难过，伤口的疼痛、没有父母安慰陪伴的孤独夹杂在血与泪中。对于当时父母的决定，现在的我，多了一份释怀，多了一份敬意，为人父母，又有谁会忍心弃自己受伤的孩子于不顾？身为母亲的我深刻体会到父母那时"舍小家，为大家"的决定中又有多少辛酸。

冯涯的父亲担任院长的医院荣获舟山市第一个省级文明医院
光荣称号，他与省市卫生部门领导在文明医院匾牌下合影

直到现在我仍清晰地记得，我父母走在大街上总会有很多人热情
地向他们打招呼，一些父老乡亲总会带些土产来感谢他们，我和姐姐
在学校、在大院总是得到很好的关照，因为我们是冯医生、王医生的
孩子。长大后我才逐渐明白，这些热情的招呼、儿时的关照并非来源
于他们的身份，而是来源于他们为人民做的最质朴、最无私的事。

由于工作突出，父亲从一线的医生转到了管理岗位，他放下了多
年来引以为傲的医疗技术，满怀激情地投入卫生局局长的岗位工作中。
如何改变基层医疗工作的种种现状，让海岛人民享有更好的医疗服务
成为他"寤寐求之"的课题。在他及他带领的团队和岱山广大干部群
众的共同努力下，岱山县连续获得了全国初级卫生保健工作先进单位
和全国农村卫生工作先进单位等光荣称号。同样，母亲在自己的岗位
上兢兢业业，业务出类拔萃，也获得了省级、市级多项荣誉。

我大学毕业前夕，父亲突然很郑重地跟我谈了一次话，他要求已
在上海找好工作的我回到杭州工作，我问为什么，他说他支边最歉疚

的就是没能照顾我的爷爷，没有与兄弟姐妹们一起，希望我能够在杭州，代他尽一些孝道。我当时说："你们早就可以申请回杭州啊！"父亲说："海岛需要我们，我和你妈妈就扎根海岛吧，海岛就是我们的家！"最后我遵从了父亲的要求，回到了杭州工作。

我明白，这就是父母那代人的信仰，属于那代无数取名"建国""国庆"的年轻人的家国情怀，澎湃昂扬的激情永远属于跟随新中国成长起来的那代年轻人。在他们心里，党和祖国的召唤就是他们永不停歇的脚步，在他们眼里，个人和家庭都是国家的一部分。"国即是家""国家面前无我"，我们这样一个普通支边家庭正是那个时代的缩影。这几年《我和我的祖国》《我和我的家乡》等影片在全国热映，影片中一个个家庭与祖国同呼吸、共命运，一个个普通人物在祖国发展的洪流中激流搏击，汇聚起多么壮阔的时代篇章啊。我忍不住感慨，这个时代永远属于我父母辈，但他们的家国情怀、他们的坚定信仰却是我们的精神食粮。

在父母潜移默化的影响下，我也成为了一名共产党员，并成为了高校教育系统的工作者。父母以救死扶伤为己任，我以育人成才为理想。在我 20 多年的工作经历中，在磨砺面前是父母的支持，在成就面前是父母的激励。

让我觉得幸运的是，在我的女儿身上我也看到了同样的认真与执着。第一次有这样深切的感触是在她大二那年，她告诉我她递交了入党申请书，并和我主动分享了原因，她希望成为像外公外婆、像我一样的优秀党员，在自己的领域做出自己的贡献。我看着她坚定自信的目光仿佛看到了 20 年前的自己，正是父母的言传身教，让我坚定了自己人生的方向与价值。在我对女儿的教育中，滔滔不绝的道理并不多，我童年的经历告诉我，孩子的教育中行永远胜于言，正是曾经父母早出晚归的身影，告诉了我如何实现自己的社会价值。

冯涯的父亲在北京人民大会堂
领奖留念

如今的她成为了一名中学教师，我也有意识地与她交流过自己的目标，也希望给予她一些建议，没想到她早已有了自己的目标，成为一名被学生喜爱、让家长放心的好老师。她常常与我分享在学校的经历，看着她滔滔不绝、眉飞色舞地表达我为她感到高兴。她在这份属于自己的事业中找到了自己的价值，如同多年前的我一样。我们也常常交流一些教育上的心得，虽然高校与中学不同，但我能从她的言语中感受到她那份对教育的热爱，一如父母曾经对于医疗事业的那份执着与坚守。有一次，她晚自习回来已经9点多，她拿出了两叠试卷，玩笑般地告诉我今天要"奋战到天明"，我劝导她要注意身体，她却反驳我"你不是也常常熬夜改材料，做PPT吗"，我愣了一下，又想起了父母早出晚归的身影，我没再说什么，给她准备了点水果，对她说了句"加油"。前段时间她兴奋地告诉我，她"荣升"了班主任，出门的时间更早了，回家的时间更晚了，但似乎没有在她的脸上看到疲惫。她总是喋喋不休地与我分享着和学生的有趣故事。军训结束回家，我看着她晒伤的脸，责怪她这么大的人了，还

★
红色印迹·家风故事

不知道做好基本的防晒工作，她的回答是我没有料到的，"学生都没有帽子、防晒服，我们当然要以身作则"。这一刻，我觉得有些感动，甚至羡慕她的学生，当然，更多的是自豪，这就是我的女儿！我在她的身上仿佛看到了年轻时的父母，那个时代的他们，身上有一种舍小家为大家的情怀，如今的女儿身上又何尝不是同样质朴而敬业的教育情怀？

寒暑假回舟山，女儿也总是和她的外公外婆分享她与学生的故事，我的父母并没有一味地叮嘱她注意身体之类，更多的是对她的激励与期待，是啊，隔代亲并非总是以"溺爱"的形式出现，这样的激励何尝不是这个时代最好的家风！

时代的步伐永不停息，祖国的时运蒸蒸日上，我们已在新时代的洪流"中流击水"，父辈们的家国情怀将永远是我们的精神食粮，时代的接力棒终将要交到后浪手中，我们要做的不仅仅是自己实践这精神食粮，还要将它不断传承，它才真正具有价值。

我很幸运，见证着时代的发展；更幸运的是，我见证、亲历了家风的传承。

# 怀念父亲

孙德芳

教务处处长、教授

每每看到儿子我就会想起父亲。大儿子 1 岁的时候，父亲便永远地离开了这个世界，至今已 12 个年头了。然而，对我而言，父亲就在心头，就在那遥远的家乡陪着年迈的母亲和他朝思暮想的亲人，一刻也没有离开……九月是父亲的生日，为纪念父亲，我给小儿子取名九儿。每到金秋九月，身在异乡的我便有了思念之情。

父亲是一位地地道道的农民，他没有惊人的伟业，没有可歌的功名，然而，父亲在我的心目中永远是那么的伟大。他是我心灵的灯塔，是我奋楫的橹桨，是我避风的港湾。

## 自勤自俭

自勤自俭是父亲留给我们的一笔财富。我的祖祖辈辈靠着辛勤劳作，支撑着家庭运转。父亲兄妹六人出生在民国时期，由于家里条件不好，只能勉强供得起大伯和三伯攻读新式学堂，他们后来成了远近闻名的先生。二伯和父亲只能早早务农接济家庭。儿时中堂上严子陵的《论人情》——"世事一朵虚花，人情全然是假，倚亲戚吃饭无味，靠朋友穿衣冻死，总不如自勤自俭自生涯，免得在人面前眉高眼下"，深深地印刻在我的脑海中，勉励我要自勤自俭自生涯，这是父亲留给我们的家风。

我出生在一个大家庭，三个哥哥，三个姐姐，我排行老小。母亲是大家闺秀，嫁给父亲时才 16 岁，母亲主内，一日三餐，忙前忙后，再加上母亲小时候身体不好，不能干重活，家里的一切重担就落在了父亲一个人身上。常常听到父亲讲述他们的故事，他们兄弟四人几十口家人，一直到我大哥出生的时候，才开始分家。分家的时候只分到一间房，一切事情都要靠自己来完成。

我小的时候，兄妹多、开支厉害，几个哥哥都要成家立业，再加上母亲患上了关节炎和晕眩症，家里异常节俭。书包都是哥哥姐姐背过的，衣服都是哥哥姐姐穿过的。母亲很爱干净，心灵手巧，会针线活，兄妹们的服装基本上都是母亲亲手缝制。每个人的衣服虽然破旧，但都干干净净。印象特别深的是正月十五闹花灯，因为没有钱，父亲为我们手工制作灯笼，母亲手剪猴子捧桃、双童拉手、龙凤呈祥，这让其他小朋友羡慕不已。

## 自立自强

自立自强是父亲给我们的最强基因。父亲是个多面手，是村里远近有名的木匠、泥瓦匠。靠着父亲的勤劳，我们家在 20 世纪 60 年代就盖起了全村的第二幢瓦房。小时候十里八村，只要有结婚做嫁妆的、盖房子的，哪怕是老人去世做棺材的，都少不了父亲的身影，更不用说我们家自己的桌椅、板凳、床了。我很小的时候就跟着父亲学会了木雕，我们老家茶几上雕刻的祥龙就是我雕的，至今都是我吹牛的资本。

当时家里姊妹多、事情多，母亲又多病，还时不时出现这样或那样的不顺事宜，这让家里更是捉襟见肘。家里的重担都落在了父亲身上，每一座房子都靠父亲亲手设计、施工，姐姐出嫁的嫁妆也是父亲一卯一榫打造出来的。记得小时候，父亲当过村里的饲养员和耕地组组长，我跟着父亲住在茅草牛屋里，总是伴随着老牛的咀嚼声进入梦乡。天不亮父亲就又要起来去耕地，在翻地的过程中拾捡遗漏的红薯以补充家粮。对当时的我来讲，最盼望的是跟随父亲在田地野外烤红薯。父亲老是让我打下手，一会儿捡柴，一会儿捉虫，我忙得不亦乐乎，根本不在乎烟熏火燎，记忆中永远是那热腾腾的香甜的红薯、一望无际的田野。

## 先人后己

父亲没有书本上的大学问，却教给我先人后己的做人格局。父亲兄弟四个，由于家庭条件不好，大伯和三伯读书，二伯和父亲干活养家。尽管没有上学，父亲却没有埋怨。父亲说他哥哥上"洋学"时他站在教室外听，《百家姓》就会背了。他字不认识几个，但是记忆力惊人，心算能力极强。他在生产队当了十年的保管会计，全凭脑子记，没有出过一次差错。有一次队长说他弄错了，父亲感觉非常委屈，气愤地说："我不可能占公家的便宜"，就不做会计了。我只记得，小时候只要有哪家买卖东西都会叫上父亲，几斤几两该几元几角几分，父亲张口就来，从不出错。

听说母亲当过妇女队长，父亲当过耕地组长。他们起早贪黑辛勤劳作，常常顾不上家里，家里饥饿成灾，父亲总是为此自责不已。大伯成分不好，三伯英年早逝，家里都是一群孩子。每到农忙抢收抢种的时刻，父亲都会先帮他们两家弄好，才去干自己家的活。堂姐结婚后有几年由于孩子小忙不过来，父亲还派我们兄妹去帮她家干农活。

堂姐堂哥们也知道感恩，至今都像对自己父母一样，逢年过节都来看望母亲，给父亲上坟。

## 大爱希声

父亲生性善良，又不善言辞，所以他爱的方式总是那么低调、沉稳、潜移默化，我们几乎没有听到过他爱的表达。母亲和父亲相伴一生，从来没有吵过一次架。

父亲的爱浸润着我们的生活。大哥年长，结婚较早，原来盖的房子出现墙裂的情况。父亲没有多说，将我们一家一年的经济收入 800 元全部给哥哥用了。其实在 20 世纪 80 年代，800 元也是一笔巨款了。80 年代末，表弟生病严重，舅舅四处筹钱，父亲也毫不犹豫地拿出卖烟叶的 400 元给表弟治病。三个姐姐出嫁的嫁妆都是父亲亲自打造的。记得大哥结婚时，父亲就给哥哥打造了当时其他家庭不可能有大的站柜、小站柜、方桌、写字台等。大姐结婚时，父亲把我们院长了 30 年的槐树做了家具嫁妆；二姐结婚时，父亲买了一头牛办理婚宴，他老人家给我也老早准备了盖房的砖瓦。

## 崇学向善

崇学向善是父亲心中的坐标。由于家里贫穷，父亲自己没有上过学，但是父亲对我们兄弟姊妹上学是格外重视的，供养我们七个都读到了能读的最大程度，他才无怨无悔。为了让我受到良好的教育，他在我小学三年级时便把我送到了邻省的安徽读书。当时贪玩的我不知其用意，还牢骚满腹。没有父亲的远见和支持，我最多只能是一个乡村教师。中师毕业后我辗转去读大专、本科、硕士、博士甚至博士后，历经淮阳、周口、郑州、桂林、四平、北京、上海、杭州八大城市求学与工作。2008 年来杭州后，还没等我安顿好，父亲就离我而去了。每每想到此，思念的泪水就会默默地涌出。现在我们家已有五位博士研究生、六位硕士研究生了，这也算是对九泉之下父亲的慰藉吧。

父母皆是善良之人，始终要求我们与人为善。父亲以自身言行影响着儿孙们的成长。心存善良、坚持仁爱便有厚福是父亲给我们的宝贵财富。他给我们兄弟四位起名德化、德功、德钦、德芳，正体现了他们一辈子的追求。

我"相信小的伟大"，要像父亲那样"自勤自俭自生涯"立身立命，像父亲那样"先人后己"克己奉公，像父亲那样"崇学向善"教育子女，像父亲那样做一个称职的父亲、一个平凡而又不平凡的父亲……我们更希望能把父辈这样平民百姓家的优良家风传承好，并把它汇聚进中华民族优秀文化传统的蓬勃力量中！

孙德芳的家庭照（拍摄于 2007 年春节）

# 我的外公外婆

王 唯

图书馆（学术期刊社）办公室主任

国庆假期，我回嘉兴看望父母，按原定计划去了一趟外婆的老房子。自 2022 年 8 月 12 日，97 岁的外婆离世后，这处位于嘉兴城北一个老小区二楼的小房子就一直空着。但是走进屋里，并没有久未住人的霉味和灰尘，窗帘半拉着，阳台上晾着一些毛巾、沙发套之类，橱柜抽屉都是打开的，我知道我的两个阿姨和我的母亲一定是隔一段时间就去打扫的。

在破旧的五斗橱里整齐地摆放着一叠本子——那是外公做会计时的账本、会议记录，外婆的摘抄以及几页日记。睹物思人，仿佛一切就在昨天，可分明外公已经离开我们 18 年，外婆也已经离开我们两年多了。

## 认真与坚持

我坐下来，一本本翻看……

外公的会议记录。那是 1995—1996 年，退休后的外公在给一个驾驶员培训站做会计以及办公室工作时的记录，那时他已经 75 岁了。工整匀称的字迹，整体稍向右倾斜，一篇篇记录没有一处涂改，时间、

王唯和外婆在一起

参会人员、谁讲了什么都记得清清楚楚。我不知道外公是之后又誊抄了一遍还是一次成文，但还是被震惊到了。大学毕业以后，我大部分时间都是从事办公室工作，可是30年前外公的会议记录分明已经是我现在的电子版会议纪要了。

外公早年毕业于上海立信会计学校，做人、做事、做账极其认真，记忆中我的母亲常说："你外公这人就是一点一划，来不得半点弄虚作假，宁可得罪人的。"外公生活中非常节省，在百货公司做会计时，每天就带几个油豆腐配饭，但是有一个方面他却是出手极大方的——20世纪80年代，我读初中时的第一本英语大词典、汉语拼音字典都是外公给买的，那时好像要二十来元一本，对于普通人家是一笔不小的开支了。我记得他经常跟我讲，"读书是偷不走、抢不走、火也烧不掉的"。还有，外公很喜欢读英语，每次到我家都会教我说："du，du，du，Open the door，May I come in？ Come in，please."我记得他还说过 neighborhood 这个单词是英语单词里最长的，我至今没有考证过这个问题。小时候不懂事，那时候大概更多感到的是重复和唠叨，但这些话倒是印象极深的，而且今天想来是如此珍贵。外公虽然一边鼓励我读书，但对于读书能力较弱的我的大表弟，他却经常跟我阿姨说："读书千万逼不得啊，要变傻的。"现在来看，这大概也算是因材施教了。而我的大表弟虽然没有上过大学，却是外孙辈中陪伴外公、外婆时间最长的一位，也是老人有需要时出力最多的一位。

外婆的摘抄和日记。外婆直到 90 岁时还保持着摘抄的习惯，大部分是摘抄人生思考以及养生类的文章。我发现外婆的摘抄与外公的记录有一个惊人的相似之处，那就是没有一处涂改，其中有一篇摘抄，整整 17 页之多，从头至尾字迹都是一样的认真清秀，没有抄到最后手酸时的潦草。外婆是棉花厂的工人，但她读过初中，对于 20 世纪 20 年代出生的女子，确实已经是很不错的了。最重要的是，她一直在用读过的这些书思考、安排着自己的生活。她摘录了一篇《厚养薄葬才是真孝》的文章，下面写了一小段自己的感悟，大意是：我向来主张薄葬，烧纸搞迷信，我最反对。晚辈都对我很好，我已经很满足了。我小女儿早上特地送来烧好的黑鱼，她自己身患骨关节疼痛，还要尽力关心我，这就是"厚养"！日记里记着："豪官和金花，带着小孙女欣妍来看我，豪官说他想着我，一定要来看我，我感到很幸福，也很惭愧，因为自己没有付出，心里很难过！""今日联系四婶，得知她生病，但愿她早日康复。""今日联系小姑，聊了一个多小时，对于空巢老人很有必要，对于调节心情也很好。"外婆还记录自己的感悟："常想一二，不思八九，常想一二就是用心感恩、庆幸、珍惜人生中那如意的十分之一二。"这些都是她 80 多岁时写下的，话虽简短，却能看到外婆的感恩之心、关爱他人之心，以及对于自己生活的努力把握。

# 爱与责任

外公外婆养育了三个女儿——我的大姨、我的母亲、我的小姨。由于"文革"中断学业，她们分别只有高中、初中、小学学历。为了让女儿有一技之长，外公手把手教会大姨怎么做账，最终让她考取了会计上岗证。为了让只有小学学历、没有任何英语基础的小女儿能多多少少知道一点英语，外公整整手抄了38本小册子，从26个字母到单词再到简单的句子，而与英语教科书不同的是，他在旁边均标上了中文近似发音。这是外公去世十年后，我才从小姨那里知道的，而小姨也把这些小册子交给我珍藏。我没有问过小姨她后来到底有没有学、学了多少，但是这些满载父爱的小册子被保存得很好，其意义便已超过了知识本身。对于我的母亲，外公则是很关心她的身体，因为母亲是三个姐妹中身体最差的一个，他总是用退休后继续工作得来的一点钱给母亲买来好吃的。

外婆对女儿的爱则是另一种表现，那就是尽可能地安排好自己、尽可能地不打扰子女。外公离世后，外婆一直一个人独自生活，直到去世，整整16年。92岁那年，外婆在家里摔了一跤，胯骨骨折。医生说要手术，她十分坚定："不手术，回家！"于是三个女儿开始24小时的陪护。忍受着伤口的疼痛和无法自理的痛苦，外婆做了一个惊人的决定：停止服用一切常用药物（包括高血压药等）。她不想拖累几个女儿，想自然地离开。决定一旦做出，哪怕是与她最亲近的小女儿也无法说服她继续服药。然而，在三个女儿的悉心照料下，一个月、两个月，骨折居然慢慢好转，停服常用药居然也没有产生明显的不良后果。从吃喝拉撒完全在床上进行，到慢慢能自己吃饭，继而能扶着东西坐起来……此时，外婆又做了一个决定：把停服的药继续服起来。她对女儿们说："既然老天这么眷顾我，没让我离开，我就不能半死不活的，我得坚强起来，否则全瘫，脑子也傻掉，可苦了你们。"半年以后，从全天陪护到白天陪护，又逐渐只需每人轮流陪护半天。一年以后，外婆提出只需隔天有一人来看一下，拿一点小菜去就行。她又恢复到独自一人生活的状态，每天自己扶着桌椅慢慢挪步，自己热饭菜，自己洗漱，自己安排生活。

外婆说："这一次我倒下，三个女儿对我那么好！大女儿骑着电瓶车来来去去，擦屎端尿不嫌弃；二女儿自己动过三次手术，身体不好，坚持自己的班自己值，累得在回家的路上摔得满脸是血，第二天照样坚持；三女儿腰椎间盘突出，还要照顾两个孙女，仍然风雨无阻，而且特别耐心、贴心，陪我说话。女婿们承担起了家务，还烧菜拿来给我吃。他们自己都是 70 多岁的老人了啊……还有我那 80 多岁的弟弟从上海赶来看我，为了不打扰大家，他自己带了两个粽子当中饭，只为陪我这个老姐姐聊上一个下午；还有读一年级、幼儿园小班的两个曾外孙女也坚持每个周末来看我，每次都给我画一张画……所以我要么就干脆地走，要么就坚强地活下去，否则我这把老骨头就对不住大家了。"

外婆的摘抄本里写着："自强、自立、自信、自尊，生命在你手中，人的精神必须保持清醒、乐观、坚强、开朗。"她也正是这样去做的，遇到困难，尽力地去面对。因为青光眼，外婆的眼睛渐渐看不见了，她就以听广播来代替看报纸，尽力了解社会的发展，尽力保持自己思维的清晰。在病中因为一点小事和直性子的大女儿拌了嘴，她就写了一封长长的道歉信，来化解和女儿之间的不快。对子女、对晚辈的那一份深沉的责任和爱，全部体现在了她的种种决定和举动之中。

2022 年，97 岁的外婆油尽灯枯，生命的最后半年已经完全躺倒无法自理，眼睛也完全看不见了。但是她非常坚决，不愿让任何一个女儿陪她过夜，喂完晚饭，她就让女儿回家，一个人承受漫长的黑夜……离世前的一个月，我去看望她，她还拉着我的手说："你在图书馆工作，能不能帮我查查资料，有没有办法，我想快点离开了……"她仍然想做自己的主，想减轻晚辈的负担。如此坚强地活着，如此理智地尽力安排自己，对于一个97岁的老人来说，是件多么不容易的事情！外婆走后，家人尊重她的遗愿，没有设灵堂、没有守夜，因为她生前交代过：女儿们太累了，走了千万不要再守夜，大家都回家好好休息。

　　我的手机里还保存着一段外婆95岁时和外孙、曾外孙的聊天视频，她说："我们的国家从站起来、富起来，到强起来……我现在过得很幸福，要努力过好每一天！"眼前又浮现出外婆拿出巧克力来给我们吃，从床头摸出写着"宝贝快乐"的红包塞给曾外孙辈，双手颤抖着作揖说道："谢谢你们来看我！谢谢你们来看我！"

王唯外婆与她的曾外孙女在一起

这里记录外婆的篇幅更多一些，或许是因为自己年龄逐渐增大，感悟愈加深切的缘故。我很遗憾，没有在外公、外婆在世的时候更多地去了解他们、走近他们。我把这些记录本和摘抄整理好装到袋子里，带回杭州，希望我的儿子能认真地看一看。我也想找时间，和我的阿姨、母亲一起聊聊，一起回忆我的外公外婆、回忆过往的珍贵岁月。

走出外公外婆的老房子，黄昏已至，熟悉的街道似乎没有什么改变，路口的老式理发店仍然开着，这里也依旧是母亲和阿姨的首选。我想，对于一个普通家庭来说，确实很难有明确的家风家规，但是这些贯穿生活日常的点点滴滴——认真做事、常常学习、坚强自立、各自担负责任、彼此相爱，已经深深地融入了每一个家庭成员的心里和行动之中。

# 活到老，学到老

徐凌芸

国际教育学院、哈尔科夫学院党总支书记

在我童年的记忆中，父亲总是坐在那张老旧的书桌前，灯光柔和地映照着他专注的神情。尽管父亲工作繁忙，但他总能挤出时间，埋头于书本与笔记之间。童年的我常常好奇，是什么驱动着他坚持学习。这个问题随着岁月的推移慢慢清晰，父亲用他这辈子坚持不懈的学习精神影响着我的人生。

## 兴趣是最好的老师

父亲是从 30 岁开始学习英语的。儿时的印象中，父亲一得空闲就跟着电大英语节目 Follow Me 学习，他每天晚上临睡前就着床头灯捧着一本《许国璋英语》背单词。他给自己定下的目标是每天背 50 个新单词，记 10 个新句子。

20 世纪 80 年代初期，杭州的涉外宾馆很少，"老外"也很少。每到星期天，一大早父亲就用自行车载着我去西湖边"碰运气"。但凡碰到金发碧眼的"老外"，父亲绝不放过，毫不犹豫地用不熟练的英语和他们打招呼，大着胆子练习口语。有一回碰到一位外国人，互相问候时还闹了笑话。因为一音之差，"Are you a monk?"竟成了"Are

徐凌芸的父亲 18 岁时的参军照

you a monkey?"即便如此，父亲也从不退缩气馁，从不怕丢面子。就这样，父亲用三年的时间不仅自学了英语，还成了医院接待外宾的翻译，后来又转而从事外事工作。从小在父亲学习英语的氛围中耳濡目染，并经常接触父亲接待的外宾的我也对英语产生了浓厚的兴趣，最终选择英语作为自己在大学的专业。

直到今天，父亲还总是说起："我学英语的时候，在杭州饭店前的英语角还经常碰到马云呢！那时马云才小学五年级，胆子非常大，英语说得也很溜。"

## 学习是进步的阶梯

父亲属兔，已经退休 13 年了。自退休后，他便开始在老年大学学习书法。从智永千字文开始练习楷书三年，再临王羲之和赵孟頫的行书，又是三年，现在依旧坚持学习中国山水画和花鸟画。老年大学书画班是热门班，每到新学期开班前，他都拿着手机紧张地抢课，有

徐凌芸父亲的日课——练习书法

远上寒山石径斜
白云生处有人家
停车坐爱枫林晚
霜叶红于二月花

辛丑年春　徐凯建书

徐凌芸父亲的书法作品

时甚至会熬夜蹲守，生怕失去学习的机会。无论寒暑雨雪，父亲每周都去上课，他是班里出勤率最高的一个。他每天在家至少练习两个小时，乐在其中，不知疲倦。书画习作铺满了书房，渐渐也能成为拿得出手送给亲朋的礼物。父亲说："我一直喜欢书画，以前工作的时候总是忙忙碌碌，没有时间。退休了，总算有时间学习书画了。我没有别人聪明，也没有别人的天赋，多学多练，总能进步。"

## 干一行就要精一行

受"文革"影响，读书勤奋、学习成绩优秀的父亲在初二时不得不中断了学业。他18岁参军，进入南京军区某部，从一个什么都不懂的新兵做起，最后成为了一位炮兵班班长。复员后，他走上了学医的道路，分配到了省级医院检验科的他不甘心仅仅做些简单的化验工作，通过自身努力又转而从事难度更大的血液病实验和研究工作，还发表了相关学术论文。

20 世纪 90 年代初期，父亲受命参与筹建一所新的省级医院。从来没有和建筑工地打过交道的他，边工作边学习，硬是在很短的时间内熟悉了查阅建筑图纸、了解建筑结构、优化建筑方案等与医院基建相关的方方面面，和团队一起顺利完成了医院门诊大楼的建设工作。今天，这所医院已经成为杭州城西老百姓经常选择的大医院，每当路过医院，父亲总要念叨一句："当年，这里可都是鱼塘啊！这幢门诊大楼的设计方案我也出了不少力。"

从我记事开始，父亲就是一个闲不住的人，他一辈子都是在学习新事物中度过。他会夯砖头、砌灶头，会打沙发、做书架，会种花、做盆景造型，会拉二胡、吹葫芦丝……父亲总是对新鲜事物保持着好奇好学之心，只要他想学想做的，就一定会勤奋去学、认真去做。父亲常说："人的一辈子很短，总要多学点东西。只要肯下功夫，没有学不成办不成的事。"

他为全家树立了终身学习的榜样。在父亲的言传身教下，我们全家都乐于尝试和学习新鲜事物，始终保持着好奇心和好学心。我们对待工作都勤奋踏实、认真投入，不会的就学，只要做就要做到最好。就像他所说的那样，只要有心，生活就会给予我们无尽的学习机会，只要坚持，就可以把不擅长的事学好做好。愿我也能像父亲一样，保持好奇心，勇于尝试，活到老，学到老。

# 勤俭致富经 忠厚传家远

孙 燕

国际教育学院、哈尔科夫学院副院长、教授

在我的成长生涯中，长辈对我的教育至关重要。无论在求学、工作还是生活中，父母言传身教的良好家风都给了我莫大的精神动力和理想支持。

## 勤劳能致富——"干任何事都要付出十二分的努力"

我的父亲是一位退伍军人，曾在祖国最艰苦的地方（西藏、新疆）服役 12 年。他也是一名老党员，经常说："勤俭能致富，干任何事都要付出十二分的努力，不要偷奸耍滑，让人看不起。"他这样教育我，同时也身体力行。他十分勤劳，不怕吃苦，也不怕吃亏。他当兵归来后在家务农，家里承包的耕地没有到期，但碰上村里统一规划，要将耕地种成护河林，父亲毫不犹豫地让出自己承包的土地；当高铁和高速路通过村里需要占用耕地时，父亲首先让出了耕地，并劝导那些因为耕地被占用而意见很大的村民："要致富先修路，要改变条件就要先修路，大家要将大事放在前面。"

父亲的利益观、价值观深深地影响了我，我明白了什么叫吃苦耐劳，什么叫志虑忠纯，我也像他一样，面对任何困苦都不害怕。因此，

孙燕童年时期的家庭合影（前排左一为孙燕）

在工作中，我视困难为历练，尽量承担更多工作。在教学中，学生是我最大的主题。备课、上课，我总是不遗余力，把每节课都备得尽善尽美。为了让高分子材料与工程专业的学生能较好地掌握"高分子化学"专业知识，我在学院中首开双语课程网站，将课程PPT、教学大纲、参考资料等分享到网站，这样学生们就可以利用课外时间钻研学习。我平时会将学科方面的最新文献整理出来跟同学们一起分享，让同学们以课后作业的形式做翻译，认真完成的话可以积累更多专业素材，同学们到了写毕业论文的时候就不会觉得难了。因为平时工作较忙，为了跟同学们有更多交流，我不午休，不关闭办公室的门。同学们可以在中午来我办公室一起探讨专业问题。因此，虽然要兼顾行政与教学工作，我的科研成果还算丰富，两次获得学院"科研十佳"称号。工作以来，我先后承担国家自然科学基金3项、浙江省自然科学基金5项和外来横向课题2项；在国内外重要学术刊物上发表论文近30篇，其中被SCI收录论文10篇；作为主编出版教材1部；发明专利授权10余项。我指导的学生科研成绩也令人瞩目。哪怕在产假期间，我仍旧不放弃指导学生。大女儿出生不到半个月，我坚持在电脑旁帮学生修改参赛项目书，最终4项学生申报项目成功立项。我连续几年都被学生推荐为"我心目中的好老师"候选人，并被评为学校"教学十佳"教师、钱江学院"教坛新秀"、杭州市教育局系统优秀教师、杭州市师德先进个人和杭州市教育工匠等。许多学生已经毕业了，但依然跟我保持着紧密的联系。高分子091班学生符思达本科在校期间一直跟随我做课题研究，本科毕业后在杭州中策橡胶集团有限公司工作，工作两年后，我将他推荐到澳大利亚迪肯大学我同学的课题组，以全额奖学金攻读博士学位，目前他已经学成归来，入职嘉兴学院从事教学科研工作。另外，高分子1101班的顾森林同学本科就读于钱江学院，我也成功推荐他去澳大利亚迪肯大学以全额奖学金攻读博士学位，他即将学成归来。好多学生毕业了仍旧把我当亲人，跟我聊自己的工作、生活，甚至恋爱故事。同事们信任我，常喜欢与我谈谈心事。勤奋为先，带动身边的人一同进步，正是我父亲经常告诉我的道理。

## 忠厚传家久——"占小便宜是吃大亏"

我的母亲大字不识一个，不过她尊老、团结、乐善、睦邻。母亲常说："忠厚传家久，不要老想着占便宜，占小便宜吃大亏。要与人为善、热情待人，要学会帮人。"

记得我小时候，有一年冬天雪下得很厚，村里来了一家子乞讨者，一家四口，其中一个还是哑巴。母亲心善，不顾全村人看笑话的眼光，坚持收留这一家四口整整六个月，免其漂泊之苦。我至今无数次问自己，我能否做母亲那样的善举？恐怕没有肯定的答案。不过，受母亲的影响，我面对一些需要帮助的人也经常会慷慨解囊。记得2008年12月的一天晚上，我跟先生碰到一个衣衫褴褛的年轻人在肯德基窗外徘徊，看起来饥肠辘辘、纠结难过的样子。我想他一定很饿，可能没好意思去乞讨，于是就去肯德基买了一份套餐，还拿出一百元钱给他。刚开始，年轻人不肯要，或许怀疑我的诚意，或许面子上有点过不去，一直拒绝我，我再三说明只是想帮他，他才接受。也许，区区一百元钱帮不了他什么忙，但那是我的一份心意，如果那一刻我没有伸出援手，我会永远内疚。让我欣慰的是，大女儿4岁时就懂得与人为善、助人为乐的道理。2014年1月的西湖边很冷，尤其到了晚上透着彻骨的寒。一天晚上，我们一家人漫步西湖边，有一位老人正在西湖边卖花，女儿说："妈妈，我们去把奶奶的花都买了吧，这么冷，她卖完就可以回家了。"我觉得女儿很懂事，学会体谅别人了，便立即开心地买下了老人所有的花。我想，家风是需要传承的，传承是珍贵的，我常常能想起母亲挂在嘴边的教诲。如今，优秀家风代代传，在后辈身上，我看到一颗善良的种子正在茁壮成长。2016年，女儿面试杭州上海世界外国语小学被成功录取，她的自信、大方、善良是杭州上海世界外国语小学选择她的重要因素之一。

## 豁达以致远——"做人要心存宽厚"

我的外婆是中国共产党早期的组织成员之一，从事地下工作。外婆相信党一定能带来新生活，于是不顾一切地加入了组织。外婆做地下工作的时候，冒着日军的严查盘问，将组织上要转交的信函放在自己的发髻里面，孤身一人将重要信件送给同志，顺利地完成了组织交给她的任务。外婆经常说："共产党带领我们打天下，过上好日子，共产党是好的，永远不要因为党内个别党员的行为不好，就说共产党的坏话。"外婆也传下家训："豁达以致远，做人要心存宽厚，做事要有远见。"外婆说过的话让我明白了豁达乐观、志存高远的可贵。

正是因为外婆的感召，我于2003年6月2日光荣地加入了中国共产党，并下决心要努力奋斗，在平凡的人生中画出最美好的一笔。

我平时大大咧咧，十分乐观，但难免会遇到一些困难，有时也会觉得疲惫。我有两个孩子，大女儿上初中，小女儿目前上小学二年级。我跟先生工作都比较忙，家里老人帮忙带孩子，但几位老人身体并不好。所以，我下班一回家就赶紧洗衣、做饭，操持家务到11点多，有时候想想压力真大。不过，想起我的外婆在那样困苦的环境下从事地下工作都那么乐观豁达，我有什么好气馁的。每当腰酸背痛的时候，每当遇到各种委屈的时候，每当碰到觉得过不去的坎儿的时候，我都会告诉自己："做人要豁达，要有远见。扛一扛，便也过去了。"同事们总说我能给人带来快乐，我的笑声特别爽朗，那不是因为我幸运或遇到的困难少，而是长辈教我的道理影响了我。

## 孝亲传乐观——"面对生活中的困难，要全力以赴"

2018年4月的一周，我的父亲和公公同时由于身体原因住进了医院。我父亲在浙江省肿瘤医院做了肿瘤手术，手术住院15天后就开始了持续的放化疗治疗，一直持续了8个月的时间；我公公在杭州师范大学附属医院ICU重症监护室一待就待了65天，后来终于转至普通病房，在普通病房住了105天。那时，我的生活一时陷入窘境，因为两位老人都是农村医保，我们只能把为孩子买的文一街学区房卖了给两位老人治病，医院花费巨大，两笔治疗费加起来超过150万元，这简直是我们普通工薪家庭无法承受之重。为了激发住在杭州师范大学附属医院ICU的公公的求生欲，我们带着不满2岁的二女儿，冒着感染的风险借助每天短短的十几分钟探视时间，让孩子在ICU讲话给昏迷的爷爷听。在我们的坚持下，在杭州师范大学附属医院各位专家特别是张邢炜院长的帮助下，硬是把老人从死亡边缘拉回多次，最终康复出院。后来我公公告诉我们，在他昏迷的时候，他真的听到了小孙女对他的呼唤，这使他有了强大的活下去的意志。当时我和我先生唯一想做的就是，无论付出多少代价，只要能救这两位老人，我们一定付出所有救治我们的父亲。即使家里乱成一团糟，但是我和我先生几乎没有耽误自己的工作，白天护工和其他家人帮忙照顾老人，无论下班多晚，我们两人都要去医院轮流照顾老人。我经常想起我妈妈儿时对我的教育："面对生活中的困难，要全力以赴，千万不能退缩放弃，也不要半途而废，否则困难会跟着你；你强，困难才会怕你而远离你。"是的，对于生活的苦难，我必须遇强更强，我要全力以赴。同时，对于我视为终生事业的本职工作，我依然表达出高度的热情。我展现出的乐观以及付出的行动没有让同事、老人和孩子感受到我们的难处。这是我们生命过程中的必修课，我们默契地达成共识，无论困难多大，都要积极正面地应对。这段宝贵的经历也给了我上课时和同学们分享的感悟：生命中没有那么多不能承受之重，人生道路上我们能做的就是乐观面对我们必须经历的，只要拼尽全力了，不管结果如何，都可以欣然接受。这既包括工作获得，当然也包括生活的遇见。也因为这样的经历，在生活中我们更加重视孩子的世界观、人生观和价值观的养成，同时，我们在亲身践行中也营造了尊老爱幼、勤俭持家、和睦相处的家庭氛围，身体力行地教育两个女儿先学会做人再学会做事，引导孩子用爱心善待别人，一步一个脚印地做好自己的事情。两个女儿也都非常懂事，帮助爸爸妈妈照顾爷爷奶奶和外公外婆。2024 年，我婆婆因肺部出现问题紧急住进了 ICU，我先生和小女儿本来在澳大利亚访学，但得知消息后他们第一时间赶回国内照顾住院的婆婆，陪伴老人度过了生命中最后的时光。虽然我们无力改变命运，但是我们可以在生命的进程中尽力给予极大的温暖。即使自己的生活并不是一帆风顺，但是校内外师生发起的众筹，我都尽我自己所能捐出自己的一份心意和力量。我总是习惯在别人困难的时候伸出自己的援手，因为我经历过黑暗，我希望别人在黑暗中能看到火光和希望，这就是爱的传承。

如今，我的长辈们年事已高，有的也已仙逝，但他们对我的教导我不会忘却。我既是子女，也成了父母，更要关注身教与言传的关系。我工作虽然忙，但勤俭为先，尽量做到教学、科研、管理工作兼顾到位，尽量成为学生评价的淳善可亲的老师，成为同事评价的开朗乐观、果敢坚毅的朋友，成为领导评价的踏实负责、真诚律己的职工。在家里，不管多累，我都要把家打理得温馨舒适，整理得井井有条。我要做一个豁达、平和、勤奋的妻子与母亲，这是长辈对我的教导，这些教导早就融为我对自己的要求，嵌入到我的基因和血脉之中了，成为了我生命中不可或缺的组成部分。

孙燕父亲大病初愈后，全家在三亚度假

# 怀念一位小学老师

陈　漪

人文学院副教授

据说，他是杭州城里最后一拨念私塾的人。早年间，家道尚可，父母便将家中闲置的一间房拿了出来，借给一位绍兴师爷做私塾。屋里添了些桌椅板凳便开了张，陆陆续续地，城河对面、横河桥一带的孩子们都知道了这个地方，而 5 岁的他也早早地结束了在河边游荡的日子。

在那个年代，杭一中（今杭州高级中学）是绝大部分杭州学子的梦想，也许是因为他工整俊逸的毛笔字，也许是因为他扎实的诗文功底，总之，小小年纪的他就成了杭一中的学生，也成为了家族的骄傲、街坊口中的传奇。原本以为，传奇会继续，他会像其他同学一样，继续上高中，甚至考大学，然而初中毕业时，家道已然中落，他只能选择了杭州师范学校，因为那儿有师范生补贴，吃饭不花钱。

毕业后，18 岁的他顺理成章地成了一名小学老师，在粮道山小学（今已不存）开始了他的职业生涯。在男性教师严重匮乏的学校里，他身兼数职，既要忙教学，也要忙杂务，在日复一日、年复一年的忙碌中，40 个年头倏然而逝。

关于他的教学，从未听过他的课的我自然无权评说，我也不认为那些红色封皮的荣誉证书就一定能证明什么，更多的，我看到的是课

陈漪的全家福

堂以外的他的艰辛与坚持。记得那是一年暑假即将结束的一天，但有些课本却迟迟没有到位，作为总务主任的他急得不可开交。几番联系之后，他决定不再等待，借了一辆三轮车，带着两个尚在念小学的女儿就出发了。炎炎夏日，初时的新鲜兴奋很快就被酷热打败了，两个孩子垂头丧气地坐在三轮车上，不停地问"到了没有？到了没有"。终于到了，之后就是搬书、装书，然后回程。书太多，大的那个坐不下了，只能跟车疾走，小的那个则坐在高高的书堆上胆战心惊。遇到坡道，大的小的都得跑到后面推车，拼尽全力推车。路途遥远，学校总也不到，那是小姐妹第一次知道原来杭州那么大……

这样的事，对于他来说极为平常。在学校里，他的勤勤恳恳是出了名的，看见过他疲惫，却从未见他懈怠。学校里大大小小的事，领导、同事都会想起他，遇到难题了，就会"问问老陈去"。他是那种典型的"老好人"，来者不拒，尽心尽力，但也常常因此而累着自己。

如果说他只是一个终日为琐事所累的小人物，未免委屈他了，因为他实实在在是有理想抱负，且有几分才华的。在那个物质生活极为贫瘠的年代里，他将工资分作几份，婚前，一半是雷打不动要交给父母的，剩下的除了必备的衣食开支，便是买书，结婚生娃之后，生活更加紧张，父母仍需赡养，娃们也得负担，但买书的习惯却保持了下来。为了能在不影响家庭生活的前提下买到更多的书，他开始更加勤勉地写作，发表大大小小的文章赚稿费来换书。

他对电影的爱好发端于哪一天我不得而知，只知道每个月的某几天他会像孩童般热切地期待一本期刊的到来，那是长影旗下的《电影文学》。今天看来，看场电影，订本杂志，是如此稀松平常的一件事。但在20世纪80年代，在电影远未普及、月工资只有三四十块的情况下，拿出几块钱来订阅一本专业级别的电影刊物实在是一件奢侈又稀罕的事。更令人意外的是，他居然还写，没错，是那种正经八百的电影剧本，并且投递了出去。然而，奇迹没有出现，那些剧本应该都没有发表，收到过的只是几封编辑来信，或婉言退稿，或提出修改建议，当然，这几封信是我在多年以后才偶然发现的。

他离开学校时的情形，仿佛是拙劣编剧编写的一出老旧电影：爱人在给他洗衣服掏口袋时发现了他的入院通知单，气急之下，质问他为什么不告诉自己，为什么不去住院，他只低低地说，再过两三个星期就放暑假了，住院的话，课就没人上了……是的，从此以后，那个小学里再也没有一位老陈老师去上课了。

前些年，我赴美国担任孔子学院教师，于是奇妙的事发生了，我居然成了一名小学老师，每周有一两回要去一所大学附属小学教课。走在学校的过道里，望向两旁五彩斑斓的墙饰时，我会想起他；坐在孩子们身边，听着他们稚嫩的言语，看着他们灿烂的笑容时，我也会想起他。偶尔地，我会用想象去完形他的学校生活，去想象他是否也遇到过这样性格的孩子，是否也在课堂上有过与我一样的惊喜瞬间，是否也被孩子们的真诚、单纯深深地打动过。在某种程度上，我们比以往任何时刻都心意相通，我们之间，建立起了一种全新的、更深刻的联结，我很感激。

21年了，在这个静谧的夜晚，终于可以如此这般平静地怀想他。

# 红色家风  薪火相传

叶　辉

纪检监察室教师

　　2021年春节，我们这个大家庭的"全家福"记录了全家老少50口人过大年的热闹景象，照片里的每一个人都笑得很开心，因为大家期盼许久的"外婆活到一百岁"在这个新年终于实现了！在五代同堂的欢声笑语中，外婆的第四代、第五代晚辈们也许根本不会想到，眼前这位期颐之年的瘦弱老人，可是经历过烽火硝烟，并且与中国共产党"同龄"的世纪老人。

叶辉外婆百岁时的全家福

叶辉的外公外婆在革命战争年代的合影

风雨沧桑一百年！我的外公（1918—1999）和外婆（1921—2023）出生在"邹鲁圣地""孟子故里"的山东邹县。彼时中国大地正经历着翻天覆地的深刻变革，军阀混战、民不聊生……就在这灾难深重、内忧外患的历史洪流中，肩负民族独立和复兴使命的中国共产党诞生了。

外公幼时上了四年私塾，之后便跟随父亲参加了当地的抗日革命活动，并于1940年加入中国共产党。1938年，外公和外婆结婚，婚后外公经常在外"打鬼子"，外婆因此成为日本人抓捕的目标，不得不经常带着两个年幼的孩子东躲西藏。有一次因叛徒出卖，外婆带着孩子们逃到弟弟家。舅爷为了保护姐姐一家，被日本人严刑拷打，最终虽捡回一条命，却落下终生残疾，外婆的两个孩子也在战火中先后夭折。

1943年，外公所在的地方革命武装被整编进入鲁南军区（华东野战军的组成部分）部队。解放战争打响后，外公跟随部队一路向南挺进。外婆珍藏的那些斑驳泛黄的革命照片和证件，记录了外公先后参

叶辉外公外婆的部分勋章

加的孟良崮战役、济宁战役、鲁西南沙土集战役、开封战役、淮海战役、渡江战役等许多战斗场景。作为随军家属的外婆也于 1945 年加入部队，与外公一同亲历了新中国的诞生。他们出生入死，从枪林弹雨中一路走来，铸就了钢铁般的意志和坚定的理想信念。

解放军渡过长江以后，外公和外婆跟随部队一路南下，从华东野战军第二十二军转到了浙江军区，参加了"象山战斗"等解放浙江东部海岛的战斗。1950 年，我的母亲在杭州出生。身经百战的外公身上伤痕累累，其中最严重的是参加九死一生的开封战役，背部留下的贯通枪伤导致部分神经和听力严重受损，落下残疾，让他没能"雄赳赳气昂昂地跨过鸭绿江"，错过奔赴抗美援朝战场的机会，戎马一生的外公对此充满遗憾。

后来，外公、外婆从部队转业到地方，又以高昂的热情投身于百废待兴的新中国建设。外公先后在临安主持公安、检察、民政、人大等工作直至离休。外婆加入妇联工作，为当地兴建针织厂四处奔波。我儿时记忆里的外公总是骑一辆"二八大杠"自行车，龙头把柄上挂一个尼龙包，里面总会有三样东西：工作笔记、印有毛主席像的搪瓷杯和一块麻饼。那时候的干部，每天都要走街串巷到老乡家上门解决实际困难，午饭经常就是自带的干粮和一杯白开水。有一次我到同学家里玩，同学的爷爷对我说："我认得你外公，他以前经常来我们这片村子，他胃不好，痛起来时就拿自行车手柄抵住自己的胃部，我们赶紧给他倒一杯热水喝下去。"那时我才意识到，外公晚年每天喝粥并不是因为他真的喜欢喝粥！

三年困难时期，即使在县城里也是缺衣少食，度日艰难。外婆家至今还留存着这样一张照片，照片里我的七舅、八舅和小舅都还是顽童，却穿着不同季节的衣衫，短袖、长袖、夹袄都有，衣扣也不完整，当时的困难情形可见一斑。每次家庭聚会时拿出这张照片，大家总是看一次笑一次感叹一次。

1979 年，对越自卫反击战爆发，四舅所在的部队接到军令开赴老山前线。家庭聚会时，两位老革命自然看出了儿媳的不安，外公语重心长地说："男儿参军，保家卫国是天经地义的事，部队培养建华这么多年，现在有机会上前线是他的光荣，我们应该支持他。"外婆则把我母亲悄悄拉到一旁说："你是姐姐，又和弟妹下放到同一个大队，你要多关心照顾她，有什么困难就来找我。"

母亲回城后，进入临安人民医院当护士，父亲凭借自己的努力，一步一个脚印从拖拉机手成长为县城农业局的干部。由于工作需要，父母二人一个常年下乡，不是忙抗洪救灾就是忙春耕秋收，另一个则在病房里日夜三班倒，从早忙到晚。外婆心疼我小小年纪就经常被妈妈扔在病房里吃百家饭，向外公求情，希望他出面让母亲转岗到门诊不用上夜班。外公却说："转岗要凭她自己的本事。"母亲便开始刻苦自学新兴的心电图技术，并脱产到浙二医院进修。为此，我从县里最好的幼儿园转到了离外婆家很近的一所简易幼儿园，跟着他们生活了一年，直到母亲学成回来，从病房转到门诊从事心电图检查工作。

父亲出身农村，家中五个兄弟姐妹，他排行老大。虽然家境贫寒，但爷爷奶奶节衣缩食、想方设法供他上学，所以，父亲无比珍惜这来之不易的学习机会，读书用功，成绩很好，凭借优异的表现来到县城参加工作。父亲工作特别投入，每次抢险救灾总是冲在第一线。我在学生时期对他的记忆很模糊，总是早上我起床上学时，他还在休息，晚上我休息了，他还没有回家。有一年，县里要提拔一名分管农业工作的副县长，父亲是人选之一。母亲带着我去找外婆，希望时任县人大常委会主任的外公出面推荐。外公对比了候选人履历后对外婆和母亲说："虽然，我也知道小叶的工作能力和经历比没有下过基层的干部更适合，但因为他是我的女婿，我应当避嫌。女儿，请你转告小叶，我相信他凭自己的努力将来一定会干得更好，要有这样的信心。"说完，他从枕头底下掏出厚厚一叠叠得整整齐齐的香烟盒里的锡纸，让我转交给我的爷爷。原来，他记得我曾经跟他说过，爷爷从乡里退休后，自己在家扎花圈卖补贴家用，烟盒里的锡纸可以用来做银色或者金色的花心。外公就当真把烟盒里的锡纸全部收集起来，让我带给爷爷，还一再叮嘱，这是我俩的"小秘密"，千万不能告诉外婆，以免外婆唠叨他抽烟太多。许多年以后，我父亲因为成绩突出被选调到了杭州市农业局担任领导干部工作，实现了外公的期望。

在我们这个大家庭中，还有非常特殊的一员——青松舅舅。他并不是我的亲舅舅，而是外公和外婆的养子。早年外公主持民政工作时遇到了孤儿青松舅舅，外公外婆怜惜他孤苦伶仃便收养了他，把他养大成人，成家立业。青松舅舅有个儿子名叫志君，品学兼优，在我们这一辈里成绩最好。那年暑假，志君和同学相约在公园的湖里游泳，为救一名溺水儿童，不幸牺牲，被政府授予"烈士"称号。噩耗传来，外公和外婆伤心欲绝，外公沉默许久，最后喃喃自语道："俺志君是

全家合影，前排左一为叶辉母亲，第三排右二是叶辉四舅

个好孩子！"

1996 年，外公得知我考上大学高兴得不得了，因为我是家里的第一位大学生，尽管当时他已经肺癌晚期住进医院。我每次回去看望他，他都高兴地叫道"俺的大学生回来啦！"还要跟我行握手礼，他的手总是温暖而有力。他还不停地询问我："在学校一切顺利吗？最近有什么新鲜的事，快说给我听听。"我也总是很乐意跟他分享我的校园生活，甚至会向他抱怨学校里评奖推优有时不公平。他总是乐呵呵地回应我："俺小辉辉还是个要求进步的小妮子嘛！不过也不必太在意这些，学到本事才要紧啊！"可惜外公没能等到我毕业走上工作岗位，从事他最敬重的教师职业的那一天，三年后，他因病去世，成为我心里永远的遗憾！

外公、外婆有个孙子（五舅的儿子）小时候非常胆小，夜里都不敢一个人走楼梯，长大后却考上了警校，成为一名光荣的人民警察，真正接了他的班，后来又因为工作出色被调到滨江区政府工作。党的十八大以后，他积极响应国家的号召，参加了浙江对口支援湖北恩施土家族苗族自治州的扶贫工作，在恩施的大山里一干就是三年。在扶贫期间，每逢暑假，表弟便动员爱人带着一双儿女去恩施，跟他上山去看望结对帮扶的老乡，让他们感受美好生活的来之不易。回杭后小姐弟俩也时常向我们分享大山里的见闻趣事，和同辈的小伙伴们"出谋划策"想方设法帮助恩施的小朋友学习。

2023 年暑假，外婆在家人的陪伴下，在自己的家中平静地走完了她漫长而又不平凡的人生。时移世易，然而流淌在血脉里的初心不变，代代相传。

# 父母，未走远

鞠秋红

外国语学院教师

　　夜里梦到我的父母，一如生前健康的模样，气色红润，笑容可掬，父亲迎过来，嘱咐道："今天要开心啊。"我一惊，从梦中醒来，看一看时间，突然意识到今天是我的生日。窗外，阴雨蒙蒙，嘀嗒作响；室内，思念笼罩，思绪不断。

　　我的母亲在娘家排行老大，下面还有四个弟弟。可想而知，在那个年代，她是很少有机会入学读书的，所以母亲起先识字并不多，写名字像画画一样。但母亲酷爱山东吕剧，从搭台子戏到戏剧影片，母亲都会尽力抽空去看；读了大学后，我也陆续用我的兼职费为母亲采购吕剧碟片。母亲很节俭，对我上学后每次回家带回的"礼物"都不好看，但看到这些碟片，每次都喜笑颜开。看碟也成了母亲农闲时候最大的乐趣，一张碟片反复听反复看，到最后都能跟着唱了。影片下面的字幕也成了母亲识字的重要途径，就这样，不出几年，她都能整本整本地看书了。到2007年我正式工作，线上线下能买到的碟片我都买遍了，算起来大概也有近百张，这些都成了母亲为之骄傲的"财富"。大家都爱看吕剧，母亲也乐于和乡里乡亲们分享这些碟片，有人来家一同看剧，有人索性借了回家慢慢看。不过，时间一久，母亲也记不得谁家借了，谁家还了。当我就这事发表意见时，母亲总是无所谓地说："这些碟片我都会背了，他们留着看就留着看好了。"到母亲最后离开我们时，家里的碟片已所剩无几了。

母亲有很多拿手绝活，按摩就是其中之一。从记事开始，但凡我和弟弟有个头疼脑热，只要母亲从眉心按摩到脚心，第二天一准就没事了。邻家大妈婶子们，谁有个肩痛腰酸，也常常跑到我家寻求帮助，母亲无论多忙，也都乐意一一应下来。有个大妈，听说她为人刻薄、凶恶。但在我的记忆里，她对我母亲甚好。听母亲后来说，有几次我和弟弟开学交学费，她主动跑来问我母亲上学的费用够不够。在那个人人不宽裕的年代，这么一个"恶人"愿意解囊相助，好多人都百思不得其解。我也就这事问过母亲，她只是淡淡地说了一句："她有多年的腰痛病，每次复发起来都很难受，我有空去就去给她做按摩，她可能记在心里了吧。"

母亲的手工活很赞。我对幼儿园的记忆已所剩不多。但有一个场景仍然记忆犹新。以前六一儿童节都有乡镇演出，各个幼儿园都要自己准备演出道具。有一年我们上台跳舞，家里准备了服装，但是舞台效果一般。母亲看在眼里，也没吭声，回家买了红纸，连夜赶工，做了二十束纸花，这件事也让幼儿园老师着实感动了一把。那次演出应该很成功，记得演出结束后，老师奖励了我们每人一个很可爱的大象杯子。我现在还记得那些纸花后来就一直挂在教室的墙上。印象中，母亲过年的时候会专门做纸花来装饰房间。母亲把红纸裁剪成大小一样的纸片，把纸片固定在玻璃瓶子外面，用粗麻线一圈一圈排满，再借线圈的模子把红纸压成褶皱状，然后撤掉麻线，对一片一片的"花瓣"进行修剪和粘贴；花蕾的做法，我已无印象。但是最后的成品有向日葵那么大，黄蕾、红花、绿叶，分外吸引人。母亲还会做手工鞋，纳底，绣花，只要有个样子，就能做出成品。

而让我和弟弟最难忘怀的还是母亲做的饭菜。花样面食曾经让别

2013年暑期鞠秋红一家在父母家小聚

的小朋友羡慕不已。各种馅的水饺、葱油卷儿、馅饼儿、芝麻饼子、糖饼儿、千层饼，即使是馒头也能做出花样，螃蟹形的、仙桃形的……母亲还会包粽子、做豆腐、蒸年糕、做糖葫芦、熬制各式汤菜。母亲一手好饭食活儿，做饭菜的速度也出奇地快。一听说我或者弟弟一家，或者哪个亲戚朋友要来家里，她就忙活起来了。我们一到家就能吃上热腾腾，香喷喷的各式菜肴和小吃。我堂哥家的小女儿小时候就喜欢往我家跑，并且一待就是一天，还跟她奶奶和妈妈说，小奶奶做的饭菜比餐馆的还好吃。后来那侄女上学了，懂事了，就一个劲儿劝我母亲去开餐馆。母亲去世的时候，她在准备高二的期末考，我们没让堂哥告诉她。等她考完回来，跑到我家抱着我大哭了一场。

母亲还是走了，带走了一身本领。我一直也没弄明白，母亲的这些绝活是怎么学来的。直到有次去看舅舅，提到母亲，他钦佩地说："姐姐她虽然没啥文化，但是好学习，喜欢琢磨，一次不行，再来一次；关键是她还乐意把这些学成的东西用起来。"我突然想起了她第一次给我和弟弟做糖葫芦。只看到街上有人做过，母亲就想试着做。但熬糖很讲究，早了，糖不脆；晚了，糖就焦了。母亲就反复熬，一遍一遍尝试，一勺糖水滴到手背上，烫起了好大一个血泡，过了好久还流脓水，后来都留了疤痕。功夫不负有心人，母亲练到最后，肉眼就能看出糖是不是熬到火候了。过年的时候，拜年的嫂子们夸赞母亲做的糖葫芦比外面卖的好吃多了，吵着要学。于是，母亲买了半麻袋砂糖，想办法把她们陆续都教会了。

我的父亲是家里的老幺，比他的大侄子还小几个月，在那个年代也算是被父母和哥哥姐姐宠大的，因此便有了几年难得的读书机会，也养成了坚持阅读的习惯，相比同辈人做事也非常精细。

父亲喜欢读书，那时候物资匮乏，书籍稀少，我的课本都是父亲的读物。他会前前后后把书本内容仔细读一遍又一遍，有时候嘴里念念有词地吟诵，也许是一种对过往的留恋和追忆吧。我大学毕业后把学校的书本全部带回了家，父亲帮我把书本归好类放进书柜，他把能看懂的诸如我大学修过的《毛泽东概论》或党员学习的书本资料放在最外层，一有空就翻阅，还用铅笔在书本上写写画画。我读完研究生来杭州工作，家里藏书也多了起来，父亲每次来杭州家里小住，都会郑重其事地戴上眼镜，隔着书柜玻璃看一遍书名，然后打开书柜门，小心翼翼地抽出一本来翻阅。父亲最喜欢看与毛泽东、邓小平、习近平等伟人相关的著作，用父亲的话说，他比较熟悉这些书中故事的背景，读起来也更亲切。我父亲平日喜欢看新闻、听广播，也时常与我们分享和讨论时事，这也许是他特别钟爱这类书籍的原因之一吧。母亲走后的第四个春节，父亲来杭州的新家和我们相聚，那几天他在我家读的是《习近平的七年知青岁月》。父亲每天沿着上塘河或者围着小区活动完后就坐在露台椅子上看书，看得累了，就取下眼镜，和我聊些以前的事儿或者靠在椅背上小憩一会儿。阳光洒在父亲身上，像是给他老人家披了一层银纱。过完那个春节，父亲感觉背痛，但因为疫情管控，耽搁了病情，肿瘤压迫神经，父亲胸部以下全部瘫痪。父亲周身难受但依然乐观地说："等我病好了，我要开始写书了，书名我都想好了，就叫《我的2020》！"手术医生将肿瘤拿掉，但对父亲今后能否下地走动并不乐观。父亲不服气，自言自语地说："前人那么难都挺过来了，我这点困难算不了什么！"在护工的协助下，他每天坚持锻炼，并逐日加大锻炼强度。6个月后，他竟然可以拄着拐杖下地行走了；8个月后，他可以下楼走动了。在生病的日子里，父亲的生活过得异常简单，但阅读却是他每天必做的事情。直到离开我们，他的床头依然摆着一堆书，还有一本没有合上的《习近平扶贫故事》。也许就是阅读让父亲对于生命乃至生活充满能量和信心，让医生都不抱希望地下地行走成为现实的吧。

父亲做事很细致。忙农活，比如秋天翻地种麦子，别人一般把地翻完就回家休息了，我父亲还会用耙子把翻过的地全部再耙一遍，把地里的石子或者大土块清理干净，说是更方便后面播种和保持土壤湿润。父亲喜欢花花草草，他会在忙农活的路上或者空闲时候去搜集上水石和石松或者有点造型的荆条，回家后就开始忘我地布置他的盆景。上水石通常就是微型假山，石缝处栽着形状各异的石松，或者荆条，或者蜡梅，或者苔藓，这样他每次只要在盘子底部倒水，上水石就会将水"运送"到整个"假山"。如果盆景够大，父亲会在装有上水石的花盆里养几条小金鱼。我们家还有一棵祖传的玫瑰树，父亲把它种在院子最显眼的地方，再在旁边种上石榴树，利用嫁接的方式，留一半树长酸石榴，另一半的枝丫嫁接上甜石榴。每年春天，玫瑰树花香满院落；而秋天，石榴挂满枝头，附近的孩子们就可以数着剩下的酸石榴和甜石榴迎接冬天了。后来因为搬迁，住楼房没地儿种树了，父亲就在偏远的地方开垦了一块土地，把玫瑰树、石榴树和其他果树移植到那里。后来，父亲研究出玫瑰的扦插方法，那块地的四周就长满了玫瑰。父亲有一次来杭州看我们，还特意带了一大袋子自己晒制的颜色鲜亮的玫瑰花苞，说是可以泡茶。去年在新疆看到了和田玫瑰茶，跟父亲晒制的花茶一模一样，我特意买了一箱带回杭州，每次泡上几朵，就有一种家的温暖遍布全身。

我的父母先后离开了我们，留给我们无限的思念。然而梦里遇见他们，还像生前一样忙着张罗着什么，安排着什么。也许老人家并未远去，依然在冥冥之中提醒着我们：要与人为善，助人为乐；要敢于尝试，乐于分享；要热爱生活，认真做事；要珍惜光阴，坚持阅读；学若有所成，要懂得感恩回报。

★
中
篇

# 父母这辈子

侯红生

物理学院院长、教授

　　我的家庭称不上家族，往上数三代就已经杳然无踪了。我出生在河北省遵化县（今遵化市）堡子店镇北小庄村，那是个只有几十户人家的小村子。我5岁离开那里进城，对村子已经完全没有记忆，只是妈妈在聊陈谷子烂芝麻时会提到村主任一家在村里如何威风凛凛。我曾用谷歌卫星地图找到那个村子，请爸妈指认当年我们的院子。妈妈指着院子旁边说："这里曾经是一道河沟，咱家的风水是最好的！"

## 早　年

　　妈妈家是北小庄土著。遵化县1937年被日本兵占领，妈妈1938年出生，经历了真正的国破家亡。妈妈记事早，清楚地记得她躲到玉米地里，看着日本兵端着刺刀排队走过。日本兵来扫荡，妈妈和几个兄弟姐妹围坐在炕上，把粮食围在中间，用一床破被子盖住躲过了劫掠。那时姥爷做保长，北小庄附近的山里有八路军游击队。中国人都恨日本兵，姥爷自然和游击队有很多来往，如提供情报之类。后来被发现，日本兵就把姥爷抓到镇上吊在树上用刺刀挑死了。姥姥拐着小脚，半夜找人把姥爷的尸体偷回来安葬。姥姥活了95岁，我印象里她总是很慈祥的，但想到她敢半夜去偷尸体，很佩服她的勇气。

杀父之仇不共戴天，妈妈对日本总是很愤恨，常常说："小日本最坏了！"前几年，我们去日本旅行，请80多岁的老妈同去，她说："我倒要去看看！"到了日本，妈妈这看看、那看看，撇撇嘴说："就这么回事，也没你们说得那么干净，没有北京和杭州好。"看着日本大街上很多老人还在工作，她叹口气说："都老了，没我过得舒心。"自此以后，她就没再说日本人的坏话了。

我爸爸一家是从其他地方迁到北小庄的，算是外来户。奶奶在爸爸很小的时候就死了，据说是得了痨病还不得不干重活，累死了。爷爷解放前是小商贩，解放后定家庭成分时，由于北小庄太小太穷找不出地主和富农，我家又是外来户，被定成了富农，这使得爸爸之后20年吃尽了苦头。从老照片看，爸爸年轻时身高一米八、白白净净，是个帅小伙儿，妈妈则又黑又瘦。他们的婚姻是不是有些历史和现实原因，我没问过。

爸爸妈妈结婚时，没有立锥之地，村里一个老寡妇提出要收养他们，提供一间小草房。妈妈对爸爸说："你男子汉大丈夫，怎么就不能自立门户，要靠着寡妇的门！"不久后，爸爸考上地质中专，分配到地质队工作。妈妈则留在村里，一个人张罗着把房子盖起来，生活才安定下来。爸爸在城里的地质队工作，妈妈带着孩子们在农村，漫长的两地生活延续了将近20年，当然这种情况在那个年代并不罕见。

## 孩　子

我是家里最小的孩子，爸妈生我的时候都快40岁了。我前边有四个姐姐，但有两个夭折了。那时村里卫生条件不好，接生剪脐带时感染了，一个只活了三天，另外一个大脑残疾，勉强活到7岁。妈妈带着那个残疾的姐姐四处寻医问药，历尽艰辛，几次想带着姐姐寻死。到了第七年的一天，那个姐姐拉了一夜肚子，妈妈守在她身边抚摸着她，她突然浑身颤抖，然后停下来就死了。妈妈讲这段事的时候非常平静，她一生经历过太多的生生死死。我直到很晚才知道这两个姐姐的存在，一直以来都以为只有大姐和二姐。

大姐是爸妈的第一个孩子，比我大13岁，二姐只比我大2岁，是在那个残疾的姐姐去世后才出生的。我的成长和大姐没有什么交集，我记事时大姐已经上班了。大姐是村里考出来的第一个大专生，那时村里没有学校，她每天要往返十几里路去附近的村子上学。她上学要经过一条大沟，附近还有狼出没。但大姐从小泼辣，什么都不怕，虽然人瘦瘦小小，却经常把同龄的男孩子打哭。对方家长找上门来，妈妈就拿起扫帚追打她。有段时间妈妈得了肺结核，咳血起不来床，也不让大姐耽误一天课。那时，妈妈病得很重，爸爸又不在村里。妈妈生命力很顽强，她向邻居借了一只羊，每天喝一碗羊奶，就这样过了一年多，她竟然好了。妈妈今年86岁，身体还很好，每天去公园练拳练剑。她说："我不怕死，我都死过一次了！"

## 进　城

到了1982年，爸爸在地质队评上了工程师，按照政策可以接家属进城。于是妈妈带着爷爷、二姐和我一起搬到了爸爸工作的城市——河北省省会石家庄。在此之前，大姐已经在石家庄的化工学院上大专了。虽然一家人经过20年才终于团聚，应该是大喜事，爸爸却愁眉不展，唉声叹气起来。爸爸每月的工资只有31块钱，妈妈没有工作又没太多文化，一大家子人的日子怎么过呀！

爸爸开始到处求人给妈妈找工作，都是居委会、宾馆服务员之类的工作，工资只有每月十几块钱。妈妈说："我不干这些，好汉不挣有数的钱！我能吃苦，我自己找工作！"妈妈虽然进城时已经45岁了，但她对生活充满信心，一点都不焦虑。她常说："发愁能当饭吃吗？别人能过我们也能过！"妈妈尝试过很多工作：卖冰糕、摆摊做小生意、承包自行车和汽车停车场、学着用针织机织毛衣帽子……她每天早出晚归，甚至白天黑夜地连轴转。她说："别把力气当好的，用完还有呢。"

我和二姐在课余时间也会去帮忙，比如看摊、纺线。跟着妈妈，我们姐俩学会了很多劳动技能，同时对劳动和劳动者充满了敬意。我们一家人会在晚上围着餐桌数今天挣来的钱，几毛几分地加起来，大家都很有成就感，很开心。我那时已经读了不少书，会引用孔子的话："吾少也贱，故多能鄙事。君子多乎哉？不多也。"

## 教　育

爸爸妈妈对孩子们的学习很重视，我们要买书买文具，他们拿钱从来不打磕绊。大姐读完大专后去药厂做检测员，爸妈鼓励她读夜校的自考本科。几年后，大姐读完本科转到药厂实验室工作，很快成了业务骨干，工资也涨了一大截。大姐夫是当时少有的正经大学本科生，他有时会对我说："别看你大姐是自考，实验水平比我还高嘞。"

爸妈不会盯着我们学习，爸爸为了多挣点钱经常跟着地质队出野外，一待就是两个月。我那时很喜欢读书，把家里和邻居家的书都读完了。但是我写字很潦草，对老师批评还有点满不在乎。爸爸的字写得很漂亮，他对我说："写字是要人看的呀，如果别人看不懂，你写出来有什么用呢？"爸爸就是这样和声细语地和我们说话，不会骂我们。有一次考试，我因为字迹潦草被扣了十几分，让出了年级第一的宝座，我这才意识到写字工整的重要性，之后便开始认认真真地写字了。

妈妈识字不多，她对我们说："我想到你们学习好，就浑身是劲，你们要是考不好，我走路都没力气。"我和二姐都很努力地学习，不想让妈妈走路没力气。我最风光的时候是在初中，妈妈最愿意去给我开家长会。当她风尘仆仆地赶到教室时，班主任会说："年级第一的妈妈来了！"其他家长羡慕的眼神让妈妈非常骄傲。我和二姐都很争气，二姐考上了重点高中的实验班，后来考上了吉林大学。我考上了全省最好的高中的奥林匹克班，1996年高考上了中国科学技术大学。同班大部分同学都上了清华、北大、中科大之类的重点高校，那年的省高考状元就在我们班。

## 晚　年

二姐硕士毕业后和二姐夫一起在北京工作，北京的房子好贵呀。2000年单位分房时，他们手上没有一分钱，二姐夫家里又没钱。妈妈说："分房是大事，有了房子才安心，钱不用发愁！"爸妈拿出十多万元来帮助他们，于是二姐年纪轻轻就在北京二环里拥有了自己的房子。那年爸妈已经60岁了，他们说："我们不用留养老钱，孩子们过好了，我们还担心没人养老？"2006年，二姐看上一个更大的房子，但钱不够。当时我在加拿大做博士后，手上有些钱。爸妈、大姐和我就把钱都拿出来支持二姐买下了房子，后来这个房子升值了十多倍。后边几年，我买房、大姐换房，我们都是一家人把钱拿出来互相支持。正好赶上中国房地产大幅升值的十几年，我们在爸妈的带领下，姐弟三家人早早完成了人生大事——住上了满意的房子。

爸妈都八十五六岁了，和二姐一家住在北京。前些年二姐两口子工作忙，经常出差，爸妈帮他们带大了孩子。二姐家经济条件不错，对爸妈照顾周到。爸妈身体没有大毛病，每天买买菜，然后在旁边的公园里运动、社交。大姐已经退休，现在除了送外孙上学，就是去老年大学唱歌、书法、绘画。二姐和我的事业及生活也都很顺遂，二姐是央企的教授级高工，我则早早评上了教授。大姐和我经常去北京看望爸妈，陪他们聊聊天，听他们讲述已经说过 100 遍的革命家史。

　　我们这样一个从小村子走出来的普通家庭是中国过去 80 多年翻天覆地世事变迁的缩影。爸妈的一生经过抗日战争、解放战争、新中国建设、改革开放，经历了各种的坎坷起伏，也见证了祖国的繁荣富强。如果说我们有什么值得传承的家风，我想无非是乐观豁达、团结、有爱和勤劳坚强。

侯红生的全家福

# 家风润万物　育人细无声

骆　琤

基础教育发展中心副教授

罗曼·罗兰曾言："生命不是一个可以孤立成长的个体。它一面成长，一面收集沿途的繁花茂叶。环境给一个人的影响，除了有形的模仿以外，更多的是无形的塑造。"家风成繁花，家训成茂叶，我们身为父母理应言传身教，潜移默化地给予孩子无形的影响与塑造。

2017年，我接到学校任务，将作为杭州市唯一一名女教师前往新疆阿克苏支教一年半。此次的援疆任务对我而言不仅仅是工作上的挑战，更是一次家庭教育的契机。刚接到援疆任务时，我内心充满了矛盾，最牵挂不舍的是家中7岁的女儿。刚上一年级的女儿原本就性格内向腼腆，生活中突然出现了这么大的变化，与母亲长时间别离，缺少母爱的滋润，会不会给她的成长带来负面影响？然而我更明白，比起需要陪伴的女儿，远在祖国边陲的孩子更需要老师的引导和教诲。这不仅是我身为教师、身为党员的责任，更是教育者"传道授业解惑"的使命。于是我义无反顾地前往阿克苏，也希望女儿懂得这份选择背后的意义。在女儿的心里，"援疆"这两个字背后的含义恐怕很难理解。她的小脑袋瓜里只是模模糊糊地知道，妈妈要去一个很远很远的地方，做一件很特别的事情。临走前几周，我曾试探性地征求她的意见，没想到孩子却坚定地回答："妈妈，你去吧，你去帮助新疆那些哥哥姐姐把英语学好！"女儿之所以能给出这样的回答，可能是由于我平时经常告诉她，人生的意义不在于谋私利，而是要尽己所能为这个社会多做贡献。女儿平时都是似懂非懂地点头，但想不到在这个关键时刻，她给出了这么响亮的回答。那一刻，我真的为我的女儿感到骄傲，为她的善良、豁达感到骄傲！

然而，我心里纵有离愁千丝万缕，也不忍在女儿面前流露愁容。离开那天，我看起来有点"窝囊"地偷偷带上包裹，像往常前往学校一样离家。不告而别，是我给孩子留下的告别方式。她像往常一样放学回家，却突然发现妈妈不在家中……选择这样的告别方式，不仅是不忍离开的场景给幼小的女儿心理造成沉重的冲击，也是想默默地告诉孩子，"分别"不过是人生常态，我们总要从容面对。

长时间的分离必然是痛苦的。当我远在新疆听到女儿越来越多次地跟爸爸提起"我想妈妈了""我已经很想很想妈妈了"的时候，内心的牵扯也越来越强烈。幸运的是，父母、丈夫和学校老师都全力支持我的决定。父母几乎每天赶一小时的路到家里照料女儿的日常起居；平时工作繁忙的丈夫也全力以赴，挑起了接送上下学、辅导作业、亲子活动的重担，还积极地参与各种家校互动，尽量弥补女儿妈妈不在她身边的遗憾。女儿打电话过来的时候，还特地向我说着对班主任方亚玲老师的感恩之情。方老师在学习上常为女儿补习功课；生活上，每天为女儿梳头扎辫子；心理上，鼓励女儿建立自信，大胆表达。我的同事和朋友们经常带上礼物去看望我的女儿，陪她度过了一个又一个节日……细雨无声润万物，正是因为身边有爱的包围，在我离开的一年半时间里，女儿变得越来越懂事，自理能力越来越强，性格更加开朗，谈吐也更加大方、自信。因此，在平时的通话和视频电话中，我时常教导女儿要常怀感恩之心，感恩家人和老师为她营造出的健康的成长环境。听到她对身边人的赞美和感谢，我的心中比谁都要喜悦。

骆琤和参加"空中丝路课堂"的杭州师范大学附属阿克苏市高级中学的师生们在一起

因为有了来自大后方的鼎力支持，我在新疆工作也有了更强的动力。我工作的单位是杭州师范大学附属阿克苏市高级中学，当地人亲切地将其称为"杭高"。这简简单单的两个字，饱含了阿克苏人对杭州教育的期望和厚爱。作为杭州师范大学派出的援疆教师，我责无旁贷地成为了杭州师范大学的"代言人"。如何用好资源，尽可能地发挥杭州师范大学对当地教育发展的推进作用？这是我初到阿克苏时想得最多的一个问题。我在杭州师范大学的研究方向是学科教学和教师专业发展，当初杭州师范大学在选派我援助万里之外的这所附属中学时，就是希望我能充分发挥专业优势，更好地实现杭州师范大学援疆的价值。在我的工作领域中，对理论与实践的契合会特别关注，也就是我们的工作既要"接地气"——贴近中小学教师的专业实践生活。又要"讲理论"——帮助广大教师提升专业素养，拓展专业视野。到新疆后，经过一段时间的观察和接触，我发现当地的教师专业发展存在两大困难。第一，许多教师在"如何将教育理论与教育实践结合起来"

等方面需要更多的帮助和支持；第二，当地新教师培训时间紧、压力大、任务重，很多新手还处于"盲目摸索"的状态。要在短时间内解决这两大困难实属不易，这让我产生了巨大的工作压力。但一想到女儿在家里勤奋、乖巧的样子，一想到师长、家人对我无私的支持和鼓励，我便发自内心地觉得自己要努力工作，不辜负学校对我的信任，不辜负家人对我的支持。

对于第一个困难，我坚持以带领当地教师开展"行动研究"为抓手，引导他们从教育实践中发现问题、思考问题，通过理论学习设计行动方案，并在方案实施和评价中解决问题，提高教育理论修养，从而实现教育理论与实践的有机结合。我为多所学校的教师开设"教师行动研究的方法与案例""中小学教师如何开展小课题研究"等讲座，旨在帮助当地教师对行动研究这一充分体现实践者智慧的研究工具有更为深入的理解，并通过自身的思考和探究，去感受行动研究的内涵、形式和整个过程，这对于提升当地教师的学科教学能力和教育研究素养是大有裨益的。对于第二个困难，我决定抓住新教师培训的重点与难点，着力提升教师成长的专业化和精细化程度。我们率先将阿克苏市高级中学作为初任教师培训的创新试点，为年轻教师编制了 3 万余字的《初任教师专业成长指南》，其内容涵盖"入职准备""观摩见习""班级管理""学会教学"等六个单元，旨在解决广大新教师在入职阶段碰到的"为什么做""做什么"和"怎么做"的困惑，为他们提供全面的专业引领，从而促进其在"养成教师职业态度""具备教育实践能力"和"熟悉专业发展路径"三个方面的综合发展。在阿克苏，我们和 100 多位新疆教师结成了师徒关系，手把手地教他们上课、写论文、管理班级，我带的徒弟在很多教学比赛中都取得了一等奖的好成绩！另外，我们运用网络，尝试了新的教学模式，搭建了杭州和阿克苏之间的"空中课堂"。我们请来特别出色的杭州教师通过网络给阿克苏的老师上课、培训……

　　这些点点滴滴，我都记录了下来，想等回到杭州、回到女儿的身边时，一字一句地念给她听。我想给女儿描述祖国西北的大好河山，也想告诉女儿这么多叔叔阿姨奔赴千里之外是为了什么。我想女儿一定会明白，并为我们取得的成绩感到骄傲！可以说，杭州大后方是我与援疆教师团队的坚强后盾，它与其他成千上万援疆人所付出的无条件的爱与支持交融在一起，描绘着我们援疆事业的传承与精彩，这也是"舍家保国，倾情援疆"精神的丰富内涵之一吧！

　　结束一年半的援疆后，我回到杭州师范大学继续在教学一线履行教书育人的教师职责。在工作上，我时刻谨记"学高为师，身正为范"这八个字；在家庭教育上，我坚持贯彻"立德树人，春风化雨"的精神。我深知自己作为教师的一言一行的影响力，言传身教地对学生、对女儿进行教育。文化的影响是潜移默化、深远持久的，家风的塑造也如春雨润物般在一点一滴中教育着孩子。希望我亲爱的女儿能一直善良如初，常怀感恩之心，通达懂事，传承援疆的宝贵精神财富，和千千万万同龄人一起，成长为国家的栋梁。

# 把青春写在边疆大地上

傅亚强

经亨颐教育学院副教授

20世纪80年代有个名词叫"双职工"，我的父母都在工厂上班，就是这类双职工。小学的时候，我放学后就跑到父亲的车间，坐在车床后面写作业，偶尔开开小差，看着父亲目不转睛地车零件。一个铁块，架在车床上，只见父亲的双手在各种按钮、手柄之间来回穿梭，时快时慢，一阵旋转切削之后，一个亮晶晶的螺栓就车好了。最好玩的还是游标卡尺，父亲拿着它把零件的每个部位都量一遍，以确定每个零件是否合格。他经常说，一定要仔细、精确，让下一位工人师傅用得放心。

只不过我并没有如父亲所愿读工科，而是读了心理学专业。现在回想起来，车间里，前一道工序为下一道工序着想，最终为用户着想，正是利他精神的细微体现。小学的思想品德课上，老师反复说工人阶级是高度组织化、协作化的集体。如果父亲手中的零件有细微的瑕疵，把它交给另一师傅时，这位师傅就装配不出机器，会骂娘的。如果这位师傅硬生生地把不合格的零件安装在机器上，那么用机器的师傅就会出事故。

每天吃完晚饭，父亲就对着一部收音机"听"夜校的课。那个收音机是我们家最早的一台"家电"。收音机里总是说着英语和一些我

傅亚强的父亲（右二）1959年在杭州读书期间与同学的合影

听不懂的话，父亲告诉我那是管理学课程。没几年，父亲不做工人了，进入办公室，成为计划科科员。我还是一放学就在父亲办公桌的角落里写作业。机床的轰鸣声没有了，换成了算盘声。那时，我已经能看懂父亲的报表了，各种产品生产多少、销售多少，原材料采购多少、消耗多少，对比之后，利润是多少，都要算得清清楚楚，精细到每一个零部件，精确到一角一分。父亲的算盘打得非常快，我在小学也学算盘，但始终无法像父亲那样敏捷地拨动算珠。我记得放假时，父亲也会要我帮他打算盘，两人一起核对报表。我不明白为什么要算这么多遍。父亲只是说了一句话："那是公家的东西。"

"公家的"是我记忆中非常牢固的一个词，它涉及当时的国营经济在老百姓心目中的重要地位。公家的东西我们不能拿回家，公家的东西不能浪费，公家的东西不能是一笔糊涂账。我工作后没多久也管起了"公家的"东西，实验室的仪器设备，还有那些桌椅板凳、扳手起子，都列在我的账本里，清清楚楚，明明白白。我想这种习惯传承肯定来自父亲。

父亲工作的工厂在新疆，长大了以后我才知道，为什么我们一家会从浙江绍兴来到大西北。1964年，毛泽东主席号召知识青年支援边疆建设，"草原秋风狂，凯歌进新疆"。于是，父母和大批高中毕业生、大学生一起万里赴边疆，建设边疆、保卫边疆。他们远离了江南的绿水青山，置身于西北的荒芜戈壁。听父亲说，他们刚到新疆时没有房子，只能在地上挖一个洞，洞口盖上木板和杂草，作为临时栖身之所。支边青年们给它起了个名字，叫"地窝子"。大西北蔬菜很少，经常就着羊油吃馍馍，夏天还好，冬天羊油像石蜡一样，他们皱着眉头硬往下咽。正是在这样的条件下，父亲和他的兄弟姐妹白手起家，在大戈壁上筑起工厂，造出机床，大大加快了新疆的工业化、现代化发展进程。

等到我出生时，家里的生活条件已经有所改善，住上了土坯房子。到现在，我还记得为了修整被雨水冲垮的土坯墙，我们一家三口"和黄泥"。我光着腿，头顶着满天繁星，在黄泥巴上踩来踩去。一开始，是游戏，是快乐。没多久，双腿就抬不动了，黄泥里的干草刺得脚底板生疼。父亲拉着我的手，父子俩一起加油，一堆烂泥，在我们手上变成一块块整齐的泥坯。且不谈是否做"人上人"，吃得"苦中苦"还是必要的；且不谈是否能"思甜"，有坚强的毅力还是必要的。

20世纪80年代的新疆，物资还是比较少的。特别是大米、食用油、副食品都要凭票购买。无论在烈日下，还是在寒风中，我都会排在长长的队伍中，用粮票把米面买回家。一家子我帮你，你帮我，分了多少，就吃多少，从不多吃多占，能吃上一块糖、一块饼干，就能让自己开心好几天。用自己的劳动赢得生活的变化，自己的活自己干，自己的饭自己吃，安心、踏实、幸福，正是我在许多地方做报告的主旨。

我上初中时，生活一下子好了许多，家里经常可以吃肉、吃饺子了，再也不用排长队买 10 个鸡蛋了。父亲工厂里的机床也大了许多，构造也复杂了许多。我特别喜欢细数工厂仓库里的各种产品——搅拌机、翻斗车、叉车、塔吊，看着它们越来越高大，越来越精密。在父亲的计划报告中，我第一次读到了"创新"这个词，知道父亲带领着一批被我称为哥哥的技术员，研制新产品，更高效、更安全、更自动化是他们努力的目标，反复实验、反复讨论、反复淘汰是他们攀登的手段。在一张张散发着油墨香的蓝图上，我看到了高楼大厦，看到了窗明几净、琳琅满目的百货大楼。

父亲对我的学习是有严苛要求的，用现在的话来说，他就是一名"虎爸"。他自己在杭州只读了一年大专就因病退学，所以特别希望我能把书读好。他能辅导我英语、能辅导我数学，连作文也能帮我批改。当然他也要我干家务活、修房子。尽管我当时很怕他，但现在还是认为严父是有好处的。艰苦奋斗、自力更生，不仅仅是那个时代的口号，更是峥嵘岁月中发奋图强的唯一渠道。

20 世纪 80 年代中期（初春）傅亚强的父亲在厂房前留影（厂房均为平房，路边是窜天杨和未化尽的冬雪）

我的第一粒扣子是父亲帮我扣好的。勤奋读好书，认真做学问，耐心教学生，虽未成经天纬地之才，然不忘"兼济天下"之责。我们都要用"游标卡尺"量一量自己的行为，永远做一名合格的党员。我是学心理学的，我也学着父亲，往返于各个中小学校、幼儿园，见老师、谈学生、帮家长。看见中小学生幸福的笑脸，瞥见家长激动的泪水，听见老师们热烈的掌声，我深深体会着知识的价值。

父辈的工作造出了精密的机械设备，我们的工作温暖了儿童、青少年的心灵；父辈期望通过他们的努力，让建筑工人更高效、更安全，让祖国的边疆更繁荣、更安定，我们期望通过自己的努力，让大学生学有所成，让儿童、青少年健康成长。不一样的岗位，一样的目标，传承先辈精神，不忘初心，有始有终。

# 家风伴我成长

张晓飞

美术学院副教授

家风是一个家族世世代代流传下来的处世之道，是祖先历经世事之后的经验告诫，家风可以著文成册，可以言传身教。但无论是哪种形式，必是对儿孙的谆谆教导。好的家风淳朴无华，催人向善。往小看是修身、齐家，往大看是治国、平天下。优良家风需要传承，需要推广，社会正气需要弘扬。

我的父母均毕业于杭州大学中文系，如今已是光荣在党 58 年的老党员，他们忠诚于党的事业，坚贞不移。他们的人文情怀和家风传承一直影响着我的成长，如一盏明灯照亮、指引着我的人生之路，时刻鞭策和激励着我前行。回顾我的前半生，无论工作、生活都感受到父母对我潜移默化的浸染。

## 仁爱助学

从小到大，父母给我最大的印象就是——仁爱。有善良之心，有感恩之心，有一颗关怀体恤之心，才会爱这个世界，爱周围的人，爱所有的生命。我母亲的名字中带着一个"仁"字，这个"仁"便一直镌刻在她的为人处世之中。母亲大学毕业后在高校当老师，她对每一位学生都浸透着无微不至的爱。依稀记得我小时候经常有学生来家中和母亲倾诉心中的困惑，我母亲每次总是耐心劝导和解惑，我们家的饭桌上经常有她的学生的身影。还有一件令我印象特别深刻的事儿，母亲班上一位女学生由于家庭的原因，性格比较孤僻，常常独来独往。我母亲就把她带到家中吃住，与她促膝谈心，引导她树立目标。她逐步变得自信、开朗起来。后来这位同学考上了浙江大学的研究生，毕业后考上了公务员，工作出色，成果累累，30多岁就成为单位最年轻的研究员，很受领导器重。我母亲在她曾经就读的乡镇小学设立了"仁爱"基金，用于奖励优秀的师生。目前这所学校被评为全国教育系统先进学校，受到了教育部的表彰。每当听到学生成才、获得成就的时候，母亲的脸上总是挂着慈祥、富足的笑容。仁爱、善良是我家最重要的家风。这样的家风深深地影响了我，无论在哪里工作，和谁打交道，父母都告诫我要与人为善，热心助人，心存仁爱之心。我工作至今，做了近三十年的班主任没有间断过，认真对待每一位学生，连续多年被评为校级、院级优秀班主任，优秀共产党员，市教育局系统优秀教师，这一切都是家风影响使然。

## 百善孝为先

我小时候清晰地记得，爷爷卧病在床的日子，父亲夜以继日在病床边陪伴和照顾。爷爷因病离世，父亲在追悼会现场几度哽咽，不能自已。这也是我印象中唯一看到父亲落泪的场景。母亲出身贫寒，因是家中老大，外公去世很早，母亲就帮外婆担负起了家里的责任，辛苦拉扯弟妹长大成人。外婆勤劳、善良的传统美德深深地感染着母亲。我记得小学一年级的时候我写了一篇有关外婆的作文，被老师作为范文在全班诵读，讲的就是外婆勤劳、善良、节俭、朴实的最传统的劳动人民的精神品格。可见，家风不是高尚的道德准则，不是华丽的高调唱词，而是朴实无华的言传身教。随着年龄增长，我为人父后更加深刻地感受到"孝"的深刻含义。

## 勤俭持家

勤俭是父母这一辈优良的传统，母亲出身贫农，从小读书几乎很少花费家中的钱，学习用品都是靠着优秀成绩获奖得来的。母亲不仅学习刻苦、成绩优秀，还从小帮家里操持家务、干农活。我生在城市，在同龄人中家庭条件还算可以，但是父母从来不娇惯我。小时候我穿的很多衣裤都是通过母亲的巧手把父亲的衣物改小后给我穿，裤管短了就接，衣服破了就缝补。如今，父母还一直保持着这种勤俭习惯，自己省吃俭用，但经常贴补子女、孙女，我父母至今还常穿我和爱人淘汰下来的衣物，不舍得丢弃。这一切，我们儿孙辈都看在眼里，记在心里。

## 奋斗是幸福的

父母亲这代人给我另一个深刻的印象，就是做事认真、责任心强，这一点对我影响特别大。我父亲在机关工作，做事一丝不苟，领导交办的事儿就是加班通宵也会保质保量完成。我依稀记得小时候半夜醒来，书桌的台灯还一直亮着，那是父亲为了工作正不辞辛劳地加班。那时的父亲经常下基层，后来又去省委党校脱产进修。我母亲为了支持父亲的事业，既要承担高校的党务与学生工作，又要独自挑起家里赡养老人、抚养孩子的重担。父母的这些言行从小耳濡目染，深深地影响着我。

张晓飞一家三口合影

　　父母在事业上的奋斗精神一直激励、鼓舞着我，父亲在浙江省委党校进修时做的英语单词小卡片我至今还记得。为了学好英语，不惑之年的父亲利用零碎时间，经常拿出小卡片背诵记忆。我母亲在评高级职称时选择的职称外语是日语，而她没有丝毫的日语基础，就靠勤奋地学习，她几乎考了满分，当年我母亲已是40多岁的人了。她评上副高后，还在继续努力奋斗，论文著作成果丰硕，又评上教授，65岁退休。而今她已过古稀之年，但凭借着她充沛的精力和对教育的情怀，还活跃在全省中小学教师培训的舞台上，培养出了一批又一批名师、名校长和优秀班主任。对她而言，这种获得感、满足感才是奋斗的价值体现。人生的意义在于奋斗，奋斗本身就是幸福，看着父母的奋斗精神和自我价值的实现，我们做小辈的又岂能懈怠和躺平。

　　古人云："父母亦师；身教重于言教。"家长的言行举止、生活习惯等都潜移默化着子女世界观、人生观、价值观的形成，甚至左右着孩子一生的健康成长。

　　不论时代发生多大变化，生活方式可以有不同选择，但我们重视家庭教育、弘扬优秀的家风美德不能变。我会把家规家风传承下去并发扬光大。促进家庭和睦，维护亲人相亲相爱，培育下一代健康成长。

# 新安江移民"新社员"方江茂

王淑君

纪检监察室主任

　　4岁那年，在经历数十个小时的辗转后，我跟随父母来到了一个名叫兰水的小乡村，见到了病榻上一个瘦骨嶙峋的老人。妈妈让我喊外公，我盯着这个素未谋面的陌生人，怯怯地喊了一声。外公艰难地回给我一个微笑，但没能发出任何声音。这是我第一次见到外公，也是最后一次见到外公。在我们回浙江后，外公就与世长辞了。50岁出头的外公，在和故乡阔别15年后，永远地留在了他为之奋斗的异乡江西宜黄兰水，从此再未能回家。但那个目光坚毅、从容平静的笑脸却深深地印在了我的记忆中，40多年过去了还依然清晰。

　　外公是浙江人，也是江西人，他是千千万万新安江大移民中的一员。为了响应国家号召，外公带头移民到江西最穷最苦的地方，筚路蓝缕，从无到有，和一起移民的乡亲们在杳无人烟的弹坑山开辟出了一片生存之地。他背负着时代给予的特殊身份，背井离乡，却从无抱怨，从不言苦，踏踏实实战天斗地，默默无闻流血流汗，艰苦奋斗，乐观豁达，崇师重教，在第二故乡江西拼出了浙江人身上的那股倔劲和韧劲。

# 今天总比昨天好，明天会比今天好

外公有着刻在骨子里的乐观豁达和不惧困难的勇气。外公常说今天总比昨天好，明天会比今天好。他从不抱怨眼前的困境，也从不推卸责任、回避问题。他从来都是迎难而上，见招拆招。

1965 年，虽然新安江水电站已经发电投入使用，但水库移民工作仍然没有停止。外公所在的显后村因为人口数量多，邻近水库，在后靠移民无法实现的情况下，接到上级通知，有 300 人需要移民江西。当时淳安已经有几万人移去江西，散落在各地，一些生活条件相对较好的地方也已经无法容纳新移民了。同时也有一部分移民在江西生活非常艰难，又选择了回移淳安，抱怨颇多。在这样的背景下，不愿意移民江西的情绪在村里弥漫，村民的思想工作非常难做。外公作为共产党员，当时又是乡里的干部，他毫不犹豫地决定带头移民。他做通了外婆和太公太婆的思想工作，还做通了自己三个兄弟的思想工作，一大家子三十几口人开始移民江西。

做决定艰难，移民之路更是艰难。前路未知，环境陌生，上有老，下有小，移民地在哪里，怎么走，没有完善的计划，也没有任何指引。在一个天蒙蒙亮的凌晨，在对故园的无限眷恋中，外公带领着一家老小和乡亲们踏上了江西移民之路。为了方便大队伍移动，他们挑着铺盖卷，带着实在无法再减的劳动工具和为数不多的粮食，坐船、转车、寄宿寺庙，有时一天只能走二十公里。因为通讯落后和移民工作的无序，当外公他们跋山涉水历尽艰辛到江西时才发现，迎接他们的是无法想象的困难和挑战。

首先是落脚地的问题。当外公他们到前期确定的村子时才发现，这个村子已经有移民进入，无法接纳外公他们近百号人了。外公只能挨着村子问能不能接收移民。在无数次碰壁后，他们来到了兰水。因为这个村子地方小、条件差，移民指标还没有满。但前期准备不足，完全没有办法解决移民的过渡住宿问题。外公他们只能到半山腰的废弃牛棚里落脚。牛棚四面漏风，几十口人头靠头、脚靠脚地睡在一起，早上醒来个个全身酸痛，那种滋味让妈妈他们这些孩子们终生难忘。

接踵而至的是吃的问题。挑来的粮食不能维持太久，国家粮票数量也不多，地方粮票也用不了。当地老社员们的熟田熟地是不可能让出来的，唯一的可能就是在冬天来临之前开垦山上没人要的荒地种番薯。外公凭着他永不服输的韧劲，每天在山上转悠琢磨，愣是带着大家在满是弹坑、石头的荒山上挖出了一大片地，种上了番薯。靠着贫瘠土地上的这点番薯，外公带着大家熬过了第一年的凛冬。妈妈一直记得第一年除夕的晚上，一家人好不容易吃上了白米饭，孩子们高兴得不行。但他们不知道的是，饭桶里只有上面一层是白米饭，下面都是切成米粒大小的番薯粒。

贫瘠的土地，医疗条件的落后，外公他们的移民生活异常艰苦。更糟糕的是，当时江西宜黄地区血吸虫病泛滥，家里人很快陆续染上了病。得病后人精干巴瘦，肚子却鼓得像孕妇。虽然后来慢慢治好了，但却落下了永久的病根，他们的肝脏都受到了很大的损害。外公正值壮年就因癌症去世和这个应该也有很大关系。

但正如外公所愿，在新社员们的共同努力下，兰水这个荒山阴面的移民自然村的日子一天比一天好。他们用愚公移山的精神，建设了新家园，盖起了二层的新房，养熟了贫瘠的土地，闯出了一条不一样的移民之路。

## 吃亏是福

外公是个"喜欢"吃亏的人。当时浙江移民被称为"新社员"，和当地的"老社员"有一个慢慢融合的过程。在当时物资极其匮乏、资源短缺的年代里，新老社员之间的争斗也常常发生，有的地方甚至因为争抢田水发生械斗，造成人员伤亡。但外公常常教育妈妈他们将心比心想问题，多站在老社员的角度去考虑，能让则让。他又教育他们吃亏是福，吃得一时亏，享得一世福，要努力在兰水落下脚，生下根，踏踏实实把苦日子过甜，不给国家添麻烦。

让妈妈印象特别深，她也总是和我提起的是有关一头牛的故事。到了江西后，为了尽快开山种粮。新社员们集资买了一头牛。在当时，牛是生产队的宝贝，农忙时都靠它。因为买来时是360斤，大家就给这头牛起了个名字"三百六"。每天轮流赶着它去吃草耕地，宝贝得不行。有一年农忙，老社员们来借牛。其他新社员怕牛累着，都不愿意借。外公出面做通了大家的思想工作，借出了"三百六"。结果收工摸黑下山时一不留神，"三百六"脚滑摔下了山。等外公他们赶到山脚下时，"三百六"已经摔死了。见到自己的宝贝变成这样，新社员们既心疼不已又火冒三丈。几个脾气暴躁的新社员马上就和老社员推搡起来。外公赶紧拉住人，把大家的火气劝下来，然后自掏腰包请老社员去买一头新牛。随后，他又请人宰了牛，新老社员都分到了牛肉，家家户户开了一回荤，把悲事变成了喜事。后来，老社员们也颇有愧疚，又把买新牛的钱退还给了外公，新社员们也觉得老社员们通情达理，从此化干戈为玉帛。

外公疏财仗义，愿意"吃亏"。他家大门永远敞开，自己条件虽然艰苦，但收留过往的小商小贩、无家可归的流浪者，同吃同住，从不嫌弃。在他的影响下，妈妈和舅舅们都特别爱帮助别人，常常自己一分力，帮人三分力。外公也成了新老社员中远近闻名的和事佬，大家遇上事情都喜欢找他来调停。外婆常说，让外公出门办件事，结果他从村头走到村尾，一天就过去了。他忙着帮别人办事，自己要办的事早就抛到九霄云外了。几十年后，妈妈去江西，老一辈们听到她是"方江茂"的女儿时，都拉着她的手不舍得放。谈起外公的为人处世，他们仍然啧啧称赞。

外公不怕吃亏的行动也深深地影响了新老社员。移民兰水的新社员在江西新家园中适应得不错，从未和老社员产生大矛盾，也没有一个人回移淳安。妈妈更是很快就学会了当地方言，和当地人打成了一片。移民村路不拾遗、夜不闭户，乡邻和睦，成了当时移民的示范村。

## 读书是天大的事

外公的过人之处还在于他从未让孩子们放弃读书。当时很多移民的学龄儿童到了江西后因为条件限制就放弃了读书。但外公一直在努力克服困难，创造条件让孩子们能读上书、读好书。他出身贫寒，从小给人做长工，没有读过一天书。解放后靠着拼命三郎的精神，他在夜校扫盲班里刻苦努力学习，不仅顺利地脱了盲，还考上了乡里的干部，成了吃公家饭的人。因为吃过没有文化的苦，所以他格外重视孩子们的教育。

到了江西后，孩子们暂时无法入学。当时到了读书年龄的孩子不少，外公就把孩子们聚集到一起，晚上收工以后在煤油灯下教大家写字、背书、做功课。因为离煤油灯太近的缘故，大家鼻子下面都留下两条煤油烟道，每天早上醒来后才发现，总逗得彼此哈哈大笑。

外公还定了一条不成文的家规：但凡看到孩子在看书、念书就不能叫他们起身干活。妈妈因为学习好、爱看书，逃过了很多家务。后来，外公坚持将大点的孩子送去干校读书。干校是为当时南昌城里下放的"臭老九"们劳动改造所设。他们的子女跟随他们来到干校，因此在干校里开设了学校。这样的学校生源好，学生素质高，教学水平也好。

但学校离村子很远，需要起早贪黑赶学，而且当地崇山峻岭，人口不多，每天来回也不安全。当时没有一个人愿意送孩子去那里读书。但外公不辞辛劳，连续一个星期陪着妈妈、表舅翻山越岭，带着他们记熟路。他总是先陪孩子走到学校，再走回去出工分；放学时再赶到学校，陪孩子回家，两个往返加起来就是六十多里地。但外公从未因为任何原因放弃。这条求学路让妈妈和舅舅都打下了良好的知识基础，激发了他们的求学欲望。老妈后来考上师范成为了一名教师，舅舅更是连续跳级，15 岁便成为了一名高中教师，当时班上很多学生比他还小。

新家园安顿好以后，外公又说服了乡政府，在这个偏僻的乡村开设了复式小学，一到三年级的孩子不用再每天起早贪黑赶十几里路到其他村里求学了。这在当时是一桩壮举，因为乡里可以派一位民办教师，但老师的衣食住行都得村里自行解决。外公在乡政府写了保证书，领着民办教师回了村。在那个物资匮乏的年代，外公让老师吃住在家里，解决了老师的后顾之忧，又和乡亲们一起找地方盖学校，用诚意让老师留了下来。这所复式小学一直办到了外公去世后，不仅创造了当地的历史，还让几百个孩子免去了奔波之苦。20 世纪 80 年代，这个小山村里就走出了大学生，这在当时实属不易。

外公的一生，匆匆忙忙，不停地在奔波。壮年时响应国家号召背井离乡移民江西，年老时却未能落叶归根回到故园，我想他的心中终归是有遗憾的。但他以一种最淳朴也最自然的方式为共产党员这个身份做了注解，也为后辈们留下了宝贵的精神财富。这也许就是他这一辈子努力奋斗的最大回馈，甚至也远远盖过了他的遗憾和不舍。

# 家风长歌

裘海寅

审计处处长

每次回老家，看到工具间里摆放着的各种木工工具，有斧子、锯子、各种刨子，都让我热泪盈眶，仿佛又看到了爸爸抡着斧子，低头弯腰专注做工的样子。

## 爸爸的坚韧和责任

我的爸爸生于解放前，爷爷奶奶共有八个孩子，爸爸是老大，家里一直吃不饱饭，穷得叮当响。爸爸从13岁起就随爷爷以砍柴为生，共同养育弟弟妹妹们。爸爸和爷爷每天半夜起床上山砍柴，凌晨挑到街市上卖，换取一家人一天的粮食，风雨无阻。后来参加生产队集体劳动，爸爸在生产队收工以后立即到自留地干活。因为家里人口多，生产队的口粮不够吃，只好在自留地里多种一些蔬菜来补充。由于不公平的地主出身待遇，爸爸和叔叔们失去了读书、招工、当兵等农村青年改变命运的一切机会。但爸爸始终未曾放弃，在而立之年，村里终于同意爸爸跟一位从东阳来的老木匠师傅学木工手艺。爸爸专心好学，很快成为我们当地有名的木匠师傅，给别人打家具、造房子。后来，爸爸还到杭州、金华等地的建筑队工作。在艰苦的日子里，爸爸始终

裘海寅父母的金婚合影

没有忘记关心和照顾弟弟妹妹们，四位叔叔和两位姑妈的婚事，爸爸都是尽力张罗，能帮尽量帮。同时，他也努力为弟弟们寻找出路，有两个叔叔也跟着爸爸学了木工手艺，这手艺成为他们后来生活的技能。

爸爸妈妈结婚有了第一个孩子以后就和爷爷奶奶分开单过了，一家三口住在溪边由猪棚简单修缮后石头垒制的一个小房子里。冬天北风侵入，寒冷刺骨，夏天闷热不堪，苍蝇蚊子成群结队，每当下大雨，妈妈都担心房子会被大水冲垮。但爸爸妈妈从来没有放弃，在上海舅舅和杭州阿姨等亲戚们的帮助下，他们一点点地置办生活用具，借钱修房子。家里的房子一步步从 1965 年的小石头房子到 1970 年的小平房再到 1980 年的两层小楼。改革开放恢复高考后，大哥考上了县里的重点高中，两年后又顺利通过了高考，爸爸妈妈看到了希望的曙光。他们一直坚持读书改变命运的理念，让我们到外面去见世面，去到爸爸妈妈年轻时想去而没能去成的地方。为了我们更光明的未来，爸爸的木工斧子越抡越有劲。很快，小哥也考上了中专，我也上了县重点高中，后来上了大学。由于爸爸木工手艺精湛，为人实在，又得益于改革开放的红利，木工业务很繁忙，常年无休。爸爸用一把斧子，和妈妈一起，一点一点改变了家里的生活，供我们兄妹读书。20世纪80年代后期，社会上曾传言过"读书无用论"，但爸妈始终坚持知识改变命运，不仅自家三个孩子都通过高考在城里立足，还关心子侄辈的学习，鼓励他们都努力学习。每当我的堂弟堂妹们考上大学、中专，爸爸妈妈也像自家孩子考上学一样高兴，有时还会主动承担起送他们上学报到的任务。

爸爸生前经常回忆以前岁月的艰难，回忆小姑妈小时候生病没钱医治躺在门板上差点死掉的无奈，回忆爷爷在腊月里被带走的恐慌，回忆在年三十到亲戚家借米遭到拒绝的无助……爸爸经常和我们说，天无绝人之路，只要一家人团结，只要勤劳，只要手上有技术，总有一天能改变命运的。

## 妈妈的勤劳、乐观和友善

我的妈妈是通过换亲嫁给我爸爸的，虽然生活很艰难，但妈妈始终秉承"只要夫妻一条心，生活总会好起来的"朴素的想法。妈妈身上有中国传统女性勤劳、贤惠、乐观、温柔、善良的美德。

由于爸爸平时都在外做木工，家里家外的活都是妈妈一个人承担着。妈妈每天都很早起床，待我们都上学以后就到地里干活。一开始为了增加粮食产量，地里经常种水稻、小麦，后来以种蔬菜为主。由于山脚边的地盛不住水，妈妈每天都去池塘挑水浇地。妈妈个子小，挑着的那两个桶几乎和妈妈一样高。那个时候我和小哥还小，大哥上学回来也和妈妈一起挑水，特别是种水稻的时候，整桶整桶的水往地

裘海寅父母的合照

里倒。听大哥说，有一年他和妈妈一起挑水到几近虚脱。为了改善住房条件，妈妈还和男人一样到山上去挑黄泥（用于垒墙），终于在我小哥3岁的时候，我们家有了两间像样的土坯房。为了增加些收入，妈妈一年要养四季蚕宝宝，每天夜里要起来喂食两次，往往一年都无法睡个整觉。

生活的艰辛始终掩不住妈妈乐观的心。在我们小时候，物资匮乏，但她总是变着法子让孩子们开心。妈妈做得一手好菜，经常能把简单的食物做得有滋有味。记忆中，妈妈的手工面、巧果（一种用面粉做成小鸟样然后油炸的点心）、甜酒酿、清明饺、圆子（用米粉做的点心）、粽子、糯米藕、番薯片等都是我们小时候的美食。每年春节，妈妈还会做只有酒席上才能吃到的糖醋排骨、椒盐花生米、西施豆腐。直到现在我们回老家，80岁的妈妈还每次都亲自张罗出一桌子饭菜。妈妈喜欢孩子，对姑姑、叔叔家的孩子也很好，我的表哥表弟们小时候一到暑期就到我家住，妈妈要照顾孩子们的一日三餐，要给孩子们洗洗涮涮，还会和孩子们一起玩游戏。当了奶奶和外婆以后，她仍旧不忘教孙辈们打乒乓球、打羽毛球。我儿子经常说，外婆是他打乒乓球和羽毛球的启蒙老师。

妈妈为人友善，从不与人起争执，在别人需要帮助的时候尽可能地伸出援手。我小时候家里一直有个小药箱，里面常年准备着碘酒、蓝药水、消炎粉、纱布、橡皮膏等常用医疗器具。因为在农村干活免不了有割伤、划破皮肉的时候，而那时村里没有医疗点，不管是自己家人还是周围邻居，受伤都会到我家来，由我妈妈为他们免费消毒包扎。小时候，村里婚嫁喜事需要的"喜"字很多都是妈妈剪的，"喜"字有圆的、长的、方的、大的、小的，有双"喜"、四"喜"，我稍大一点也经常帮着妈妈一起剪。过年过节，妈妈还经常帮着左邻右舍包粽子、做圆子。

妈妈一辈子围着丈夫和孩子，是爸爸的坚强后盾。爸爸40岁以后因为生活压力过大，经常生病，光是因胃病就不知道吃了多少鸡胗皮，都是妈妈亲自炭烤的。小时候家里偶尔有营养品，妈妈都是留给爸爸吃，自己从来都不吃。在爸爸前些年患肺癌住院时期，妈妈也已经快80岁了，但她仍坚持全程在医院照顾爸爸，同病房的老人羡慕得不得了。

## 开明、通透的家庭风气

爸爸妈妈不是党员，但他们却很支持孩子们进步，盼望着我们国家一天比一天好。在我和哥哥们参加工作之初，爸爸妈妈总要叮嘱我们珍惜机会、认真工作、积极进步，要比别人多干一些，不要和人计较。爸爸晚年歇下来以后非常关心国家大事，《新闻联播》《海峡两岸》都是每天必看的节目。他从心里期待祖国早日统一，更感恩国家的好政策。爸爸妈妈还是坚定的唯物主义者，社会主义新风尚的坚定支持者。他们反对封建陋习，在我们家，除了在清明、中秋和年三十等节日里用简单的祭祀仪式表达对祖先的怀念以外，不搞其他任何迷信活动。特别是爸爸，他曾亲自跑到民政部门去咨询有关绿色、文明的殡葬政策。去世前几天，他反复叮嘱我们身后事一切从简，不收礼，不放鞭炮，不搞农村封建迷信的那一套。他去世以后，我们遵照他生前的要求，将他的骨灰撒入钱塘江，回归大自然。这样开明的举动，是我们当地移风易俗第一人。在爸爸妈妈的教导下，我们兄妹三人都入了党，三个家庭都很和睦，大家都努力向上，积极面对生活。

　　我家世代务农，即使现在也只是亿万普通家庭中的一个。爸爸妈妈都是不善言辞的人，没有大道理和我们讲，但他们用相濡以沫58年的实际行动向我们传递了一个朴素的道理：不管社会发生怎样的变革，不管我们处于何种逆境之中，永远不能丢掉希望和信心，每时每刻都要努力做好自己。我想，我应该把爸爸妈妈坚韧、勤劳、善良的精神归纳总结出来，使其成为我们和后代们传承的家风，成为我们前行的坚定力量，这应该是对爸爸妈妈最好的感恩和报答。

# 爷爷的传奇故事

徐学会

纪检监察室教师

爷爷去世已经 24 年了。在我的印象里，他待人很热情，讲义气，颇有些江湖"侠客"的模样。他对自家人很严肃，尤其对调皮的孙辈更是严厉。我们兄弟姐妹三个，从没有人敢惹他生气。大伯和二伯家里的十多个孩子，个个都"惧怕"爷爷，当然现在想来，应该说是一种"敬畏"。爷爷似乎和家里人不是很"亲近"，因为他和奶奶住在远离村庄的河堤林子里做着"护林员"。爷爷从来不回村子，自己也不想出门，定期让父亲到县城去帮他领取退休工资。农忙时，在田里常常听到河堤林子里传来阵阵"吆喝声"，像极了乡村小调，很有韵味。那是爷爷"吓唬"偷砍集体树林人的一种"手段"。

2000 年，我读大学三年级，爷爷躺在床上无疾而终。在外求学的我，也没有再去关注离我们而去的爷爷。直到 2023 年的元旦假期，与县城的朋友聚会时，一位搞地方文史研究的朋友问起我的姓氏，我告诉他我姓徐及我家所在村庄的名字。他问我是否认识同村子的一个老前辈，也姓徐，名庭法。我告诉他，那是我爷爷。他大吃一惊，激动地握着我的手。我也颇为惊讶，不知道爷爷还有着曾经辉煌的历史。这位从事地方文史研究的朋友给我讲了两个我从未听闻过的爷爷的传奇故事。

# 工会老大哥

爷爷大名徐庭法，人称"徐老大"。他16岁就在京杭运河山东台儿庄段水码头干苦力扛大包。他饭量大得惊人，力气大得也惊人，平日里肩上扛着两三百斤重物轻轻松松。从船头到码头，有着长长的一段舢板，他可以扛着装有二三百斤重物的麻袋如履平地。有一次，几个工友为了测试他的力气，看看他到底可以扛多重，竟然偷偷将几个重铁球装进麻袋，事先并未告诉他，就让他扛。他扛起麻袋，走在舢板上，舢板都变得弯曲了，竟然一直扛到码头才放下。最后工友们上称一称，重达600斤，令所有人都目瞪口呆。自此，人皆称其"徐老大"。

1938年3月，日军一路南下进攻枣庄地区，台儿庄运河码头开始动乱不堪，国民党、地方势力、日本暗探等开始争夺势力范围，时不时到码头来闹事，欺压工人。当时的工人，冬天一堆火，夏天席一条，白天挨打出苦力，夜晚父老妻小围着哭。许多工人都衣不蔽体，几乎半裸着身体在码头干活。"穷工人，真可怜，铺着烂麦草，盖着麻袋片，冻得浑身打寒战"就是码头工人的真实写照。一开始，爷爷还沉默隐忍。后来，一天有几拨人来码头敲诈勒索工人。工人们忍无可忍，就希望"徐老大"能够出面教训一下来闹事的人。终于有一天，一群地方地痞流氓又来要钱作为保护费。他们仗着人多势众，会点拳脚功夫，就暴打不肯给钱的工人。爷爷立即上前，一只手抓住对方的胳膊，用力一甩，一下子将其甩出几米远，直接丢进了京杭大运河里。真应了那句老话"拳不打力"。这着实将这帮地痞流氓镇住了。从此"徐老大"的名声大振。国民党派人找到他，许诺给钱给枪，让他挑头管理码头。他不干，只愿当工人。共产党地下组织"地下劳工会"（1926年，中共山东省委派纪子瑞来枣庄发动工人运动，建立了党的组织，成立了枣庄矿区第一个工会组织）找到他，希望他能够保护工人们的利益，不帮日本人做事。他答应了。他成了台儿庄地区最早的工会组织带头人。在台儿庄战役爆发时，他带头配合工人支队组成支援队，采取怠工、破坏机器和生产工具等形式打击日军后勤补给，有效地阻止了日军的增援和给养补充，为台儿庄战役的胜利做出了贡献。

## 仗义抚养工友娃

1939 年冬天，鲁南第三特委派史天放到枣庄矿区发动工人抗日救亡运动，1940 年秋，鲁南工会派张福林、于康等到台儿庄运河码头领导工人开展反掠夺斗争。因为枣庄中兴煤矿的煤炭被日军垄断，大量煤炭被开采挖掘，通过台儿庄运河码头运往日军各战区。此间，中共地下组织派人以码头工人的身份深入码头一线，与工人同甘共苦劳动，为工人兄弟出主意想办法，关心体贴工人的疾苦，抓住一切机会向工人进行宣传教育，把觉悟高的一批工人团结在身边，其中就有我爷爷徐庭法。当时一位陆姓监工对工人非常苛刻，经常无端延长工作时间，拖延工资发放时间。这让一位工友（共产党员）非常气愤，并与之发生冲突。陆姓监工向日本人举报工友带头"闹事"。工友被日本人抓住并迫害致死。这位工友的妻子带着四个孩子找到"徐老大"，希望他能够帮忙收尸安葬她的丈夫。爷爷毫不犹豫，立即出面与日本人和汉奸们谈判，凭着他"徐老大"的号召力，最终得以妥善处理。爷爷看着牺牲工友最大才 10 岁、最小刚满月的四个孩子，自是心痛不已。他和码头的工友们一起捐款，从自己微薄的工资里挤出来一点钱，并承诺由码头工会抚养孩子们长大成人。解放后，爷爷徐庭法以码头工会领头人的身份调至济南铁路局枣庄段工会工作。他一直信守着自己的承诺，通过工会组织和自己的力量，一直帮扶着那位牺牲了的工友的妻子一家，直到将四个孩子培养成才。其中一个孩子后来成为了台儿庄区公安局的领导，还曾专门到乡下探望过爷爷，接爷爷到县城洗了个澡。这亦成为枣庄铁路工会的一段佳话。

听到这样的故事，我总觉得是那么不真实。我对爷爷简直一无所知。回到家后，我立即询问母亲关于爷爷的事情。母亲告诉我，爷爷出生于1911年，16岁时和14岁的奶奶结婚。结婚第三天，他就到台儿庄运河码头"扛大包"挣钱。爷爷兄弟六个，他是老大，名庭法。二弟庭仁，三弟庭义，四弟庭礼，五弟庭信。爷爷的父亲过世早，一大家子都要靠着他生活。后来，因为爷爷为人仗义，又是工会的头，就调到枣庄铁路工会工作，并有了小小的职务。1958年，为响应中央《关于下放干部进行劳动锻炼的指示》，他带头到农村地区参与劳动生产活动，就又回到了村里。因村人借钱未应允遭人嫉恨，他刚回到家一个月，房屋就被人一把火烧了。一气之下，爷爷和奶奶就搬到河堤的林子里，做护林员，算是安置了。从此远离了村子里的是是非非。说是护林员，其实村里一分钱不给，还是靠原单位发的工资生活。后来恢复工作，爷爷也到了退休年龄，就再也没有回去，就在家里养老了。

## 义务守护集体林

村里五六公里长的河堤树林子是属于村集体的财产，人民公社大集体时候，这些树林的树木是集体能够获得的唯一"补助"。因为是集体资产，很多人都想着去偷偷砍伐用于盖房造屋或者卖钱获益。爷爷徐庭法尽管是所谓的"护林员"，但并不领取任何工资报酬，按说他不必去干些什么。但他却认真得很，一顶遮阳帽，一身洗白了的工作服，一根木拐杖，皮肤晒得黝黑，每天在河堤的林子里来回吆喝，以此来保护这片林子。母亲说，爷爷因为这片树林子得罪了村里很多人。据说，村里聂姓一户人家，因为在外地武校学过武术，很是看不惯爷爷那种"认真劲儿"。一次，趁着夜深人静时，聂姓小伙子偷偷带着斧头到河堤远离村子的林子区域去砍伐树木，想给自己造房子用。却不承想被夜巡林子的爷爷逮个正着。聂姓小伙很是强硬，拿着斧头，自称在武校学过武术，想以此来吓退爷爷。爷爷笑笑，虽说远离村子居住，其实谁家的人爷爷还是知晓的。因为远离村子，回去取水太远。农忙时候，爷爷常常会让奶奶烧一桶热水放着，预备着村里人来讨水喝。爷爷看着强硬而显稚嫩的聂姓小伙，告诉他树林是大家伙的共同财产，不能轻易损坏砍伐。若是有需要要经村里同意，村主任签字，方可砍伐。聂姓小伙，大概和我一样，对爷爷年轻时候的"事迹"一无所知，无知者无畏。眼睛瞪着爷爷，上步准备进攻。他以为爷爷上了岁数，定会躲开逃走。却不承想爷爷稍一闪身，一把抓住其手臂，用力往怀里一拽，就将他摔了个跟头。那种力量的突然爆发把这位年轻小伙吓着了。他连斧头都没有来得及捡，就逃之夭夭了。第二天，爷爷专门带着斧头到聂姓小伙的父母那里做了解释，归还了斧头，并未声张。

那时候的河堤林子，是夏日里孩子们的乐园。爬树、掏鸟窝、捉知了、挖野菜、捡树枝……爷爷看到了总是笑笑"警告"说小心别摔着。平日里农忙后，村里很多乡亲喜欢到爷爷那个森林小木屋里去坐坐，聊聊天。在乡亲们眼里，爷爷是到过大城市的人。即使是农忙时候，也有人会去，主要是讨碗水喝。如今河堤林子还在，只不过已成为个人承包的林地了，分属于不同人家。如今，爷爷奶奶的墓地已长满了荒草。林里的小木屋早已倒塌不见踪迹了。

这就是我爷爷的传奇故事。还好，还有人记得他，没有让这段传奇淹没于时间的海洋。让我这孙辈为爷爷感到自豪。爷爷为工友和村民默默付出，讲义气，护集体，是我永远要铭记于心并传承好、发扬好的。

下 篇

# 父亲是一本书

金贵朝

阿里巴巴商学院副教授

父亲离开我们好几年了，但他的形象却如同一本厚重的无字之书，深深地镌刻在我的心中。每一次阅读，我都能从中感受到父亲那勤劳善良、刻苦钻研、坚韧乐观、自强不息的品质。每当夜深人静，我总会想起父亲的话语，那些简单却充满力量的话语激励着我不断前行，去追求自己的梦想，去成为一个像他一样优秀的人。

金贵朝父亲在天安门前

## 帮人干活，就要对得起这份工钱

"帮人干活，就要对得起这份工钱。"这是父亲常常挂在嘴边的一句话。作为一名木匠，他勤劳又善良，深知每一分钱都来之不易，因此，他总是以最大的热情和责任心投入工作中。每天，父亲总是迎着晨曦而出，披星戴月而归，辛勤地劳作在木工的世界里。父亲手艺精湛，不仅做出的家具严丝合缝、结实耐用、美观大方，而且总能比预期的时间提前完成，为主家节省不少开支。更难能可贵的是，父亲总是善于利用边角料，变废为宝，为主家制作小板凳、木制手枪等小物件，赢得了主家们的一致好评。

每当家具完工验收时，主家们总是对父亲的手艺赞不绝口，纷纷竖起大拇指。因此，父亲在家乡的名声越来越响亮，本村及邻村的木工活大多被他包揽，甚至有些主家为了预订父亲的工期，提前一两个月就来排队。父亲这种勤劳善良的品质不仅赢得了家乡人的尊敬和赞誉，也深深地影响了我。在工作中，我始终保持着勤勤恳恳、一丝不苟的态度，追求完美，尽自己最大的努力教好书、育好人。我也时刻铭记着父亲的教诲，尽己所能，为社会贡献自己的一份力量。

## 活到老，学到老

父亲不仅勤劳善良，更拥有一颗热爱钻研的心，他常常说："活到老，学到老。"二十几岁时，父亲拜入师父门下，在镇上的农木场学习木工技艺，那些日子，他打下了扎实的基本功。两年后，他鼓起勇气，独立承接起了木工活，这对父亲而言，既是全新的挑战，也是顺应时代变迁的必由之路。从20世纪六七十年代的木结构房子"大木匠"的需求，到20世纪八九十年代各式家具"小木匠"的兴起，工种的变化要求他不断精进技艺。大木匠的工作在于将圆木砍平，这需要极高的斧技与运斧的精准度；而小木匠则更注重榫卯的精确与拼缝的紧密，考验的是刨、凿、锯、削等多样工艺的精湛程度。然而，这些对父亲而言都不在话下，他热爱钻研，时常下班后拿着尺子测量家中家具的尺寸比例，甚至不惜用家中的木材做试验，探索各种新式家具的设计。

为了增添家具的古典韵味与美感，父亲还自学了木雕技艺，他为主家在床上、八仙桌上、洗脸架上雕刻出栩栩如生的图案，每一幅都充满了艺术气息。此外，他还参与了杭州西溪湿地、运河古建筑的修建工作，将自己的木工技艺发挥得淋漓尽致。

除了木工，父亲还曾担任了村里好几届的会计，且每次都是全票当选。对于没有多少文化基础的他来说，这无疑是个巨大的挑战。但父亲并未退缩，他虚心向村里小学的胡老师请教，从写每个村民的名字开始学起，再到常用的工具名称。那个年代，村民经常借用农具，父亲需要一一登记，就连镰刀、簸箕、铁锹这些不常用的字，也被他一一攻克。他勤奋、刻苦，不仅赢得了村民的尊敬，更成为了我们心中的榜样。

## 无论碰到什么困难，扛扛就过去了

父亲出生于 1942 年，命运似乎从一开始就对他并不友善。出生后不到一个月，他便失去了亲娘。随后，他被送到天台县的一户人家寄养，度过了孤寂而又艰难的六年时光。回归家庭后，爷爷娶的新奶奶对他极不友善，经常施以虐待。年仅 16 岁，父亲便被迫踏上了独立谋生的道路，生活的重担早早地压在了他的肩上。

除了童年的艰辛，父亲一生还遭遇了诸多挫折。我读小学时，一场突如其来的洪水无情地冲毁了我们家的稻田，那些即将成熟的稻子瞬间化为乌有，一年的辛勤劳动付诸东流。我读大二那年的大年三十，我家房子被烧毁。面对这些沉重的打击，父亲从未气馁，他总是坚定地说："无论碰到什么困难，扛扛就过去了。"随后，他便带着我们全家齐心协力，重建家园，用双手和智慧创造新的生活。

父亲是一个天生的乐观派，他的乐观精神仿佛是与生俱来的。他用这种乐观的态度鼓励我们姐弟四人，教会我们无论何时何地都要以积极的心态面对生活。在工作之余，父亲还学会了拉二胡、吹笛子，成为了村里乐队的骨干力量。每当夜幕降临，父亲那悠扬的笛声便会在村子里回荡，仿佛能驱散一切烦恼和忧愁，让我们的心情变得无比舒畅。

金贵朝的全家福

等我开始工作，生活条件逐渐改善，本以为父亲可以享受悠闲的晚年生活时，他却不幸患上了冠心病。为了治疗，他先后装了七个支架，生活质量大打折扣。晚上，他几乎无法躺下休息，常常整夜坐在沙发上等待天明。然而，在74年的人生旅途中，无论遭遇多少磨难和辛酸，父亲都始终保持着坚忍乐观、自强不息的精神品质。

如今，父亲已经离开了我们，但他的精神却永远活在我的心中。他的一言一行、点点滴滴都深深地镌刻在我的记忆里，成为我人生道路上最宝贵的财富。父亲的那些叮咛、那些嘱托，依然在我耳畔回响，激励着我不断前行。我要把父亲可贵的精神和良好的家风传承下去，让这份爱与力量永远照亮我前行的道路。

# 父母的身教

曾后清

生命与环境科学学院教授

曾后清父亲带孙子在农村老家修理家具

我出生在江西省泰和县苑前镇巷口村，这是一个有着800多年历史的偏远村庄。

我们村虽然偏远，但崇文重教。南宋著名的政治家、文学家和民族英雄文天祥的家乡就在我们村子隔壁，他的母亲曾德慈出生在我们村。因村子里很早就开设学堂，文天祥幼年时在我们村读书求学。为纪念这位伟大的民族英雄，激励村民奋发学习，村里特地在他求学的地方建造了曲江亭，亭碑上刻有千古名句"人生自古谁无死，留取丹心照汗青"。

我们村虽然偏远，但勇于革新。据县志记载，为营造良好的群众基础，更好地开展武装斗争，泰和县苏维埃临时政府曾设在我们村，中国工农红军的部队也驻扎在我们村。他们勇于抗战，敢于牺牲的精神感动了村民，村里诸多前辈积极响应共产党的号召，加入了中国工农红军，为新中国浴血奋战。在战争的洗礼下，不仅诞生了多位红军战士，而且培育了诸位抗美援朝的解放军前辈。其中，有既参加了万里长征，又担任毛泽东主席警卫员的曾先基同志。我的曾祖父也应召加入了中国工农红军，不幸在长征期间牺牲，奶奶从小跟我讲着红军和曾祖父的故事，我在红色故事中成长。我们村可以说是中国近代红色革命的一片热土。

我们村以曾姓为主，村里人都是同宗同族。村子坐落在泰和县最高峰紫瑶山脚下。紫瑶山起伏绵延，溪水环绕蜿蜒，孕育山水田相融共生。村民大多以种植水稻为生，具有农村人勤劳俭朴和热情好客的特点。

我的父母是地地道道的农民，文化水平都不高。父亲忠厚老实、任劳任怨，母亲心灵手巧、质朴勤快。在我的成长过程中，他们虽然没有长篇大论地口头传授我学习和生活中的大道理，但是他们身上的品格却影响着我、打磨着我、激励着我。可以说，父母对我的教育更多的是来自他们自己的实际行为，也就是身教。

从我 4 岁时起，父母就要求我跟随他们一起到田里干农活，比如割稻子、晒稻谷、捆秸秆和插秧等，不容商量。夏季本该是最轻松、最愉快的玩耍时刻，但对于农村孩子来说，夏季中的农忙时节是一年中最难熬的日子。起早贪黑在高温酷暑中开展"双抢"，就是一边赶时节抢收已经成熟的水稻，一边抢时间种植下一季的水稻，天天"面朝黄土背朝天"，"黄汗变黑汗"。这对于一个年少的孩子来说，是十分辛苦和乏味的。

为了能在凉快的早上多做点农事，凌晨三点多钟，天还没有亮，母亲就会起来做早饭，然后强忍着不舍把我从睡梦中叫醒，催促我起床。我揉揉惺忪的眼睛，极不情愿地起来随父母一起下地干活。我的童年，就是在这样一个又一个枯燥又煎熬的农忙中"抢"过来的。如今想来，干农活虽然异常辛苦，但它不仅磨炼了我吃苦耐劳的品格，锻炼了我的身体素质，也教会了我珍惜来之不易的生活，更让我懂得爱父母、爱那块生我养我的土地。

做父母的总是望子成龙、望女成凤。我家是典型的农村家庭，祖祖辈辈面朝黄土背朝天，条件艰苦，生活拮据，但这不影响父母一边在农田里播种吃饭的种子，一边在我心田里播种读书求学的希望种子。他们一辈子生活在村子里，但是希望我不断努力学习，将来考上大学，离开田地和农村，不再务农，过上轻松舒适的生活。我想这是每一个农民父母最朴实的心愿。

那个年代，社会落后、交通不畅，人才匮乏，考上大学，成为一名大学生对于一个农村人来说是一件无上荣耀的大喜事。然而上大学前有两难。第一难是入学难，录取率低，大学门难进。我所在的农村地区，每千人的村子每年也鲜有一个农村学子走进象牙塔。即便是考进了大学，学费、生活费、交通费等费用叠加起来，对于农民家庭而言，也是一个天文数字，这是第二难。

母亲怕我畏难，常常会一边在田里干活一边鼓励我，给我灌心灵鸡汤。她最常说的两句话就是："万般皆下品，唯有读书高。""吃得苦中苦，方为人上人。"母亲没上过学，不识几个字，这两句话可能是她理解得最好、认为最有文化内涵的句子。随着年岁的增长，阅历的丰富，我逐渐懂得了父母的辛劳，也懂得了他们的付出。从中学起，每当在田间劳作，我总是想多做一点农事，分担父母肩头的那份沉重。

农忙虽然异常辛苦，却让我懂得了没有付出就没有收获，也懂得了取得优异成绩是对父母最好的报答。后来我如愿考上大学，那薄薄

曾后清和母亲（身后的一大片农田是小时候劳作的地方）

的一张录取通知书，带给全家无穷喜悦的同时无声无息加重了父母的负担。它沉沉地压在我的心头。

父母为了让我安心求学，向村民租来更多的田地，种了更多的水稻，付出了更多的汗水，他们原本弯曲的脊梁被压得更弯了。在九年的大学求学路上，每年暑假我都要回到村子里，与父母一同农忙，一起"双抢"。这已经成为我和这个时节、和父母之间、和这片熟悉土地的一份默契。父母心系儿女，儿女也心系父母。

如今社会发展，实现了水稻机械化收割，我也不需要回老家农忙了，但是这种艰苦劳作的场景始终深深地印在我的脑海里、刻进了我的骨子里，成为我生命中不可割舍的一部分。农村的劳作把我与父母有机地联系在了一起，既增强了我与父母的感情，也培养了我吃苦耐劳的精神和勤奋踏实的品质，感恩父母给予我的一切。

我的父亲不善言辞，却勤俭节约。我印象最深的是他总是喜欢做"老好人"，将好的东西留给别人，差的东西留给自己。在家里，他总是将最好吃的东西留给我们，自己却经常吃剩饭剩菜。村里人有事请他帮忙，他总是尽己所能，从不推辞，乐此不疲，尽管这些事可能会给自己带来不便和辛苦，他也在所不辞。在父亲的口中，很少听到责怪与埋怨，有什么事情他总是自己扛。虽然父亲沉默寡言，与我交流不多，但我从父亲身上学会了责任、宽仁和勤俭。

我的母亲非常吃苦耐劳，天不亮就起来干活，家里家外什么活都要干，却从来不喊苦叫累。我的母亲非常疼爱我们，小时候，为了能让我和妹妹们吃上好吃的，给我们解馋，母亲总是想方设法、就地取材做美味可口的食物，比如米团子、咸味花生、红薯干、霉豆腐等。刚开始许多食物她不懂制作方法，无从下手，但她会想办法学，并且学得很快。这点让我十分敬佩。为了增加家庭收入，她学会了养猪、养鸡、养鸭和养鹅。在她的辛勤操持下，家里的生活也得到了改善。我的母亲非常善良。她总是闲不住，每年夏天她会在地里种上西瓜，一来可以让自家人消夏解暑，二来让我们送给村里的老人，让他们也尝尝鲜，让我们学会分享。母亲勤劳、善良和好学的品质一直影响着我，每当我想懈怠的时候，想起远在老家的母亲，又会重新拾起力量继续奋勇向前。

总之，我的父母虽然没有多少文化，不能传授给我很多生活中的大道理，不能给予我人生道路的指引，不能给予我丰富的物质条件，但是他们友善热情的待人态度和脚踏实地、勤勤恳恳的劳作品格无声无息地影响了我。前几年老家修建新房，我琢磨了一副对联，"怀德仁重忠恕绵世泽，敦诗礼勤读耕振家声"，以此诠释父母对我的言传身教，也让我的孩子们感知这份家风。

如今，我早已步入了工作岗位，因为父母身体力行的教导，我正以积极乐观的心态，勤勤恳恳、认认真真地做好自己的本职工作，培养好学生，做好科研工作。我有了自己的家庭，成了两个孩子的父亲，我也将身体力行，为孩子树立良好的榜样。

# 勤俭持家　吃亏是福

许占鲁

马克思主义学院副教授

我小时候出生在一个普通的工人家庭，父亲在铁路系统上班，母亲在国营帽厂工作。母亲出生于 20 世纪 50 年代，有七个兄弟姐妹。当时物质条件匮乏，家里经常吃不上穿不上，姥姥和姥爷辛苦劳作才能基本喂养几个孩子。勤俭节约的生活习惯成为一种必然。小的时候，母亲经常跟我们说，她小时候的衣服都是姐姐和亲戚家孩子用过的，但是只要能有旧衣服穿就很开心了，而且旧衣服穿着更舒服。家里的衣服都是大孩子传给小孩子，直到破得不能再穿才会丢掉。母亲小时候只要不上学就会主动帮家长承担家务、种植庄稼。中学还没毕业，她就加入了生产队大军，成了劳动能手。

她在去帽厂前从事过多种工作，在思想上要求上进，生活中乐于助人，虽然文化程度不算太高，但依然是同龄人中的优秀分子，20 岁出头就加入了中国共产党。母亲平时爱学习，关心国家大事，有自己的主见。到帽厂后不到半年，因为工作能力突出，她被提拔为中层干部。虽然年轻有为，但她清楚自己身上的担子。作为一名党员，她在工作中力所能及地帮助同事；作为多子女家庭中的二女儿，她把工资悉数上交父母，以减轻家庭负担。

父亲 9 岁时，他的母亲就生病去世了，他被寄养在叔父家。他叔

许占鲁母亲在工厂工作

许占鲁父亲的工作日常

父家非常清贫，但是他们省吃俭用，竭尽全力抚养他。虽然学习成绩优异，但高中毕业后，父亲选择成为一名铁路工人，从最辛苦的扛枕木开始做起，小小年纪，肩膀就被压出了老茧。他从小就懂得生活的不易。父母结婚时，家里条件都不好。母亲没有要父亲拿彩礼，两人结婚时都没有独自的居所。秉承着各自家庭中勤奋上进的家风，他们一起努力，勤俭节约，不到两年，便盖起了新房，有了自己的新家。

小时候，在我的印象里爸爸妈妈每天都很忙，早出晚归。家里物质上虽不算十分贫瘠，但他们从来不浪费，吃剩下的就放着下顿吃，穿过的小衣服也保存起来，两件可以改成一件大点的衣服。在他们的世界里，节约不仅是因为物质条件不好，更是一种习惯，是一件应该做的事情，从未感到羞耻，并以此为荣。

这样的勤俭习惯也深深地影响了我们。小时候的我，衣服也拣着旧的穿，碗里的饭都会吃个精光。妈妈后来又生了弟弟妹妹，她从工厂回家，接过了家里种地的职责。节假日，我们都会去地里帮忙除草、收庄稼。到现在，我还记得割麦子时要一把抓住麦秆的中间，镰刀斜着从上向下割，割几把就用秸秆把麦子捆成一捆。割完一块地，就用牛车或者拖拉机将麦子运回麦场，用牛拉着的石碾子把麦穗压出来。再把麦秸挑走，剩下的麦粒要用铁锨一次次在风中高高扬起，让麦皮和尘土被吹走，再将麦子一口袋一口袋地拉回家储藏起来。经历了这个辛苦劳作过程的我们，非常清楚地知道每一粒粮食从播种到收获的艰辛，因此，我们都非常珍惜食物，从不浪费。我们渐渐长大，叔爷爷和叔奶奶年纪大不能劳作了，爸爸就辞掉铁路上的工作回家。当时正赶上改革开放，村子里开始种大棚、栽果树。我家五口人，十多亩田，两个大棚，还有上百棵果树。秋天是最忙的时候，需要请亲戚来帮忙才能完成秋收。我也渐渐承担起了给弟弟妹妹做饭的职责，以减轻父母的负担。记得每到快过年的时候，大棚里的蔬菜正是销售的好时期。为了卖个好价钱，爸爸要凌晨 2 点从家出发，骑着破旧的自行车，后座两边驮着 200 多公斤的蔬菜，骑车 30 公里到批发市场赶早市。这样的日子持续了三四年。看着他们这么辛苦，我们三个孩子从来不主动要求买新衣服、吃大餐。父母收入多了，但也从来不大手大脚。记得靠着大棚和果树种植收入有了一些积蓄后，父母没有用它来改善生活，而是买了家里第一辆三轮卡车。有了它，爸爸不用费劲地骑自行车去卖菜了，也可以去更远的集市了。

长大的岁月里，父母勤劳节俭的生活作风对我们有潜移默化的作用，我们是乡邻们眼中的好孩子。六年级开始，我要出村上学，无论严寒还是酷暑，我从来没有让父母接送过，自己克服各种困难去上学。因为我深知，父母不容易，我也要学会照顾自己。中考前，我跟父母说，"想考高中以后上大学"。邻居和亲戚都曾劝我父母："你们这么辛苦，让孩子赶紧上完学回来帮衬，不要读那么多书，要不然不知道要花多少钱。"但父母没有这么做，他们支持我考高中、读大学。我永远记得中考前的那个晚上，妈妈虽然满身疲惫，但非常坚定地对我说："只要你能考上学，爸妈砸锅卖铁也会供你。"我也非常争气，当年是乡中学里唯一一个考上高中——衡水中学的学生。

上大学时，我的生活费总是同学们中最少的，但我依然很快乐，买东西从来不买太贵的，也不喜欢铺张浪费。只要有机会我就去勤工俭学，自己挣的零花钱也从不乱花，只告诉父母可以少给我些生活费了。有了自己的家庭以后，我也继续发扬勤俭持家的作风，我是同事眼中的"节省王"，也是爱人眼中的"抠门儿人"，但我知道他们都没有恶意，我也很自豪。正是由于我的勤俭，我们的生活才日渐富裕。我结婚时，父母没有向婆家要彩礼、房子等。我和爱人靠勤俭节约，用了三年的时间，没有向双方父母要一分钱，在杭州买了房子。我们都非常享受这种踏实感。

除了勤俭持家，我们从小就明白"吃亏是福"。我上小学前是叔爷爷和叔奶奶两位老人看大的。在我小时候的印象里，叔爷爷有着胖胖的身体，每天乐呵呵的，不管谁有事，只要叫上一声，他就会放下自己的事情跑去帮忙，从来不求回报，不抱怨。在学习学校知识前，我的叔爷爷就给我讲孔融让梨的故事，给我看成语故事、名人典故。说到诚实、勤劳、善良、孝顺等这些中华传统美德时，他总是语重心长，重点强调。这些典故和配在文字旁的简笔画，还有叔爷爷那浑厚温和的讲述声，是我童年最温暖的记忆。

叔爷爷也用他的实际行动诠释着"吃亏是福"。有一次，邻居家唯一的牲畜丢失了，在农忙的时候，他主动把牛车借给邻居用，自己家收庄稼就迟了。叔母唠叨他几句，他就笑笑说，"没事，来得及"。慢慢地，叔奶奶也习惯了他的"做派"，不再唠叨。还有一次，村里有个叔叔生病住院了，婶婶在坐月子，又正赶上收麦。如果不及时收，可能这一年的收成就受影响了。大家都在忙着各自家的麦收，对此有心无力。可是过了两天，婶婶正在家里看孩子，就发现敞着门的院子里卸下了成捆的麦子，叔爷爷赶着牛车，叔奶奶跟在后面，已经帮婶婶家割完了麦子，拉回家里了。婶婶感动得哭了，而叔爷爷和叔奶奶笑笑说，"没事，我们地少，来得及，先给你家收了"。

推己及人、先己后人是爸妈、叔爷爷叔奶奶内心的为人"法则"，他们不觉得吃亏，反而觉得幸福。小时候，只要跟其他小朋友有争执了，父母总是先批评我们，教育我们要宽以待人，不要太计较。他们在与别人的相处中，很少说别人的不好，也很少计较。记得在翻盖新房的时候，邻居们都在争抢"地盘"，怕自己家宅基地少一寸，而父母则主动让邻居先选定位置，自己就用剩下的位置，这让邻居很放心也很感激。父母还教导我们，在平时的生活和工作中不要太计较，付出总会有回报，不要太在意一时的得失，生活总会给勤劳、谦让的人带来好运气。他们的这些教导，我们虽然不能完全做到，但很多时候就没那么计较和纠结了。

这种自愿而为的心态，不计较个人得失的做法，也深深地印在了我的脑海中。从中学开始，我会在寒暑假义务帮助邻居看小孩，教他们功课，帮他们批改作业。大学的时候，有一份家教工作，我一直做了四年。一方面是因为我每次给小朋友上课都认真负责，从不迟到早退；另一方面是我对课酬从来也不计较，几年里孩子成绩一直不错，家长几次要给我加"工资"，我都婉拒了。正是我的不计较让我收获了这份长久的信任。

如今，我和弟弟妹妹们都在各自的岗位上兢兢业业，不敢有一丝懈怠，努力做到我们心中最好的样子。

# 母亲

赵文斌

杭州师范大学附属医院医务部主任、主任医师

赵文斌的母亲在田间劳作

母亲今年七十有四。她没念过书，平日里话少，手脚从不停下。没有太多条分缕析的教诲，但她总说的那几句话，却让我们兄妹三人受益终生。

## 不能浪费

20 世纪四五十年代的那一代人，经历过贫困和饥饿的折磨，即便处在平安静好的岁月里，也依旧克勤克俭。

吃水果，永远先吃烂的；冰箱里永远存放着隔夜的饭菜；衣服穿旧了，洗得发白还是舍不得丢；佝偻着背，在地里摸着春夏秋冬的嚼食……儿女们再三地劝

她，她只会告诉你：不能浪费，浪费是罪孽的。

给她再多的钱，她也不会去花，悄悄把钱存起来，逢年过节分给儿孙们。那时，她脸上的每一道褶子才会绽开舒心的笑意。

## 对人要善

母亲信佛。从小到大，她对我们兄妹仨说得最多的一句话就是"对人要善"。

从没念过书的母亲，讲不出什么意味深长的道理，她那带着浓重天台口音的"做人要善"就涵盖了佛家的"人有善念，天必佑之；人若忠厚，福必随之"的朴素道理。

我至今都记得，10岁那年，年三十夜，母亲还在灶台上张罗，邻居赵大伯过来，腆着脸开口借钱。他怎么好意思开口？之前母亲生病，为了给母亲治病，从不求人的父亲低下头，向他开口，他不仅不借，还对我父亲好一顿奚落。我们兄妹仨见他进来，想起以前的事，心里不是滋味，没搭理，心想着父母会好好地数落他一顿，解解这口恶气。没想到，母亲二话不说，把家里卖了猪存下的500元借给了赵大伯。面对我们的埋怨，母亲没多说，给出的回答还是"做人要善"。我清晰地记得，灶火明灭不定，忽静忽动，母亲的脸荡漾着红色的光，绚丽如花。

对人要善，这善，不是锦上添花，不是烈火烹油，它是寒夜凄冷中的如豆星火，是干涸枯竭时的点滴甘露。物换星移，春秋几度，母亲的"对人要善"牢牢铭刻在一个10岁孩童明澈的心中。它让我在13年从医生涯中坚持善待每一个病人，尤其是像我父母一样贫困的病人。

# 靠自己，不轻易求人

母亲要强。数十年困顿的生活中，她和父亲并肩，烈日下插秧种地、砍柴劈竹，星光下打猪草喂猪。她赤脚走在田埂上，她涉进溪水去割草，常常划伤了脚、割破了手指，血流如注也从不叫苦叫累。

再难，她都会坚定地告诉我们：靠自己，不轻易求人。年轻时，父亲外出务工。在外，她干着男人应该干的活。在家，她忙着鸡鸭猪鹅，张罗着我们兄妹仨的衣食和学费。她和父亲，靠自己撑起了我们兄妹的天。

她老了，在她身若飘絮、白发如芒的年纪，父亲久病卧床，母亲始终不离不弃，细心照顾。但即便用尽心思，最终她还是失去了最亲、最爱的人。在我父亲的告别仪式上，她无法抑制地抽动着单薄的双肩，死死地堵住了自己的呜咽，也没有把不胜负荷的头低下。

如今，她一个人，一条狗，守着老家的几间老屋，怎么都不肯依赖儿女居住。她的头发渐渐白，身体渐渐弱，脚步渐渐迟，脊背渐渐

赵文斌的母亲和孩子们一起打糕

弯……每天早上，日出点亮满山的野草，父亲的坟在野草中忽隐忽现。每天夜晚，山花幽幽的香气随风涌进梦里，母亲说："你爸爸还在呢，昨晚在我梦里哩，我一个人住，能行。"

我的母亲，我俭朴、善良又倔强的母亲！

她藏起她的孤独，她的思念，目送着儿女们一个个忙碌远行的背影。我们可以给她钱，给她买这买那，可她最渴望、最在乎的，却是我们给不了的，给不了她常伴膝下的欢笑，给不了她儿孙绕膝的快乐。我们，都走得太远。这是最让我觉得愧疚和痛心的。

唯一可以宽慰母亲的，就是她的三个儿女都像她一般。我们没有大富大贵，但是，我们都做到了勤俭持家、善良待人、自尊自爱。不仅如此，我们也教育自己的孩子如此这般地待人待己。

我想，这就是母亲最大的骄傲吧。

★

下
篇

# 九旬祖母的掌门秘诀

郑碧敏

图书馆副馆长

我的祖母生于 1926 年，是位神采奕奕、思路敏捷的慈祥老太。早些年眼睛好的时候，她一直坚持读书看报。在 50 多位成员组成的大家庭中，她是绝对的掌门，无论是八个子女，还是孙辈们，都打心眼里爱她、宠她，愿意围绕在她左右。

祖母自有她的掌门秘诀。首先是脾气好又坚韧，爱子女、孝长辈。祖母出身大户人家，上过女子中学。解放前，祖父家里开药房，日子还算殷实。解放后，祖父祖母靠打零工养活八个子女，曾迫不得已卖掉一只英纳格手表，买了个开水炉卖开水。后来在大井巷开了一家小五金店，一家十口人住在 18 平方米的小房子里，也熬过了一段艰难的日子。据我父亲回忆，20 世纪 60 年代，家里条件困难，祖父祖母自己舍不得吃，硬是从嘴里省下来一点给儿女吃，这些事儿女们都记在心里。那时候家里日子虽然艰难，但是祖父一直都很乐观，祖母脾气也很好，从来不对子女说难听的话，更别说打了。且祖母自己对老人就很孝顺，言传身教之下，不仅父辈，我们这些孙辈甚至曾孙辈都非常自觉地把孝顺家风代代相传。尤其是祖父过世后，全家自然都把孝敬祖母当成头等大事。

祖母的处事智慧还在于一碗水端平，对子女的事不随便发表意见。

郑碧敏祖母 91 岁生日留影

她对待八个子女从不偏心，一视同仁；子女的事情，她尊重子女的意见，让他们自己去平衡；对待孙辈也一样，每个孙子女、外孙子女幼时她都帮忙带过，所以长大后和她都很亲热。正是这种公平公正，八个子女对于照顾老母亲，都十分自觉、尽心。

我们这个大家庭中的每个成员都无微不至地关心着祖母。八个子女退休后轮流照顾母亲，24 小时陪吃陪住，从未间断。祖母卧室的床边摆着一张改造过的靠背椅，这是个特殊的马桶。因为老人家难免要起夜，怕她磕着碰着，父亲、叔叔们特地在座椅上挖了一个洞，旁边围上海绵，在下面放了一个可以抽出来的便盆。这样，祖母不用走出卧室就能方便。每天晚上，陪夜的子女都与祖母睡在同一张床上，大家觉得这样才安心。叔叔说："睡在妈妈身边，就像小时候一样，感觉很温暖。"祖母 90 岁时得了肠癌并动了手术，在家人的精心照料下，这么大年纪，她术后居然恢复得非常好，真是一个爱的奇迹。

儿孙孝顺，祖母心情自然舒畅，在阳台上侍弄了十多盆花花草草。每逢子女们生日，记性很好的她都会打电话祝

郑碧敏祖母与三个孙女在一起

福或请他们来吃饭，节日给孙辈们的红包、礼物也从不落下。祖母大度、智慧，在她老人家的影响下，家中后辈们都学习努力，工作出色。家中考出过不少名校学子，工作后成为公务员干部、医生、教师和高科技创业者等，均事业有成。如今孙辈甚至不少曾孙辈都已成家，家庭幸福美满。

祖母不仅对家人好，对邻居朋友也一样，有好吃的总是和大家分享，总是嘱咐大家注意保重身体。祖母的体贴、善解人意，让每个人感到温暖，她老人家也收获了来自家人、亲朋的满满的爱。

# 父亲走过的路，是我读过最好的书

邵莺凤

校党委组织部专职组织员、副教授

　　我的老家在浙中一个小县城——浦江，这里有中国农耕文化的重要源头之一的万年"上山文化"，有以"孝义治家"长达 900 年而闻名于世的江南第一家郑氏家族，深厚的历史文化底蕴深刻地影响着这方水土，也塑造了注重仁义，崇德向善的民风。在祖祖辈辈的传统文化熏陶下，父亲既有农民勤劳务实、善良敦厚的本色，也有新时代浦江人拼搏奋斗、自强自立的精神特质。

　　父亲小时候家中极为贫寒，他共有六个哥哥，一个姐姐，他是家中的老小。由于家里常年缺衣少粮，所以爷爷给每个孩子起的名字都有"禾"字旁。当年，六个哥哥当兵的当兵、读大学的读大学，最大的姐姐也读到了高中毕业，也都有了很好的前程。爷爷一生好强，对几个孩子的教育是非常严厉的。但受养儿防老思想的影响，爷爷决定把父亲留在身边务农，父亲无奈只能放弃上高中的机会，因此，他的最高学历也停留在了初中毕业，这是他至今都很遗憾的事情。从 14 岁起，他就跟着爷爷在烧砖瓦的窑子里挑土，对于一个少年来说，那是一份极其辛苦的工作，但他咬牙坚持，一身壮硕的肌肉就这么锻炼出来了。后来到生产队里干活时，他可是"一把好手"，年轻的他也曾带着小伙伴们开拖拉机穿梭于山坡险道，走南闯北地为生产大队运化肥。父亲19岁那年，爷爷因胃癌大出血不幸离世，家中田地里的农活几乎就落在了父亲一个人身上。

尽管照顾奶奶和田里农活的任务已经很重了，父亲还是凭着自己的兴趣和一些常识，一边看书一边自学了钳工技术。在伯父的引荐下，他到国营的化纤厂做了技术工人，主要任务是开发模具，家里也专门隔了半间工具房，里面摆放了各式各样的工具。一般我们在路上看到螺丝螺帽啥的都会捡回来，因为父亲说过："别看这些是没用的小玩意儿，关键时候可有大用处。"在国营单位工作期间，尽管学历不高，但父亲善于钻研，攻破了一个又一个难题。有一次厂长拿着一个国外进口产品的样品，问他们能否开发出模具。单位里其他科班出身的技术员对此都束手无策，认为以现有技术根本无法做出一模一样的。父亲仔细看了看，回家整整琢磨了三天，后来以非常巧妙的方法一举成功，同行们对他不禁刮目相看。后来，一有技术难题，厂里领导就找父亲解决，时间长了，他便小有名气了。由于业务能力突出，父亲被任命为车间主任，这是他引以为傲的事情。当时，对于一个农民出身的人，在国营单位有一份工作，而且"收入不菲"，也实属不易了。为此，他很珍惜，经常加班加点，在我儿时的印象里，父亲经常在他的工具房里忙碌，有时为赶进度晚上熬通宵，白天照常上班。父亲对待工作总是全力以赴的，在我们长大后，他常常叮嘱我们，年轻人不要怕累怕辛苦，不要吝啬力气，力气是越用越多的，要做就要把事情做好。

父母结婚了，就有了我们兄妹三人。父母的文化水平虽然不高，却非常重视对我们的教育，不只是重视我们的学习，也在生活的方方面面教我们做人的道理。比如吃饭的时候，父亲要求一家人必须坐在一起吃饭，不允许端着饭碗到处乱跑，也不允许吃饭时大声说话；比如待人接物要有礼貌，不能欺负弱小，做人要诚实等。闲暇之余，他也常常跟我们讲讲老一辈的故事。比如我那素未谋面的祖父。爷爷以前当过生产队长，队长就有分福利的"权力"。一般过年前，生产队会宰杀一头牛，给大家分点牛肉好过年。杀好的牛就放在集体的"大锅"中炖熟后再进行切分，而炖煮这个过程是由生产队长亲自操办的，一般要炖煮一整夜才能把肉炖好。在此过程中，爷爷一晚上要起夜好几次，跑到集体大灶看看柴火，顺便看看是否炖熟了。大家可能不知道，在我的老家浦江是有喝牛清汤的习俗的，汤鲜美且暖身，闻之便已垂涎。在那个饭都吃不饱的年代，别说牛肉，光是汤就已经是难得的美味了。于是，我们想当然地问："爷爷难道没有偷偷拿点'边角料'或是汤给你们尝尝？"要知道，半夜并没有人监督，要吃点、喝点没有人会知道啊。没想到父亲义正词严地说："以你爷爷的为人绝对不会这么做的，而且从来没有过，最后他分到的牛肉也是最差的。正因为这样，你爷爷的威望一直很高。"年少不懂事的我们觉得爷爷怎么这么"傻"呀，觉得太不可思议了，虽然我们懵懵懂懂，但这个故事深深地刻在了我们幼小的心灵上和脑海里。我们慢慢长大，每次听到诸如此类的"故事"，内心的敬佩感是油然而生的。细细回忆起来，父亲就是我们生活中的第一任老师，他对我们的教育是无时无刻的，也是润物无声的。他用最朴素的语言，教导我们"勿以善小而不为，勿以恶小而为之"，教会我们做人要"慎独"，我想我最初的信仰和性格的养成可能就是来自他的言传身教。

尽管父亲母亲都有工资收入，但是要养活三个孩子，生活实在是太拮据了。特别是奶奶中风以后，母亲把工作辞掉天天跑医院照顾奶奶。不得已之下，父亲决定下海，自谋出路。具体的年份我记不清了，大概是20世纪90年代初，正值市场经济改革序幕拉开的时期，个体经济、私营经济得到了极大的鼓励。在时代的滚滚洪流裹挟之下，父亲做出这个决定，既是因为生活所迫，也显示了他莫大的勇气。

虽然父亲此前在国营单位工作，但出身依然是"泥腿子"，没有资金、没有基础，不懂经营，也不懂市场，与众多"泥腿子"上岸后的创业历程一样，父亲的创业之路可谓异常艰辛。他从利用自己的技术做来料加工开始积累初步的资金，后来创办了服装厂。那时我还在读小学，印象最深的是父母经常跟工人们一起加班到天亮。最长的一次是为了加工一种辅料，父亲等在加工点三天三夜不合眼。父亲说，抢商机都是争分夺秒的，时间就是利润。创业有乐也有苦，就在生活稍有改善的时候，现实又泼来冷水。父亲为了节省住宿费，凌晨在火车站打了个盹，几千元现金被人偷走，他垂头丧气地回到家，得知真相的我们伤心得抱头痛哭。打击最沉重的一次是他被不诚信的生意伙伴"骗"走了所有货款，几乎让父亲的事业又回到了原点。

有勇气的人，心中必然是充满信念的。父母并没有在失败中消沉，而是勇敢地尝试，一行干不成就再换一行。他们认真地分析原因、自身优势，觉得还是要在自己熟悉的五金行业再次开启创业之路，因为在技术方面父亲还是有信心的。就这样，他跑市场找商机，跑乡政府获取支持，跑工商、电力各种部门办审批……终于小家庭作坊又再次启动了，我母亲主内，父亲主外。父亲本身有技术，组织生产不是问题，最难的是销路。万事开头难，父亲就带着样品到义乌小商品市场一家家去推销。一开始就让商家接受并订货是不可能的，父亲就说服那些摊主先放个样品，有的放了样品后，很快就卖掉了，那就继续多放一点样品，直到有了成批的订单。企业启动也需要资金，父母为此也投入了全部，一开始的时候，我们穷得连买菜钱都没有，母亲拎个菜篮子上街，口袋里却没有一分钱，只能碰到熟人借一点。更多的时候，母亲是到我们三个孩子这里来"化缘"，我们每个人都攒了几十块的压岁钱，母亲承诺先把钱"借"给她，年底再双倍返还。可见那时我们的生活有多捉襟见肘了。

在父母的努力下，我们的家庭小作坊终于有了起色，也有了比较稳定的销路，后来又辗转扩大场地以扩大生产规模，生活也日渐富足起来。父亲的事业干成了，他也不忘带着亲戚朋友一起干。这一干就是20多年。由于操劳过度，他做了心脏手术，得过肺癌、肾上腺嗜铬细胞瘤，还中风过。亲戚朋友劝说，儿孙自有儿孙福，劝我父亲少操劳，但我知道，在父亲的骨子里、血液里流淌的是浙商精神，从不怕苦、不怕累。他已经操劳奔波了一辈子，根本停不下来，只要老家村里有人需要帮助，他照样打起精神出手相助。

作为家中的老大，我经历、目睹了父亲是如何一步一步创业的，因此也最能感同身受。我感恩我的父亲、母亲，他们用勤劳的双手，养育我长大，感恩他们用自己的坚韧不屈、不怕苦不怕累、遇到困难不低头的精神时刻激励着我，感恩他们始终是我最坚强的后盾，是我人生路上的指路明灯，滋养我成长，激励我前行。父亲的人生如同一本厚重的书，细品其中的酸甜苦辣，之于我而言，是一本最好的书。

# 红色家风　彰显初心

刘延轶

纪检监察室教师

　　俗话说：国有国法，家有家规。良好的家风就像一位无形的导师，通过生活中的点点滴滴之间润物细无声地引导我们。

　　我出生于军人家庭、革命家庭，祖籍是孔孟之乡山东。我的太爷爷是离休干部。抗日战争初期他就加入了中国共产党。在抗战期间经组织批准，他用筹集的经费开了一家油坊（前店后坊）建立起地下交通站并担任地下交通站的负责人，开展革命工作，为中国革命建设做出了贡献。

　　我的爷爷是一位离休干部、共产党员。他14岁就参加了八路军。因为年纪小，他就给部队首长当警卫员，经历了抗日战争、解放战争，先后参加了鲁西南战役、济南战役、渡江战役，一直战斗到解放南京。最终在解放济南战役中身负重伤（二等甲级伤残军人）。当时我爷爷所在的部队作为山东兵团的主力在许世友、谭震林领导下，攻下了山东兖州，济南已成为一座孤城。攻下济南，可以使华中野战军和山东野战军连成一片，再与中原野战军联络，这一战略将完全黏住国民党在长江以北的军队。在当时许世友为总指挥的带领下攻下"济南府"，活捉王耀武，打济南能不能"开张大吉"事关全局，影响非同一般。由于守军有美式装备，又有攻势凌厉的防御，城墙坚固，久攻不下，

刘延轶的爷爷奶奶年轻时

刘延轶的爷爷1943年参军照

刘延轶的外公外婆年轻时

刘延轶的大伯（烈士）1970 年
12 月入伍

刘延轶的父亲 1975 年 11 月
入伍

最后实施爆破攻城，为保护战友和首长的安全，爷爷腰部身负重伤，战斗至南京后他转业到浙江省委工作，继续为浙江的社会主义建设贡献力量。

我的奶奶也是一位离休干部，和我爷爷同村。两人青梅竹马，从小一起参加儿童团，后来一起参加革命。为解放事业和社会主义建设贡献了力量。她曾被原杭州市下城区人民政府评为"最美家庭"，并受聘为原下城区革命传统教育宣讲员。

我的外公也是一位离休干部、共产党员，1939 年参加革命，在老家山东莱芜组织抗战武装，担任手枪队队长，并先后参加了淮海战役、渡江战役和莱芜战役等重大战役。南下后转业至浙江省委工作。我的外婆也是一位军人，在部队里和外公结为夫妻。

我的伯父是空军航空兵机械分队队长、革命烈士、共产党员。1970 年 12 月入伍，1975 年 4 月加入中国共产党，他曾多次参加核试验等国防战备任务，多次立功受奖。1975 年 11 月在战备演习中，他为救战友，不幸牺牲，时年仅 20 周岁，为祖国的空军事业献出了年轻的生命。

我的父亲，共产党员，在伯父牺牲后，继承了他的革命意志，毅然选择接好革命烈士哥哥的班，光荣参军，到伯父生前所在的部队成为一名空军航空雷达兵，在大西北多次参加重大训练和演习，在部队多次受奖。他退伍后在杭州市政府机关工作。

我的母亲也是共产党员。1974 年，她响应党的号召"到农村去，到边疆去，到祖国最需要的地方去"，毅然前往富阳场口公社青江大队插队落户，成了一名知青。广阔的农村天地让我母亲拥有了革命意志和吃苦耐劳、勤俭朴素的优良传统。

受祖辈、父母亲的影响和家庭的感染，我在大学期间就加入了学生会，并在大二的时候向党组织递交了入党申请书，不久后成为了一名光荣的共产党员，我们家就成了一个三辈均是共产党员的红色家庭。这么多年来，在党光荣传统的哺育下，我们一直都在踏踏实实做事，平平淡淡做人。

浓浓的红色家风中的"红"，凝聚着革命先辈的鲜血和汗水，是我们共产党人的底色，是我们薪火相传的血脉。传承红色家风，就是要从革命先辈顽强的奋斗中汲取精神养分和实践动力。

## 善，诚实，知恩感恩

我的祖辈幼年时正值抗日战争年代，他们目睹了战争的惨烈、侵略者的残酷，深切体会到了底层人民生存的艰辛。祖辈们在讲革命战争故事时总是语重心长地告诫我们：落后就要挨打。从祖辈的言语里，我能真切地感受到他们对中国共产党、对新中国的感激之情。我听后深有体会：没有共产党就没有新中国，只有在中国共产党的领导下，只有国家站起来、富起来、强起来，我们才能过上幸福的生活。在读大学期间我就加入了中国共产党，大学毕业后到淳安工作，立志到基层去锻炼自己，提高自己，拓宽自己的视野，更好地面对挑战，不断提高自己的能力，从而更好地适应社会发展。

从我懂事以来，父母就一直教导我要善良、诚实、知恩感恩。善良是中华民族的传统美德，要及时地去帮助需要帮助的人，并时常去做一些帮助他人的工作，为社会带来一点温暖；诚实就是做错了事情的时候不害怕，诚实地说出自己的错误，并承认自己的错误，不仅仅是自己做错了事情要勇于承担，当别人做错了事情时，也不应包庇他，面对任何事情都要诚实以待；知恩感恩就是当别人帮助你的时候，你也要知恩，因为任何人对你的帮助都不是必须的，当他有困难的时候，你也要去帮助他，感恩他。

父母亲是这么说的，也是这么做的，他们用自己的言传身教，让我深刻地体会到了这就是我们的家风，我也必须这么做。

记得读小学的时候，同学们都有零花钱可以买漂亮的贴纸和橡皮，我也想买，但是不敢和父母说。某一天，我偷偷地拿了父亲放在饭桌上的5角钱，去买了自己最喜爱的贴纸。下课回来后，父亲把我叫到了身边，问："你今天有什么需要和我沟通的吗？"当时的我心存侥幸，总觉得父亲应该不会发现，可是回答时还是心虚得不敢看父亲，低头说："没有啊。"父亲提高了声音，再次问："看着我的眼睛，想清楚了再回答，实事求是。"在父亲的威严下，我瞬间没了底气，弱弱地说："我偷偷拿了你放在饭桌上的5角钱，去买了漂亮的贴纸。"当下空气都凝结了，接踵而来的不是打骂，不是咆哮，而是父亲语重心长的声音："犯错不可怕，可怕的是你不承认错误，可怕的是你用撒谎去掩盖你的错误。你在没有经过我的允许下就偷偷拿了钱，是不是小偷的行为呢？"忽然之间，我认识到自己犯了很严重的错误，眼

刘延轶的母亲 1974 年在富阳场口公社青江大队插队落户

泪哗啦啦地流下来了，我向父亲道歉，并承认错误，告诉他以后不会再犯了。

自从我参加工作以来，父母谆谆教诲：踏踏实实工作，年轻人就需要多做多学，要全身心地投入工作；要勤奋努力、珍惜当下的一切，将来才会有无限的可能！所以刚参加工作的时候，即便在偏远的淳安县汾口镇法庭，条件很艰苦，但是我一直把父母亲的话牢记在心。在工作的 13 年里，我在工作上、生活上都经历了很多酸甜苦辣，但是我不抱怨，因为办法永远比困难多。在生活上，我感恩无论喜怒哀乐都能陪伴在我身边的好友们；在工作上，我感恩培养我、帮助我的同事们和领导们。当我有困难的时候，他们都能第一时间帮助我，帮我分析问题，找到解决问题的关键所在。

家庭是人生的第一课堂。现在，我也有了自己的孩子，由于祖辈和父辈都是老党员、老干部，我把红色家风传承给我的女儿。现在的她热爱祖国、热爱家乡。只要出去旅游必带红色基地和传统文化的教育，她去了革命圣地延安，建党一百周年去了北京、绍兴周恩来纪念馆等多处红色教育基地参观和学习，并经常聆听 93 岁太奶奶讲述她和太爷爷的革命家庭传统故事。我要把红色家风、革命传统教育一代一代地传下去。

家风陪伴我成长，也会陪伴我的孩子成长。父母是孩子的第一任老师，孩子从牙牙学语起就开始接受家教，有什么样的家教，就将成为什么样的人。祖辈、父辈们身体力行地将这一宝贵"家风"财富传给了我们，我们就应该继续传承下去，以红色家风引领每一位家庭成员做事要实事求是，做人要知恩感恩。

军功章

刘延轶奶奶获得庆祝中华人民共和国70周年纪念章

刘延轶外公获得淮海战役纪念章

1954 年刘延轶外公获得全国人民慰问团慰问纪念章

# 家教如春风，润物细无声

项 漪

数学学院教师

　　生活中，每个人的世界观、人生观、价值观以及性格特征、道德素养、为人处世等方方面面，无不烙着家风家教的印记。家风，如同一股无形的力量，潜移默化着每一个家庭成员的成长与发展。家教，不仅是一种教育方式，更是一种生活的艺术，是父母长辈对后辈的言传身教，是那些在日常点滴中渗透的智慧与美德。

　　从小，我就生活在一个充满书香与智慧的家庭里，父亲是一位受人尊敬的大学教师，母亲则是一名细心温柔的护士。这个家庭，不仅承载着知识的光芒，还洋溢着无私的爱心与关怀。家风与家教如同一对无形的翅膀，引领着我飞翔在人生的广阔天空。我的父母，作为这个家庭的领航者，用他们的一言一行诠释了何为责任、何为坚持、何为爱与奉献。他们的故事，如同一部生动的教科书，不仅教会了我如何面对生活的挑战，更教会了我如何成为一个有温度、有深度、有责任感的人。

# 梦想启航：心中有光，步履不停

父亲的人生轨迹就像一本引人入胜的历史书，不仅详尽地描绘了他个人的拼搏与成长，更像一座灯塔，在家人的心中熠熠生辉，成为了家人心中永恒的骄傲和榜样。

父亲初中毕业后，正值国家号召青年上山下乡，支援边疆建设。在那个激情澎湃、理想至上的年代，他怀揣着对国家的忠诚和对未来的憧憬，决定响应号召，到内蒙古建设兵团，屯垦戍边。为了彰显自己的坚定意志，他咬破手指，以血为笔，书写了一封宣誓决心的血书，这既是他对建设祖国无私奉献的执着追求，也彰显了他投身边疆高尚情怀与矢志不渝的坚强意志。

内蒙古土地广袤，环境恶劣，气候严寒，生活条件艰苦。但父亲从未有过丝毫退缩，他与战友们并肩作战，凭借着坚韧不拔的毅力和对生活的热爱，克服了一个又一个困难。

返城后，父亲进入了一家工厂，成为了一名车工。他对工作的热爱，不仅仅是一种职业精神，更是一种对生活的态度。他说："车工这门手艺，看似简单，实则深奥。要想做好，就得用心去学，用情去悟。"凭借着出色的技术和勤奋的工作态度，他很快就在工厂里脱颖而出，成为了众人瞩目的佼佼者。不仅如此，他还影响了身边的工友，奋进努力，他用自己的行动，诠释了什么是真正的匠人精神。

然而，父亲并未止步于此。他深知，唯有不断学习，方能与时俱进。于是，在繁忙的工作间隙，他利用一切可以利用的时间，广泛阅读，不断充实自己。

1977年，中国恢复了中断了11年的高考制度，报纸上公布了中央高考招生政策及高校招生简章，明确宣布："以择优录取的方式在全国统一考试选拔，招生对象包括工人、农民、上山下乡和回乡知识青年、复员军人、干部和应届高中毕业生，不限年龄。"这一消息如同一股春风，吹遍了神州大地，也深深触动了父亲的心灵，他那份对知识的渴望犹如熊熊燃烧的烈火，燃烧得更加猛烈了。尽管条件艰苦，资料匮乏，身为初中生的他从未有过丝毫退缩，毅然决定求学深造。他白天在工厂辛勤工作，晚上翻阅着从邻居高中生那里借来的课本，挑灯夜读，复习备考。在1978年的那个夏天，父亲走进了考场，用他手中的笔书写了自己人生的新篇章。

只要心中有梦想，脚下有力量，就一定能够创造出属于自己的辉煌。父亲那份对知识的渴望，那份对梦想的追求，如同一盏明灯，照亮着家人前行的道路。那些关于上山下乡、关于工厂岁月、关于高考奋斗的故事，不仅让我更加珍惜当下的幸福生活，更激励着我不断追求梦想、勇往直前。

## 跨越界限：教育与工业的交响曲

大学毕业后，父亲凭借着优异的成绩和出色的表现留校任教。这本是他梦寐以求的职业道路，然而，时代的洪流却将他推向了另一个方向——校办工厂，面对的是一个全新的挑战。

在新岗位上，父亲展现出了非凡的领导才能和敏锐的市场洞察力，引领校办工厂步入正轨，运作有条不紊。他凭借对科技发展的敏锐感知力，将有机硅引进并拓展至进出口贸易，使之在校办工厂中犹如一颗悄然升起的明星，熠熠生辉。这段经历，让父亲在商界崭露头角，但他心中却始终怀揣着对教育的热爱。

他深知，相比校办工厂的管理工作，他更热爱的是站在讲台上的那份纯粹与自由。在深思熟虑后，他选择回到学校，继续他的大学教师生涯。

295

回到熟悉的讲台，父亲仿佛回到了自己的精神家园。他投身于教学和科研工作中，成为了一名受人尊敬的教授。在学术领域，他安于坐冷板凳，潜心研究，追求真理与智慧的光芒，成为了相关专业的领航者。

真正的成功不在于职位的高低或财富的多少，而在于能否在自己热爱的领域里发出属于自己的光芒，影响和启迪更多人。

## 灯塔下的学术大家庭：项家子弟

在这个充满学术氛围与深厚师生情谊的家庭中，父亲不仅是一位杰出的学者，更是众多研究生心中的灯塔。他的学术造诣深厚，研究领域广泛。但最让人称赞的，是他对学生们无微不至的关怀与悉心的指导。正是这份深情厚谊让父亲的研究生学生们自发地组成了一个特别的团体——"项家班"。

"项家班"这个名字，不仅是对父亲姓氏的致敬，更是这个大家庭中每一位成员之间深厚情感和共同的学术追求及深厚的师生情谊的体现。父亲不仅是他们的导师，更是他们人生路上的引路人，用自己的言行举止，影响着每一位学生的成长。

在"项家班"中，父亲总是鼓励学生们勇于探索未知，注重学生们的人格培养。他深知，一个优秀的学者，不仅要有扎实的学术功底，更要有高尚的道德情操与宽广的胸怀。因此，他经常在课余时间与学生们分享自己的人生经历与感悟，引导他们树立正确的价值观与人生观。

"项家班"的弟子们，在父亲的带领下，形成了一个团结、友爱、互助的大家庭。他们不仅在学术上相互支持、共同进步，更在生活中相互关心、相互帮助。每当有成员遇到困难或挑战时，其他人总是毫不犹豫地伸出援手，共同面对。"项家班"成为传承这份珍贵师生情谊与人生价值所在。

## 爱的织锦：医者的柔情，家中的港湾

母亲曾是一名在肿瘤医院工作的专业护士，早、中、晚班轮替工作，每天面对的是生死边缘的挣扎与希望，她的工作既紧张又充满挑战。然而，当年幼的我需要她更多陪伴与照顾时，她毅然做出了一个让周围人都为之不解的决定——离开专业医院，转而成为一名校医。

这个转变，对母亲而言，不仅仅是职业上的调整，更是生活重心的转移。她深知，作为母亲，给予孩子足够的关爱与陪伴是其成长路上不可或缺的养分。在校医的岗位上，母亲展现出了她一贯的敬业与热情。

每当有孩子生病需要打针时，他们总是第一个想到母亲。她的打针手法娴熟而温柔，即便是最害怕打针的孩子，在她的安抚下也能勇敢地伸出小手。母亲总是用她那温柔的话语和坚定的眼神给予孩子们最大的安慰与勇气。

除了孩子们，母亲还常常接到一些特殊的请求。有些年迈或行动不便的病人，因为病痛需要上门服务，母亲总是二话不说，带着她的医疗箱，定会准点到达，她用自己的行动诠释了医者仁心的真谛。

母亲常说："能帮则帮，要与人为善，多做好事。"正因为这样，母亲认识的人特别多，朋友也特别多。我知道，真正的幸福不仅仅来源于个人的成就与满足，更在于能够为他人带去帮助与温暖。正是有了母亲这样的榜样，我才能够成长为更加善良、坚强的人。

# 家的温暖延伸：满档的户口本

在这个由父亲、母亲和我——这个他们唯一的孩子组成的小家里，户口本上的成员名单却远远超出了这个简单的三口之家。这个小小的户口本背后，藏着一段段温暖人心的故事。

那一年，父亲的一名学生即将毕业，面临着落户的难题。由于种种原因，这位学生一时难以找到合适的落户地点，这让他的未来充满了不确定性。他来找父亲寻求帮助，得知这一情况后，父亲没有丝毫犹豫，毅然决然地提出："如果政策允许，可以暂时把户口落在我们家。"

这句话不仅是对学生的信任和支持，更是对这个家庭诚实与热情的最佳诠释。母亲也毫不犹豫地支持了父亲的决定，他们知道，这个决定可能会带来一些额外的麻烦，但在他们看来，能够帮助一个年轻人解决燃眉之急，比什么都重要。

于是，这位学生的名字被郑重其事地加在了我家户口本的后面。渐渐地，户口本上学生的名字越来越多，甚至由于人数过多，户口本不得不贴上了额外的一页。这一页，不仅记录了一个家庭的包容与善良，更见证了人与人之间最真挚的情感纽带。

在接下来的日子里，"一家人"越来越多，虽然他们没有住在家里，但每当节假日或有空闲时，都会来到家中，与父亲、母亲分享自己的学习和生活。在父亲的指导下，他们不仅在学业、事业上取得了长足的进步，更在人格上得到了升华，学会了如何以诚实和热情去对待生活中的每一个人。

几年后，他们都有了各自的小家，解决了落户的问题，但他们从未忘记这个给予过他们温暖和帮助的家庭。他们时常会回到这个"家"，与家人分享自己的成长和收获，而父亲、母亲也总是以最真挚的笑容迎接他们。

　　诚实做人、热诚待人不仅是一种美德，更是一种力量，它能够跨越血缘的界限，将人与人之间的心紧紧相连。在这个家庭里，户口本上的"超员"不仅不是负担，反而是他们最引以为傲的"家庭成员"。

　　家风家教是一个家庭最为重要的、无以替代的精神财富，我能在这样一个拥有良好家风家教的家庭中成长是我人生中的一大幸事。好的教育，不仅是单纯的物质保障，也不是口头上的叮咛告诫，它更多地体现在优良家风家教的潜移默化中。我的父母正是如此，他们始终用行动给我树立良好的学习榜样，传递给我满满的正能量。在未来的日子里，我将继续秉承这份家风，传承这份家教，用自己的行动，去影响更多的人，去创造更多的美好。

★
下
篇

# 读读父亲这本无字书

应金飞

工学院党总支副书记、纪委书记

家风是自然形成的一种家庭生活氛围，是一个家庭的精神内核，从小就播撒在每个人心中，能够涵育、影响我们的一生。

我的父亲，只在很小的时候上过两年夜校，没啥文化，短暂的一生都是用行为来教育子女的。在我看来，我的父亲就是一本无字的书。

## 知识改变命运

我们家兄妹三个，妈妈因为身体不好，不能劳作。家庭的所有负担都落在了瘦小的父亲身上，一亩三分地是家里所有的经济来源。在村里人纷纷让自己的孩子辍学的情况下，我的父亲，一个才读过两年书的人，用自己的生命搏我们的前程。除了我的大姐因自身原因小学便辍学外，我和哥哥硬是成了村里最早的两个大学生。尽管家里是那么的困难，但是每当新学期到来的时候，父亲都会变戏法似的拿出那一张张钞票，一元，十元，一百元，让整个假期为学费惴惴不安的我们心里的石头落了地。我知道，那是父亲节衣缩食一张一张积攒下来的。最艰难的日子里，家里揭不开锅，交不上学费，父亲会放下骄傲与面子，一遍遍地跑到亲戚朋友家借。面对大家说的"饭都吃不上，

应金飞的全家福

还上什么学"，他总是重复一句话："知识改变命运，孩子是读书的料，我不能耽误他们。"16岁那年，我考上了温岭最好的高中，哥哥考上了华东师范大学，但是我需要交两万元的委培费。对于这两万元，我没有办法算出当时的父亲需要在田里挑多少担稻谷，在地里挖多少斤红薯才能换得。

实在没有办法，父亲当时甚至想过把我过继给一个远房亲戚做女儿，要求就是他们能让我继续学业。16岁，我初中毕业的那个暑假，坐了好长时间的车，来到了位于另外一个城市陌生的表姑家。直到今日，寄人篱下的所有不适和"我要读书"的念头始终伴随着我，每每想到，心头便隐隐作痛。最终，因为户口等问题，我没能如愿就读当地的高中。8月，父亲又咬咬牙把我接回了家。记得他来接我的那个下午，很闷热，父亲拿着一顶草帽，脸上湿漉漉的，看不出是汗水还是泪水，他对我说："走，跟我回家读书去。"那一年的夏天，父亲的眉锁得更深了。事后，哥哥告诉我，把我送走的那一个月，他看到父亲偷偷哭了很多次。时至今日，我想，我更能懂那种痛彻心扉的感觉了。我很心疼 16 岁那个小小的自己，更心疼当年如我现在一般大的父亲……

## 再苦难的日子，也要闪亮地过

小时候，我们家的物质生活是极其匮乏的，我们家却又是村上最"富裕"的家庭。用来播放越剧的电唱机，满满两抽屉的经典越剧黑胶唱片，象棋、围棋，父亲自制的二胡、笛子、竹箫，拆了又修、修了又拆的自行车，各种各样的陀螺……是这些物件，让我的童年变得极其富有。每天晚饭后，伴着落日余晖，父亲总会和哥哥来上两盘象棋，父亲是哥哥象棋的启蒙教练，哥哥在初中阶段成为了学校的象棋冠军。我的父亲，他不识字不识谱，却自学了二胡、笛子，他还成为了村上很多人的师傅。每天吃完晚饭后发烧友便会陆续来到我家，与父亲一起切磋琴技。那时候《三大纪律，八项注意》《东方红，太阳升》天天在我家响起。我 6 岁时便有了一把父亲为我特制的竹笛，父亲也是我的师父，他让我在初中那段最自卑的日子里能有机会站在舞台上，用笛子吹出了优美动听的《北京的金山上》，那于我意义深远。因为从那个时候起，我发现我也可以。父亲还是村里数一数二的金嗓子，不仅会唱越剧，口哨也吹得特别好。越剧、口哨，我都只学到了皮毛，但正是这点皮毛，成了一道光，让我的生活有了更多色彩。

父亲不仅是一名文艺高手，还是一名自学成才的农作物种植专家。他总是会去钻研、琢磨如何高效除虫，如何增产增收。记得有一年，在父亲的精心培育下，我家种植的冬瓜迎来了大丰收。每个冬瓜几十斤，漂漂亮亮地堆了满满一堂屋。一个赶集日，父亲带上我和哥哥，拉了一板车冬瓜去集市上卖。结果集市散场后才卖了三斤，六分一斤，总共卖了两毛钱。我急得大哭，"两毛连吃个馒头都不够，拉车回去力气都没有了，还不如把冬瓜倒在溪坑里，不要拉回去了"。以为的丰收，却实实在在成为了负担，当时的失望，今日想来，还是那么真切。父亲拿出一块钱让哥哥去买了三个肉包，算是犒劳我们一上午卖力地跟车叫卖。"对于农民，增产不一定就是增收，冬瓜是无辜的，走，回家做冬瓜大餐去……"然后，煮冬瓜、腌冬瓜、炒冬瓜、冬瓜糖、冬瓜茶就成为我们一个夏天的主食和零食。不仅是我们一家，边上的邻居也跟着吃出了"冬瓜阴影"。只是，经历一个夏天的冬瓜大餐，父亲又成为了一名远近闻名的美食高手。自制的冬瓜糖颗颗挂霜，让吃过的人难以忘怀，今日回味，还会甜上心田。

"再苦难的日子，也要闪亮地过"，在我看来，父亲对于生活的态度，就是对这句话最好的诠释。

## 吃苦耐劳，勤劳节约

父亲是家里主要的劳动力，不仅把自家的责任田、责任地打理得井井有条，还租借了村上其他村民的田。一年种三季，除了交租，每年还可以余点大米卖了换钱。最忘不了的是暑假最忙最累的双抢季了，记忆中的双抢季除了金黄的谷穗，就是那一浪高过一浪的热浪了，真是应了"稻谷满仓皆汗水"。父亲总是天不亮就出门，然后踩着月光哼着小调回家，一年四季，天天如此。除了责任田，还有责任地，番薯、冬瓜、绿豆、豇豆……一茬接一茬，从不停歇。我和哥哥也早早做起了力所能及的农活，扦插番薯苗、浇水、割猪草、割稻子、插秧等农活都不在话下。父亲一生勤劳，只争朝夕，走路都是带跑的，他与天争，与地斗，硬是斗出了我们一大家子的营生。

记得，读初中时，为了节省买米的钱，我和哥哥都是自己带米去上学。为了给我送米，父亲竟然骑着他那辆破旧的重型自行车，从家里骑到了我初中所在的城南镇上，那么冷的天，那么重的米，那么远的路，我今天就是开着汽车也要走一个小时啊！那是一个冬天的下午，当我看到父亲满是皱纹的脸喘着热气出现在开着霜花的教室窗户前的时候，我哭了。

父亲的节约也是村里出了名的，甚至有村民在背后称他"小气鬼"。父亲对这个"雅号"也只是笑笑。父亲舍不得吃，舍不得穿。除却冬天，他从来都是光着脚，脚上厚厚的老茧就是他的鞋。家里口粮紧张，我们常常吃的是红薯米饭。哪天碰上白米饭，那一定是特殊的日子。父亲告诫我们，一粥一饭，当思来之不易，浪费是罪过。为了省电，父亲常常跟我们说，要趁着天还亮，看得见，赶紧把作业给做了。

识家谱，传家风

# 一定不能忘记帮助过你的人

我高三那年，父亲病了，病得很严重。从被确诊为癌症晚期到离开，差不多只有 10 个月。这 10 个月的时间里，除去手术养病的半年，剩下的 4 个月里，他每天都在操心身后事：儿子大三了，最后一年的学费在哪里；女儿高三了，成绩优异，没钱上大学怎么办；妻子这一辈子没赚过钱，她以后怎么生活……一桩桩，一件件，让他最后的日子"斗志昂扬"，几乎忘记了病痛。是我的父亲，在病重的最后时光里，辗转很多人，请求很多人，帮我联系到了当地的一位慈善家，他资助了我四年的大学学费。是我的父亲，用大海般深沉的父爱，用自己的生命托举了我的人生。为此，他甘愿放弃自己的骄傲与要强，他宁愿承受生活的苦难与折磨。最后的日子里，父亲把我和哥哥叫到跟前，强忍病痛，又细细交代了三件事。一是妈妈没有赚钱的能力，他相信我们能赡养妈妈，这一点，他放心。只是外婆孤身一人，吃了一辈子的苦，如今年纪大了，以后我和哥哥也要代他继续孝顺她老人家。二是他看病借了亲戚朋友很多钱，每一分、每一厘，我们都要记好，等以后有能力了要及时归还。三是他在病中得到了很多人的帮助，谁家送了鲫鱼、谁家拿了猪肉，一条条他都记着、画着，我们要收好这本"账单"，要记得别人的帮助，今日滴水之恩，明日当涌泉相报。"一定不能忘记帮助过你的人"，这是父亲最后对我说的一句话。

子欲养而亲不待，"人生这道题，怎么选都会有遗憾"，而我最深的遗憾，永远地留在了 1998 年的春夏之交，那个被油菜花染黄的山坡上。

父亲这本无字之书，就是我的心灵之书，每每读来，次次泪目。他说的、做的，日积月累，已经渗透到我的骨髓里，成了我的灵魂，深深地影响着我今日做事做人，是照亮我人生道路的明灯。

# "家"教会我的那些事儿

陈姗姗

外国语学院办公室主任

　　勤以持家，恒以治学，知书达理严律己

　　诚以为人，善以行事，海纳百川宽待人

　　古语云："家风正，则后代正，则源头正，则国家正。"2022年6月，习近平总书记在四川考察调研时曾指出："家风家教是一个家庭最宝贵的财富，是留给子孙后代最好的遗产。要推动全社会注重家庭家教家风建设，激励子孙后代增强家国情怀，努力成长为对国家、对社会有用之才。"的确，家风家教是一个家庭的精神内核，也是人们精神成长的沃土，更是我们人生教育的启蒙。

## 家，教会我"勤业笃行"

　　我出生在一个教师之家，父亲和母亲都是人民教师。受父母影响，我从小就有一个愿望，希望自己长大后也能成为一名人民教师，加入"园丁之列"，圆梦"三口教师之家"。记得我刚上小学一年级，父母当时皆任班主任，他们俩工作兢兢业业，身体力行，工作责任心都非常强，我每天放学回家后就看到他们匆匆吃完晚饭后就赶回单位，

陈姗姗和父母的合影

批改作业、督查晚自习和找学生谈心谈话，常留我一人在家独守空房。当时，父亲担任高中重点班的班主任，任教数学，母亲担任中专学校班级的班主任，任教语文，所教班级各有 60 多名学生。只要有一个学生提出需求，不论是半夜三更或适逢节假日，父亲母亲总会第一时间赶去学生身边，为他们排忧解难，伸出援手。他们时常挂在嘴边的一句话令我终生难忘："女儿，班里每一位学生都是我们的孩子，有的学生父母常年在外工作，我们有责任照顾好他们，就像爱你一样爱学生。"父亲和母亲在单位里都是连续多年的先进工作者和优秀党员，他们的荣誉证书可以装满好几个抽屉。几十年的从教生涯，真可谓"桃李满天下"。他们带过的毕业生遍布各行各业，如今有的是部队的将军，有的是高级领导干部，还有不少是大学教授、医疗专家、企业家等。每当逢年过节，他们总能收到不少毕业生慰问报喜的信件和短信，这些毕业生还经常会相约来家看望父亲和母亲。在毕业生的眼里，父亲和母亲都是严师慈父（母）和良师益友，在校期间的言传身教对他们的人生道路影响深远，很多感动瞬间至今历历在目、感怀在心。记得有个学生因为家里贫苦，在学校买不起新鲜菜，城里同学曾嘲笑他。当时父亲得知此事就在班会课上严肃地面对全班同学说："同学之间一定要互相理解、互相体谅、互相关心、互相照顾。"这位毕业生每年都会来家里看望父亲，他非常感恩父亲在校期间的教导与帮助让他重树了自信。他毕业后勤勉工作，关心民生疾苦，扎根基层一线，成为深受当地群众一致好评的好干部。

记得我高中毕业即将远离家乡去北京上大学时，父母都在单位忙于新生迎新工作没时间送我去报到。我只身一人带了许多行李坐了36个小时的火车去北京求学。入学军训的第二天，我持续高烧不退。室友都去场地训练了，我自己孤零零地躺在寝室，昏昏沉沉的，浑身难受。这时一个陌生的身影在楼管阿姨的陪同下出现在我的面前，原来是我们的年级辅导员特地来寝室看望我。她耐心关切地询问我的病情，还不辞辛劳陪同我去看病、就诊、挂点滴，让我在异乡求学之初就感受到了亲人般的关怀与温暖。那时那刻，我更能切身感受到父母也是秉持着"一片丹心献学生"的育人信念，传递着育人温暖，诠释着职业真谛。

## 家，教会我"尽孝行善"

从小，父母就经常教育我"百善孝为先"。记得祖母在世时，父亲和母亲时常会从乡下把祖母接到城里住一段时间。父母每晚下班回家进家门后的第一件事就是先到祖母房间问安，然后再到我房间询问我的学习情况，检查作业。在我的记忆中，母亲从来没有和祖母拌过嘴，婆媳关系十分融洽。祖母原先都穿大襟衣服，每个季节母亲都会给祖母买时尚衣服，祖母也成了村里的时尚人。我们外出旅游时也都会带上祖母和外祖母。祖母总是逢人便夸我母亲"比自己的女儿还亲"。记得祖母和我们从北京旅游回来时曾亲口跟我说："孙女啊，和我同辈的很多老人连城里都没来过，你爸爸妈妈已经带我去了这么多的旅游景点，还坐过飞机、火车和轮船，奶奶是村子里最幸福的人啦。"现在我已为人妻、为人媳、为人母，每次与父母通话时，他们都会叮嘱我要孝顺公婆，铭记"老吾老以及人之老"，要给下一辈树立好尽孝榜样。父亲母亲有空会经常讨论一些伦理纲常。当探讨如何为人处世时，他们常会引用范仲淹的名句"居庙堂之高则忧其民，处江湖之远则忧其君"。他们教我要学会"换位思考，将心比心"。不论是在工作上，还是在生活中，都要经常换位思考，真诚待人。这样上下级关系、同事关系、家庭关系、邻里关系、亲朋关系都能相处融洽。人与人相处好了，生活就能舒心幸福，工作也能顺心如意，社会就会和谐稳定。

记得我读研究生时，有一天半夜，一位室友得了急性阑尾炎，我二话没说赶忙连夜送她去医院，医生说要立刻手术切除阑尾。室友家庭经济困难，听闻需要手术，考虑到医药费就犹豫不决。我第一时间就让室友联系家人，掏出钱包给室友垫付医药费，好让医生尽快安排手术。次日父母得知这一情况，反复嘱咐我"要好好照顾室友，远亲不如近邻，赠人玫瑰，手有余香，让同学安心养病，不要操心医药费，不要让她的家人担心"。


### 家，教会我"厚德立身"

习近平总书记曾说："国无德不兴，人无德不立。"厚德立身离不开家庭教育的潜移默化。

我上幼儿园前，母亲就教我背熟了《三字经》。儿时的我与小伙伴一起玩耍时，父母会一直引导我礼让他人，友好相处，要听大哥哥大姐姐的话，同时也要爱护小弟弟小妹妹。与小朋友们一起用餐时，如果看到我拿了较大的水果或食物，父母就会引用《三字经》名句教导我"融四岁，能让梨，你现在几岁啦？"话音刚落，我就会把手中的大份食品分享给其他小伙伴，自己拿小份吃。刚参加工作时，我身处学生工作第一线，与父母探讨育人工作的理念与心得时，父母时常语重心长地教导我"学高为师，身正为范"，要秉承立德树人的理念，要学会尊重学生，深入学生，倾听他们的心声，真正做学生的良师益友。虽然大学生都是成年人，但不少学生刚进入大学或许有很多的不适应，有的学生会感到迷茫，父母经常教导我，作为一名高校思政工作者，要做青年朋友的知心人、青年工作的热心人、青年群众的引路人。因为每名学生的背后都是一个家庭，每名学生的成长都会直接影响到这个家庭。

## 家，教会我"薪火相传"

家风是一种无言的教育、无字的典籍、无声的力量，是最基本、最经常的教育。它通过日常生活影响孩子的心灵，塑造孩子的人格。家庭是人生的第一个课堂，家教是社会教化的起点和基础，孩子教育的好坏很大程度上取决于家庭教育，身为父母应当以身作则，用自身的言语行为起模范带头作用，为下一辈树立榜样，帮助孩子扣好人生的第一粒扣子，迈好人生的第一个台阶。

我和我的先生也非常重视家风家教的传承。平日里，我们不仅关注儿子的身体成长、智力开发等方面，更注重培养儿子高尚的情操和良好的行为习惯。在家亲子伴读时，我们经常会引导儿子阅读一些红色革命故事、历史名人故事等，感受革命先辈的爱国精神；十一国庆长假时，我们会带着孩子和双方父母一起观看升国旗仪式，感受浓烈的爱国氛围，将社会主义核心价值观厚植于心，做到上行下效。去年，我先生由于工作需要，被中组部博士服务团选派远赴新疆挂职工作一年，刚开始得知挂职消息时，儿子闷闷不乐地责问道："爸爸，你为什么要离开我们到那么远的地方去工作？"我们翻开了名人故事书籍，给儿子讲述了孔繁森、焦裕禄、钱学森等人物的先进事迹，让儿子从心底里接受爸爸去新疆工作是为了服务国家和地方。儿子现在在班级里担任值日班长，每次做完值日，班主任都对儿子和值日小队称赞有加，夸他们有责任心、值日任务完成得很棒。

习近平总书记在 2015 年春节团拜会上谈及家庭教育和民族团结时曾强调："家庭是社会的基本细胞，是人生的第一所学校。不论时代发生多大变化，不论生活格局发生多大变化，我们都要重视家庭建设、注重家庭、注重家教、注重家风，紧密结合培育和弘扬社会主义核心价值观，发扬光大中华民族传统家庭美德，促进家庭和睦，促进亲人相亲相爱，促进下一代健康成长，促进老年人老有所养，使千千万万个家庭成为国家发展、民族进步、社会和谐的重要基点。"

诚如习近平总书记所言，家是最小国，国是千万家，家风兹事体大。受父母的教育和影响，我坚持将言传身教融入工作与生活中，行有德之事，做有德之人。我一直坚信，不论工作也好，生活也罢，如果每个人只想唱出自己，很难唱出和谐之音；如果大家都能如同交响乐团的成员一样，即使每样乐器都有自己的音色，但能互相取长补短，把实现个人梦、家庭梦融入国家梦、民族梦之中，为实现中华民族伟大复兴的共同目标勠力同心，必能奏响"家和万事兴""富国强民、国泰民安"的华丽乐章！

# 诚信的那些家事

## ——我的家风家教故事

陈晓玲

人文学院组织员、副教授

## 家风的起源

我的父母生于 20 世纪的六七十年代，父亲是福建泉州人，母亲是福建三明人。

父亲和母亲小时候，中国社会刚刚经历过"文化大革命"，百废待兴。小时候的他们，过着不一样的生活。父亲是家里的长子，很早就肩负着照料弟弟妹妹的责任。那个年代，温饱是生活中的头等大事。物质的匮乏也迫使他们一直在谋生存。父亲的爸爸，我的爷爷，是一位高大威猛的农村人。爷爷对自己要求很高。听街坊邻居说，爷爷是一位具有典型大男子主义而在工作生活中很严谨的人。在那个白手起家的年代，爷爷靠着自己扎扎实实的能力，将自己的家从风能进雨能进的小木屋变成了风雨进不来的石板屋。在爸爸小时候，爷爷跟奶奶到姨奶奶家打工，家里只有爸爸照顾他的弟弟和妹妹。在这样的成长环境中，爸爸逐渐学会了一些生活技能和品质，比如学会照顾别人，担当起作为大哥的责任等。

除了家庭的小环境，爸爸也受那个时代的影响。福建泉州地区是一个家族观念很重的地方，待人接物都强调"义"。用后来社会学家翟学伟等人的学术话语体系来说，就是看重"人情"和"面子"。福建泉州人很讲团结，讲究做人要符合相关的道义，需要得到街坊邻里人的赞赏。在这样的大环境影响下，父亲也形成了具有时代烙印的一些品质，比如乐于助人、信守承诺等。而我的母亲，是家中的老小，在她的前面，有六位哥哥。母亲是在外公外婆的期待中降临的，与父亲不同的是，母亲在年轻的时候并没有吃太多的苦，因为作为家中最小的孩子，总是受到各方面的优待。

## 诚信家风的形成

父母亲读书的那个年代人们并不重视教育，或者说那个时代教育环境并不好。父亲十几岁就出门经营小本生意了，母亲则在小学一年级就辍学回家了。我至今仍记得母亲跟我说的那个不读书的故事："乡下的小女孩都一起玩，那个时候你二舅已经在大队里上班，二舅为了鼓励我读书，说每天给我两毛钱，让我去上学。那个时候的两毛钱非常值钱，可以买很多东西。但是那个时候的我就想跟小伙伴玩，果断拒绝了二舅的诱惑。现在想想很是后悔，很后悔自己没读书。"父亲在堂大伯的带领下到了三明，从事水果买卖。起初，就是推着小三轮车，在周边吆喝买卖。后来，父亲遇见了母亲，两个人结婚了。在结婚的初期，他们一直做着水果买卖。听母亲说，每天要进货出货，还不能让水果烂，如果水果烂了，就只能自己吃掉，是绝对不能卖给客人的。在父母的人生实践中，他们一直都坚信一个道理：小便宜不能贪，不是自己的东西绝对不能要，做生意要讲究诚信。父亲讲过一个故事，有一次一个客户来买水果，结果把一把伞落在了水果摊上，那是一把很精致的伞，父亲当时心里有过小小的斗争："要不要把这个伞收起来作为自己的？"当父亲这个"恶念"出现的时候，心里又出现了另

陈晓玲在指导学生

一个声音："不行，这不是我的东西，我不能要。"在两种声音斗争后，父亲最终决定把伞收起来等客户回来取。最终，客户也回来取了，而且因为父亲的这种精神那位客户成为了水果摊的常客。

母亲受到父亲的影响，在生意上也遵守"诚不欺我"的价值信条。父母一直在云南做五金生意。有一次，母亲在收取现金清点时发现现金多了1000元。母亲事后说："当时我的心里也在挣扎啊。一方面我觉得对方可能是一次性买卖，我多收了1000元他也不知道的，而1000元对我们来说，是要再卖很多货才能得到的收入。另一方面，我心里又觉得我们是做生意的，做生意最重要的就是讲诚信，如果我多收了1000元，后面万一因小失大怎么办？就在我点钱的时候，我的内心真像是经历了万重山。最后，我还是决定把1000元还给了客户，因为我想起了你爸爸说的诚信。后来顾客开玩笑说一不小心让我多赚了1000元。我就跟顾客说，你让我多赚1000元，这并不是我应得的，从当前来看，我可能捞到了好处，但是从长远来看，可能是赔本的生意。如果你后面想起自己多付了钱，就会来找我，这样反而更不好。也许你会因为这样的事情不再到我店里买东西，那我以后就亏大了。做生意一是一，二是二，我们要讲诚信。"顾客听后呵呵一笑，对母亲竖起了大拇指。后来，这位顾客同样也成了店里的常客，经常有几万几万的订单。这样的例子不胜枚举。从事小本生意的父母的口头禅就是："你放心，我们做生意是讲诚信的，不会跟你说的是这个货，实际上是另外一个货。我们说今天给你发货，就今天给你发货。"我儿时在家中听父母经常说的一句话就是："做人要讲诚信，要对自己的言行负责，不要轻易许诺别人，如果许诺别人了，就要努力做到。"有一次一位顾客买了东西，还没等找零就匆匆离开了。父母回身时发现顾客已经离开，父亲便立马揣着 50 元钱往顾客离开的方向奔去。事后我才知道，父亲是走了很远很远的路才找到了那位顾客。

## 诚信对我的意义

约瑟夫·布尔戈在《为什么我们总是在防御》里说，人作为哺乳动物，是有一个很长的养育周期的。对于人而言，在相对长的养育周期里，父母就是被养育者的权威。被养育者的性格、看待世界的方式，都复刻了养育者的。被养育者是无条件信任养育者的。也正是存在这样的生物心理机理，父母就显得很重要。人是经验的产物。人与动物不同的点就在于，人的前额叶有自我觉察的部分，可以不断调整自己的行为。达娜·萨斯金德在《父母的语言》里说，父母与孩子的有效互动是推动孩子成长的关键因素。父母在人生实践中所形成的体验，通过不断地自我觉察，形成了他们的人生经验，而这样的人生经验通过他们的语言和行动，通过代际传递不断地传递给对他们极度信任的被养育者，就形成了一种人际之间最深层互动的机制，从而形成了家风，也成为一个家的能量场。

"长大后我就成为了你。"这原本是句形容师生关系的话，其实用来形容家庭之间的关系也不为过。每个人都是他或她原生家庭的影子。小时候的我，总觉得父母坚持原则的形象非常高大。而这种讲诚信的道德品质，也逐渐内化成我的行动指南。我曾经因为"失信"于人而倍感煎熬，直到我再次兑现了自己的承诺，内心才会感到平静。有一次，坐校车刷卡时，我发现卡里的余额不够了，想到当天下午会再次坐校车，我就同师傅说："我下午坐车再补刷。"师傅答应了。不巧的是，当天因为改变了行程，下午我没有坐校车，而这15块钱也没有补刷。这件事成了我心里的一个小警钟，时不时敲响、提醒我还未践行自己的承诺。终于有一天，我外出时坐校车，又碰到了那位师傅，我跟师傅说上次的车钱不够，没刷卡，这次补刷。师傅很感动，说他都不记得这事了。"可是我记得"我在心里对自己说。尽管未及时补刷卡本不是主观意愿，但仍在我心里激起了不小的波澜，直到后来我补刷了卡，我的内心才重新获得了平静。如今，我进一步意识到，这事做与不做，其实与别人无关，很多时候都是自我的要求。而诚信，是一种价值选择，它帮助我形成了一种良好的人设。我并不是因为需要别人认可才去做这件诚信的事，而是因为诚信于我很重要，所以我才要做。而这种重要感和价值感，来自父母的言传身教，来自他们在每日的家庭教育中的温馨提醒，也来自孩子对父母的身份认同。如今，诚信也成为我内心很看重的一种品质。思想和言行保持一致，不撒谎，为人正直，遵守规则，和别人约定的事必须做到，不说做不到的事情等，都成为我行为的具体规范。靠谱、可信赖、讲原则、负责任、守时是身边的朋友、同学和领导对我的评价。辅导员处在学生工作的一线，其作风会对所在年级的学生产生影响。在8年的辅导员工作生涯中，在与学生的相处中，我也努力做到诚信。例如，在奖学金评比以及入党发展中，做到程序公开、过程公开和结果公开，平时与学生的谈心谈话中，对于学生反映的问题，在自己的职责范围内，第一时间反馈和执行，用真心、真话、真行成为学生成长的引路人。后来，我的工作岗位调整至组织员，实事求是更是工作的核心要求，而诚信的内在品质也很好地帮助我胜任了组织员的岗位。

　　家庭塑造了一个人的人格，培养了一个人的品质。费孝通在《生育制度》一书里说："对于一个人而言，影响终身却由不得自己选择的，就是谁是你的父母。"父母除了给予我们生命，还通过家风和家教不断培育着我们。正如习近平总书记在 2019 年春节团拜会上所说："家庭是社会的基本细胞，是人生的第一所学校。"好的家风和家教会使身处社会的人学会君子之道，懂得如何与自己、与他人相处。父母讲诚信的品质，成为我们家庭的一个核心的家风。蒙台梭利在《童年的秘密》里说："我们童年时代形成的信念在我们长大成人之后就变成了我们的'人生蓝图'，即便是那些信念不再有任何意义了。"家风于我们的意义，就是我们的"人生蓝图"。

# 家风中的时光印记

沈 嫣

经亨颐教育学院党委副书记、纪委书记，副教授

我出生在一个普通得不能再普通的工人家庭。家里爷爷奶奶都已经 90 多岁了，外公外婆在我上小学和成人之后相继故去，但长辈们的淳朴善良、勤劳乐观一直激励着我好好工作、快乐生活。

我是第一代独生子女，爸爸有三个姐妹，妈妈有四个兄妹，我们家俨然是个人口庞大的家族。家风，不仅仅是一种传统，更是一种力量。它如同一条纽带，将我们紧紧地联系在一起，无论我们走到哪里，都不会忘记我们的根、我们的家。在岁月的长河中，每个家庭都有自己独特的故事，它们如同珍珠般串联起整个家族的记忆。

## 勤俭持家是秉持的原则

说起我的家风，首先跃于我脑海之中的便是"勤俭持家"这一传统美德。我童年时期还是物资相对匮乏的年代，勤俭节约便自然而然地成了我们家秉持的原则。爷爷说："我们小时候，连一件像样的衣服都没有。现在日子好了，我们还是要保持好的传统。"

爷爷是在供销社工作的，他的工作就是去各个村庄收稻谷。每当到了收割稻谷的季节，爷爷总是带着我下田去看农民伯伯割稻子。他

沈嫣的全家福

教导我，每一粒稻谷都是汗水的结晶，绝对不可以浪费。即使在丰收的季节，我们家也从不铺张浪费，这种勤俭的家风，让我从小就懂得了珍惜和感恩。

记得小学的时候，我不小心把盐错当成了糖放入了牛奶中，一喝感觉味道不对，但也觉得不能倒掉，于是又加了一些糖，硬着头皮喝了下去。当时真的可以用"五味杂陈"来形容。但我一直告诉自己，绝对不能浪费牛奶。现在，我也这样教导我的孩子。记得有一次，我的女儿因为我妈妈做的一道菜不合她口味而发脾气说不吃了。见状，我赶忙和她一起想办法，我们给菜加了点番茄酱，酸酸甜甜的口味顿时让她胃口大开，很快就把饭菜吃得精光。

我的爸爸不满 16 岁就参加了浙江省生产建设兵团，因为家里经济困难，去兵团报到的时候，他穿的"解放鞋"都是大了一码的，而且还是一顺儿的。尽管穿着有点难受，但爸爸还是觉得很幸福。到了兵团，爸爸成为了炊事班的一员，每天骑着自行车去 15 里外的菜场给全团买菜成了他的工作。为了买到最新鲜的菜、肉，也为了能为团里省点钱，爸爸每天都是全团起得最早的一个人，无论刮风下雨，无论天寒地冻。我常常听爸爸和我讲在兵团的点点滴滴，这些都是他非常宝贵的回忆。所以他退休后初到杭州时，我们还特地陪他去位于大江东的知青文化园好好逛了逛，也算是帮他找寻当年围海造田时的青春岁月的记忆。

## 坚毅乐观是一生的财富

我是由奶奶一手带大的。奶奶是老底子的杭州人，我成年后到杭州来读大学、读研究生，再到选择留在杭州工作，大抵是受了奶奶的影响。记得儿时夏日的傍晚，吃完晚饭，我总爱搬个小凳坐在家门口，一边手捧西瓜，用勺子细细品味，一边聆听奶奶讲述她童年的故事。奶奶经常和我讲，她小时候一家十几口人跟随爸爸妈妈（我的太公太外婆）乘坐竹筏从杭州逃难到我的家乡平湖的艰辛历程。言辞之间，我仿佛穿越回了那个战火纷飞的年代，河水湍急，一条竹筏在波涛中摇摆，仿佛随时都会被吞没。奶奶说，那时候十来岁的她很害怕，但看到父母坚定的眼神，她知道，无论多艰难，他们都不会放弃。那种坚毅和勇气成了奶奶一生的财富。

奶奶常说："无论遇到什么困难，只要家人在一起，就没有什么过不去的坎。"在我遇到困难和挑战时，奶奶的话语便会在耳畔回响，给予我无尽的力量。她的这种精神，已经深深融入了我们家的血脉，成为代代相传的家风。

然而，岁月无情。奶奶在前几年不幸患上了阿尔茨海默病，在经历了两次脑梗之后，她已无法言语，甚至认不出自己的儿子了。尽管如此，我们晚辈还是经常抽空去颐养院看望她。虽然轻声呼唤"奶奶"

时她已没有反应，只有空洞的眼神望着远方，但我还是喜欢守在她床边，摸着奶奶的手，和她说说话，就像小时候她陪伴我那样。因为我知道，有奶奶在，就永远充满温暖与力量。无论时代如何变迁，家庭的力量是永恒的。

如今，我也有了自己的孩子，我时常会给孩子们讲述我奶奶的故事。我告诉他们，无论遇到什么困难，都要保持乐观的心态，坚持到底。我希望这种坚毅和乐观的精神能够成为他们一生的财富，就像我奶奶曾经给予我的那样。

## 诚实守信是做人的根本

"人无信不立"，这句古训是我爸爸时常挂在嘴边的座右铭。在我们家中，诚实守信不仅仅是一个简单的词汇，它早已融入了我们生活的每一个细节，成了我们为人处世的基石。无论是对待家人，还是对待朋友，我们都要求自己做到言行一致，信守承诺。

记得小学二年级的那个周末，我和好友约好一同来我家做作业。然而，好友如约而至，我却因一时贪玩而忘记了约定，独自外出游玩去了。那时，家中尚未安装电话，父亲无法及时联系我，只能焦急地等待。当好友失望地离开时，父亲得知了事情的真相，他没有过多的责备，只是用那双充满智慧的眼睛看着我，语重心长地说："孩子，你知道吗？你失去的不仅仅是一个玩伴的等待，更是你自己的信誉和尊严。"那一刻，我意识到自己的行为是多么的自私和不负责任。在父亲的带领下，我鼓起勇气去好友家向她道歉，并承诺以后绝不再犯同样的错误。

这件事给我留下了深刻的印象，让我明白了诚信的重要性。爸爸告诉我，承诺是一份责任，一旦做出，就必须不打折扣地去履行。如果做不到，就不要轻许诺言。这次经历成为我人生中宝贵的一课。

如今，我已长大成人，并将这份家风传承给了我的孩子们。我告诉他们，诚实守信是做人的底线。我鼓励他们在面对诱惑和压力时始终保持诚实，坚守信用。小学时我儿子在班级同学中一直是诚实守信的典范，多次因为文明守信被广播表扬，在集体劳动或班级活动时，他总是任劳任怨，从不计较得失，是老师眼中很有奉献意识和集体观念的孩子。他的这些品质，让我感到无比的自豪和欣慰。我知道，这些都是我们家庭教育的结果，是我们家风的体现。

## 勤奋学习是永远的追求

在我们家，学习是一种责任，也是一种追求。我的爸爸，一位仅有初中文化的普通人，却怀揣着不凡的梦想与坚持。每当提及小镇上首届高中生大红榜上那耀眼的名字时，他的眼中总会闪烁着自豪与遗憾交织的光芒。作为家中的长子，他毅然决然地选择了放弃继续深造的机会，将这份珍贵的希望寄托在了妹妹们的肩上，这一决定背后，是他对家庭深沉的爱。

爸爸在初中毕业之后马上参加了建设兵团，即便在繁忙的炊事兵生涯中，他也从未放弃过对知识的渴求和自我提升。在建设兵团里，各项比武爸爸都奋勇争先，尤其是 1000 米游泳项目的冠军荣耀，更是让他成了全团瞩目的焦点。更令人钦佩的是，他那一手曾经"拳打脚踢"般稚嫩的钢笔字，在经过刻苦的练习后，终于蜕变成全团公认的"数一数二"的佳作。他也常常和我说："你只要想读书，尽管往上读，我和妈妈哪怕再辛苦都会全力支持你的。"这句话，如同温暖的阳光照亮了我前行的道路，成了我儿时刻苦学习的强大动力。我从本科读到研究生，再到在职攻读博士学位，每一步都凝聚着爸爸妈妈无尽的关爱与付出。

爸爸鼓励我多读书，多思考，不断充实自己。爸爸常说："学如逆水行舟，不进则退。"即使工作再忙，他也会抽出时间来阅读。爸爸对知识的热爱与追求，深深地感染了我。他总是强调："知识是无价的，投资在知识上的钱，永远不会浪费。"在物质条件并不宽裕的年代，他依然特别"大方"地坚持订阅各种报纸、杂志，让家中的书报架始终保持着满满当当的状态。在我成长的道路上，勤奋和坚持不懈的爸爸是我最好的榜样。他用自己的行动告诉我，无论做什么，都要全力以赴，都要勤奋努力。

## 团结互助是力量的源泉

团结互助的精神不仅局限于家庭，也贯穿于父亲的工作之中。爸爸转业后在供销社工作，对待工作认真负责，对待顾客热情周到，他的工作业绩总是名列前茅。因为工作出色，他后来担任了中层干部。20世纪90年代，供销社面临着从计划经济到市场经济的转型。爸爸牵头发起的改革实践方案触及了一些员工的利益，这是改革过程中不可避免的情况。有一年的除夕夜，一位员工坐在我家门口，倾诉着自己的困难，这一幕深深地印在了我的记忆中。那位员工的脸上写满了忧虑和无奈，她的声音带着颤抖，诉说着改革给她带来的影响。爸爸耐心地听她倾诉，他知道，每一个员工的背后都有一个家庭，每一个家庭都有自己的故事。听完她的倾诉，爸爸邀请她到家里一起吃年夜饭。饭桌上，爸爸没有谈工作，而是像对待家人一样关心她的生活，询问她的家庭情况，让她感受到了温暖和关怀。饭后，爸爸和她进行了深入的交谈，详细地解释了改革的必要性和长远的好处，同时也认真地听取了她的意见和建议。爸爸告诉她，改革不是为了淘汰谁，而是为了让大家都能有更好的发展机会。他承诺会考虑她的困难，尽可能地提供帮助和支持。

现在，当我回想起那个除夕夜，我依然能感受到那份温暖和力量。它不仅让我看到了爸爸的善良和公正，也让我明白了改革的艰辛与人性的光辉。这件事教会了我，在面对困难和冲突时，我们可以选择理解和关爱，用沟通和关怀来解决问题。爸爸的这种处理方式，也成了我日后处理问题时的标准化参考。

家风，是一个家族的灵魂，也是一种文化的传承。家风是一种无形的力量，在潜移默化中影响着我们的行为和选择。我的家风故事，虽朴实无华，却蕴含着温暖和力量。它教会了我如何立德行善，如何积极生活，更指引我如何勇敢地面对挑战和困难。这些故事，宛如明灯，照亮我前进的道路，为我指明了人生的方向。

# 我那属牛的父亲

翟晓春

沈钧儒法学院学工办主任

父亲出生在三年困难时期的最后一年，随后，爷爷奶奶陆陆续续又给父亲生下了一个妹妹、三个弟弟，父亲上面还有一个姐姐，但跟父亲年纪相差较大，很早就出嫁了，父亲自然而然就成了家里的"老大"。爷爷去世时，父亲还未成家，更遑论下面的弟弟妹妹们。在奶奶的拉扯下，父亲顶起肩上的责任，带领弟弟妹妹们努力营生，逐一成家。

小时候，二婶常打趣我，每次让我回答父亲兄弟四人谁最帅，娶的老婆谁最漂亮时，我总是毫不犹豫地回答我爸爸最帅、妈妈最漂亮。是的，父母从小是我眼中的男神、女神，是我心中敬仰的对象。后来，父母因为生计外出打工，我与父母逐渐疏远。青春叛逆期时，我一度觉得父亲与我的成长并无太大关系。但逐渐长大，我却发现父亲对我的影响是潜移默化的，他的身教对我做人、做事产生了深远的影响。

父亲属牛，习近平总书记在 2021 年春节团拜会上关于牛的概括，可以说是我属牛的父亲一生的真实写照。

# 艰苦奋斗、吃苦耐劳的老黄牛

父亲出生的时代是一个艰苦奋斗、吃苦耐劳的时代。爷爷是远近闻名的大力士，力大无比，在靠做工挣工分的年代，爷爷可以拿到最多的工分。在爷爷的劳作下，20世纪80年代初，家里便盖起了三间大瓦房。但好景不长，爷爷突然因病去世。留下未成家的四个儿子和一个未出嫁的女儿；留下为数不多的一点资产：一栋土坯房、一栋新瓦房、一个地基、一辆手扶拖拉机。父亲将新瓦房留给了最小的弟弟、土坯房给了三弟、地基给了二弟，自己仅拿了一辆拖拉机。

就这样，父亲一穷二白的奋斗人生开始了。20世纪80年代中后期，土地分包到户，父母在家以种地为生，父亲利用闲暇时间去附近的小工厂里干点活儿。作为家里的老大，父亲总觉得钱不够花，下面的每一个弟弟妹妹的婚嫁，都需要用到钱。20世纪90年代初，改革开放蓬勃推进。家乡靠近长江，交通以水运为主，家乡的港口忙碌起来了。父亲带领母亲还有小叔，在港口候船室附近开了一家小饭馆。父亲在炉火旁，炒出一道道菜，赚取家用。在父亲的帮助下，二叔在宅基地上盖起了二层楼房。

20世纪90年代末，铁路日渐发达，水运逐渐没落。父亲的饭馆虽然也陆续换了几个地方，但在小县城里终于还是没落了。无路可走的父亲在安顿好了小叔后与母亲一路跟随着大批的打工人到了温州。

无技术、无高学历的父亲，不甘心靠出卖劳力挣那一点钱，开始尝试自己干。父亲先是在路边摆了一个小摊，后来经济能力好些了，租了个店面，后来逐渐打开了市场，租了仓库与小厂房，开始给温州附近的几个小镇批发市场供货。在父亲的帮助下，三叔另选址在乡下盖起了二层小楼，搬离了土坯房，四叔也在小县城买了房，而我们几个子女与奶奶仍然住在乡下四叔的瓦房里。

翟晓春父亲在旅游

在乡下留守的那段时间，我与父亲的沟通全靠书信往来。父亲从不向我诉苦，鼓励我好好学习，保证绝不让我辍学，嘱咐我照顾好弟弟妹妹。每当我坐在教室里学习的时候，脑海里总会浮现出父母辛勤营生的画面，于是我加倍认真学习。我未曾想到，在父亲的鼓励下，我从一所乡村中学考进了县城的重点高中。

父亲靠自己一双勤劳的双手养活了一家人，也养活了一个大家族。父亲从不投机取巧，总是脚踏实地、一步一个脚印地走好脚下的路。我读大学时闲暇时间很多。新世纪的第一个十年，经济、科技高速发展，我们班人手一台台式电脑。身边很多同学沉迷于电脑游戏、追剧，或者花大量的时间去外面兼职挣钱。父亲告诫我，作为学生，首要任务是学习。于是，大学期间，我闲暇时常常泡在图书馆，看书、写作。四年下来，我累计读了 2000 多本书。广泛的阅读，不但令我成绩一直名列前茅、课堂上可以与老师讨论学术问题，而且当我大四选择考研时，也帮了大忙，我没怎么费力气就考上了相关院校。

## 为民服务、无私奉献的孺子牛

也许是身为长子的责任，父亲总是把带领弟弟妹妹们过上美好的生活这一重任扛在自己的肩上。因此，当命运女神一次又一次向我们这个家族发出挑战时，父亲都一一接招。

先是小姑的家庭出现了问题，小姑的儿子、女儿先后生病，小姑要照顾孩子，还得付医药费，姑父挣的钱远不够开销。父亲便将小姑和她的孩子们接到身边，让姑姑在自家店里工作，他带姑姑的孩子们看病，帮姑姑一家熬过了最难熬的几年时间。几年后，孩子们经过治疗逐渐康复，小姑的生活也终于好转。后来，三叔生病，需要长期服用进口药。农合医保无法报销，父亲与小叔商量后，一起承担了三叔生病吃药以及住院期间的所有医疗费用。三叔住院期间，正值我大学放暑假，我自觉地承担了每天给三叔送饭的任务，把一个学期获得的几百元奖学金全都给了三叔，希望他的病尽快好起来。后来三叔还是走了，父亲痛失弟弟，而为弟弟所有的付出，父亲从来不计回报，更不在我们面前提起。再后来，舅舅生病，父亲依然毫不计较地资助。

最后，奶奶因为年事已高，中风生病。父亲由于在外营生，给奶奶请了护工照顾，一有时间就抽空回来看看，奶奶还是离我们而去了。奶奶的后半辈子，都是父亲在赡养。有时候我们兄妹几人对父亲说，每个子女都有赡养老人的义务，为什么不让几个叔叔也一起赡养，至少平摊下治疗费也好。父亲却说照顾奶奶是他的义务，他在父亲去世的时候就和弟弟们说好了母亲以后由他照顾。

父亲不但帮助家人、至亲，也尽自己的能力为自己的村子、家乡做点事。每当村干部找到父亲，需要捐助、支持村里的发展时，父亲总是毫不犹豫地掏钱。父亲还与小叔一起自掏腰包，在村里通往镇上的公路两旁种满了行道树，美化了村里的环境。

父亲就是这样一头默默奉献的孺子牛，他并没有赚很多钱，与母亲一直省吃俭用，甚至不舍得为自己买一双稍微贵点的鞋子。但是为家人、为家乡服务，少则几百、多则几万地掏钱，父亲从没有不舍得。父亲用他伟岸的肩膀，扛起了这份家庭、时代交给他的责任，他没有拖累国家，没有向社会、家人索取任何东西，只讲奉献。

## 创新发展、攻坚克难的拓荒牛

父亲凭着敢拼敢闯的劲头，一直在人生道路上不停地创新发展。父亲发现种田无法为生时，便去开饭店；饭店无法经营时，又去摆地摊、去创业。即便生意基本成形后，父亲也总是在不断地调整货品，研究顾客喜欢的口味，创新货品。创业的路上，每一项都是成本，每一次大环境的变动对于小生意人都会造成巨大的影响。为了节省成本，父亲克服各种困难。他全国各地跑，寻找好的货源，回来自己加工，然后自己送货，产供销一体，就靠着父亲与母亲两人的勤劳、坚韧，他们硬是在微薄利润的批发行业生存了下来。

父亲在生活中也积极拥抱新事物，是一个极有趣的人。每次回家，我最爱吃父亲烧的菜，父亲烧菜爱创新，他总会烧些我们从没见过的菜。父亲接受新生事物的速度也很快，玩抖音、录视频比我们这些年轻人还溜。父亲交友广泛，常与朋友出去游玩，我们子女也跟着父亲的视频线上云游览。

父亲这种敢闯敢干、不怕失败的拓荒精神深深地影响了我。也许由于父母一直在外，也许由于我也是家中老大，许多事情我已经习惯了自己做决定，也学着父亲敢闯敢干的样子。当机会来临时，我总是乐意去尝试，即便失败，擦干泪，学着父亲那样从头来。父亲乐于尝试新事物的劲头也影响着我。生活中，我也如父亲一样，喜欢尝试日常生活中的新鲜事物。我总是兴致盎然地为学到一项新技能或者喜欢上某一样新东西而开心不已。父亲面对困难、面对平淡生活的乐观精神，也使我永远保持积极向上、乐观开朗的好心态。

六十一甲子，风风雨雨，父亲已走过 60 年的人生征程。父亲就是一头吃苦耐劳的老黄牛、无私奉献的孺子牛、攻坚克难的拓荒牛。现如今，已到花甲之年，父亲依然在经营他的小买卖。我们问他什么时候不干了，他说直到干不动了再说。父亲真是"俯首甘为孺子牛"，吃进去的是草，挤出来的是奶。

聊以小记，用以纪念我那属牛的父亲。

# 我的父亲母亲

沈广明

沈钧儒法学院副教授

我的父亲生于 20 世纪 60 年代初，是家中长子，下有一弟一妹。兄妹三人年龄相仿，一同小学毕业。由于三人学习刻苦，成绩优异，祖父母商量后决定供兄妹三人继续读初中，尽其所能将子女培养成才。但读书对于那个年代的大多数普通农村家庭来说实在是一件奢侈品，何况是兄妹三人一起。一般家庭的孩子不等小学毕业，早已被父母要求一同出工。祖父母在生产大队挣的工分既要用于日常开支，又要供三人上学，实在有些捉襟见肘。

父亲将祖父母的辛劳看在眼里，心里暗暗下了决心，在开学前一天的劳作中，"一不小心"用镰刀割伤了腿，开学的日子也就顺理成章地请假了。过了些日子，腿伤愈合，父亲又以学业进度落后为由，执意不再读书。祖父母对这个半大小孩的"心计"自然再清楚不过，辛酸中又感一丝宽慰。此后，在祖父母与父亲的支持下，叔叔姑姑都顺利地完成了学业。

偶尔记起父亲的这段儿时经历，我总会想到《平凡的世界》中路遥笔下的孙玉厚和孙玉亭两兄弟，尤其是孙玉厚的勤劳质朴以及对家人兄弟的无私奉献。令人欣慰的是，叔叔姑姑比孙玉亭成器得多，兄妹三人感情融洽、相互扶持，数十年如一日。长兄如父，不外如是。

可能是受到父辈的影响，我有时甚至为父母只生了我一个孩子而感到些许寂寥，遗憾无法与自己的兄弟姐妹共同成长。

作为看着毛主席画像长大的一代人，父亲对解放军、当兵有着无限的向往。18岁那年部队来村里征兵，父亲第一时间就报了名。有人说，部队训练严格，当兵很苦。但后来父亲讲述这段红色记忆时，谈的都是部队军姿军容的齐整雄壮、模范战士的英姿飒爽、战友同袍之间的肝胆相照，以及异地移防时体验到的别样风情，却从来不提部队的辛苦。更让父亲感到高兴的是，除了日常训练，部队还教授文化课，这让他有机会捡起六年前落下的学业。在完成日常任务后，父亲常常跑到图书室看书。那时部队条件相对简陋，能借到的书并不多，但图书室里的报纸会每天更新。因此，阅读报纸就成了父亲每天的规定动作。这个习惯也一直保留至今。现在父亲退休了，每天早饭过后几乎都可以看到他一手拿着报纸，一手捧着一杯浓茶，戴着一副老花眼镜，安安静静地坐在客厅看报，雷打不动。

除了看报，父亲在整理内务方面大概也深受部队生活的影响，说是养成了强迫症也不为过。虽然没有到将被子叠成"豆腐块"的程度，但每天起床后，床上的被子和枕头一定是被他折叠整理、摆放工整的。就算是结婚后，日常的扫地、拖地也是父亲一手包办，容不得母亲插手，他说母亲在这方面的能力不如他，达不到他对内务整理的高要求。当然，原因是否真的如此，也就不得而知了。

我的母亲也是一个地道的农民，在山区长大。儿时就读的小学离家有十余里，路途遥远，需步行大半天才能到。因而用时髦的话说，不是在上学，就是在上学的路上。且山路崎岖，天黑后荒凉可怖。这样艰苦的求学之路对任何人来说都是巨大的挑战，何况是正值学龄的稚童。因此，母亲仅坚持了两三年就无奈辍学。多年后偶尔忆及此事，母亲仍自觉有些遗憾，后悔没有坚持下去。虽然没有接受过多少正规的教育，但在我眼里，母亲却是个有文化的人。她有时慈爱，有时严厉，一直用自己最质朴的言行教导我，要自信勇敢、心向光明。

在我幼时上学第一天临出发前，母亲蹲下来对我说："上学后，与人相处要自信勇敢，不管在外面遇到什么困难或委屈，爸爸妈妈都会一直支持你、保护你。"说实话，儿时的我懵懵懂懂，虽感受到了一份温暖与笃定，但更多的是初上学的紧张与兴奋，并不太明白这句话对我的意义。直到长大以后的某一天，当和一位朋友闲聊起原生家庭对孩子性格的影响时，我才渐渐体会到它的分量。小时候的我晚熟，木讷怕生。母亲也正是看到了这一点，才对我说了那样一番话。它如春日暖阳般渗入我的潜意识，让我觉得，不管外面的世界如何，烈日炎炎也好，寒风刺骨也罢，我都有一个可以随时返回、依靠的温暖的家。少时我的家庭并不富裕，我的父母也是平凡得不能再平凡的普通人，有很多力所不能及。但就是这样一番话，让我走在成长的道路上时能始终怀揣着一份安宁与自信，直到现在。

对于我的学习，母亲又是严厉的。记得是在小学二年级，那时的我贪玩，傍晚下课回到家放下书包后便经常和小伙伴们跑得不见踪影。再回到家时天早已黑了，我也早已将课后作业忘得一干二净。三番五次劝说仍无效果后，母亲动了真火，拿着语文课本对我说："既然不要读书，干脆一把火烧了，免得徒增烦恼。"说完她便把书本塞向家中做饭的火炉。好在祖母在旁阻止，我的语文课本才得以幸存。如今，我早已忘了那本书的封面是什么图案，甚至什么颜色，但依然深深记得那被火烧焦泛黄的书本一角。知道了母亲对我学习的要求以及言出必行的态度后，我便被迫养成了按时完成作业、认真学习的习惯。对于绝大多数人来说，如果抛开学习带来的后续效果，学习本身并不是一件令人愉悦的事，甚至可以说是一件痛苦的事。因此也可以说，或许正是得益于此，我才能有足够的"动力"一直从小学迈入大学，直至博士毕业。

当然，我能养成读书学习的习惯，并不仅仅是因为那一次的教训，更多的是受到了母亲潜移默化的影响。母亲虽没上过几年学，但从我记事起，她一直有睡前看书的习惯。尽管母亲所看的大多是聊以消遣的小说散文，但这一习惯却让我从小觉得书是一件好东西，看书是生活的一部分。

多年以后，母亲也曾略带歉意地说，学习上之所以对我严格要求，是希望我长大后不用像她那样因为没有上学而懊悔。于是我问母亲："那当年烧书只是做个样子罢了？令我白着急一场。"没想到母亲笑道："最多买一本新的就是了。"我不禁哑然失笑。

# 给予比接受更有福

解山娟

信息科学与技术学院副教授

家风，在我心中，不仅仅是家庭成员间传承下来的行为规范和价值观念，更是一种无形的精神纽带，将我们家的每一代人紧密相连。

我的祖父，一位毕业于西南大学的老牌大学生，对书籍有着无尽的热爱。他常常沉浸在书房中，或专注地剪贴报纸，或笔耕不辍地撰写文章。他的名字经常出现在报刊上，而他的书房里，藏书丰富，每一本书都承载着他对知识的热爱。童年最快乐的事，便是去祖父家，含上一块冰糖，蹲在屋角翻看《三国演义》的连环画。那些充满智慧的故事成了我童年美好的回忆。遗憾的是，一场白蚁灾害摧毁了他的书房，令人惋惜。但"多读书，好好读书"的信念却深深地烙在了我们心中。

祖父在农业局任职，家中条件并不宽裕，养育七个孩子更是一份艰巨的任务。然而，他始终保持着廉洁正直的工作态度，从未私自占有任何公共资源。受到祖父的影响，他的七个子女也都秉承着自力更生的原则，在各自的领域努力奋斗，没有一人依赖祖父的工作关系获得便利。

我的父亲，作为家中的次子，从小就肩负起了不同寻常的责任。小学毕业后，为了减轻家庭负担并帮助抚养年幼的弟妹们成长，他主

解山娟的全家福（2023年拍摄于杭州）

动辄学，前往木匠师傅家中学习手艺谋生。虽然失去了接受正规教育的机会，但他始终保持着一颗求知若渴的心。木匠师傅不仅教会了他精湛的手艺，还引导他练就了一手好字，并培养他养成了认真对待生活的态度。

父亲身上所展现出的那种勇于担当与牺牲自我、成全他人的高尚品质，深深地影响了我的世界观的形成。他经常说："做人要有担当，要懂得奉献。"这句话，他不仅是用来教育我们的，更是用自己的行动来践行的。我小时候，父亲在县城里开了一家小商店，生意虽不算大，但他总是尽心尽力地去经营。每次去外地采购商品，他都会主动帮助周边的商户捎带货物。有时候，这些额外的负担会让他的行程变得异常艰辛，但他从未有过半句怨言。在县城里，父亲是出了名的老实人，他处处替他人着想，赢得了大家的尊重和信任。

母亲对于父亲的这种行为，虽然有时会开玩笑地说他"傻"，但她自己又何尝不是如此呢？她常说："能吃小亏才不容易吃大亏，做好自己能做的事情，不与他人斤斤计较。"这句话，成了我们家人的座右铭。母亲是一位勤劳善良的女性，她出生在一个有六个兄妹的家庭，从小就学会了照顾家人。嫁给父亲后，她更是将这种孝顺和勤劳的品质带到了我们的小家。

在我们家，有一个雷打不动的习惯：但凡家里做了好吃的，都要先盛上一份，然后我和哥哥给爷爷奶奶送过去。这个习惯从我记事起就从未中断过。爷爷奶奶年纪大了，身体不好，母亲总是无微不至地照顾他们。奶奶生病住院期间，母亲更是承担起了照顾老人的工作。当时，其他妯娌工作忙，抽不开身，母亲就一个人值班，日夜守护在奶奶的病床前。奶奶去世的时候甚至都感慨地说，这个媳妇比女儿还要孝顺。

父母的这种责任与奉献，对我和哥哥影响深远。从很小的时候开始，我就明白了责任与奉献的重要性，懂得了即使面对困难、挑战也不应轻易放弃的道理。长大后，无论是在学习还是在工作中，我们都秉承着这种奉献、担当的精神，努力成为一个对社会有用的人。

如今，我也成了一个母亲，有了自己的孩子。我深知，家风的传承不仅仅是口头上的教诲，更重要的是身体力行的影响。因此，我努力在工作中做到尽职尽责，在家庭中做到关爱家人，用自己的行动来影响和教育孩子。

奉献和担当的家风不仅仅体现在对家人的关爱上，更延伸到了对社会的贡献上。除了正常教学科研之外，作为中国计算机学会的首批技术公益大使，我成立了数字志愿者队和杭 Star 科普志愿队，用技术赋能公益，让创新蕴含温情。

我始终认为，要教育孩子们有一颗感恩的心，要懂得回馈社会，帮助那些需要帮助的人。这种教育，从我的孩子 7 岁的时候就开始了。那是一个阳光明媚的周末，我带着儿子去了残疾人之家。在那里，他第一次接触到了残疾人，看着他们面对生活挑战时的坚强和乐观，儿子的眼睛里充满了好奇和敬佩。我告诉他，每个人都有自己的困难，但只要我们愿意伸出援手，就能给他们带来希望和力量。从那以后，儿子就主动提出要教残疾人下国际象棋、弹吉他，他用他的小手，传递着温暖和快乐。他让残疾人哥哥们摸一摸他弹琴磨出来的琴茧，哥哥们也会跟他分享他们以前的故事。他的笑容，他的耐心，他的善良，让那些残疾人朋友们感受到了社会的温暖。看着儿子认真的样子，我感到无比的骄傲和欣慰。我知道，他在做的，不仅仅是一件善事，更是在践行我们的家风，他会将这份爱和责任传承下去。

　　亚运会期间，儿子更是跟着我一起给残疾人讲解智能亚运的科普知识。他用稚嫩的语言，讲述着亚运的盛况，讲述着科技的神奇。那些残疾人朋友们听得津津有味，他们的眼睛里闪烁着对知识的渴望，

解山娟获评中国计算机学会首届技术公益大使

对未来的期待。儿子看到自己能够给他们带来快乐和希望，更加坚定了他继续做公益的决心。

通过这些活动，儿子学会了同情和理解，学会了关爱和帮助。他知道，每个人都应该被尊重，每个人的梦想都值得被支持。这些经历，让他成为了一个有爱心、有责任感的人，他知道，帮助别人也是一种幸福。

我深知，这些教育和经历，将会成为儿子一生的财富。它们不仅让儿子学会了如何去爱，如何去奉献，更让他明白了生活的真谛：给予比接受更有福。

我们的家风也在这样的实践中得到了传承和发扬。

★
下
篇

# 铁路 "老兵"

杨鹏飞

信息科学与技术学院学工办主任

　　父亲是一名铁路工人，他在进铁路工作之前的事情，称为"传奇"也不为过。他在湘中大山里的一个小村子里长大，那里交通不太方便，就算你现在去那里，你依然会感觉到那是一个恍如"桃花源"般的存在。在这样的环境下，家有七个兄弟姐妹的爸爸，由于是家里的大儿子，18 岁便踏上了从军之路。爷爷当时是大队书记，每次征兵的时候都把名额优先给村民其他的孩子，父亲这个当兵的名额还是当年临时增

2024 年 12 月 22 日，杨鹏飞在杭州黄龙体育馆与父亲一起观看 2024 年世界女子排球锦标赛

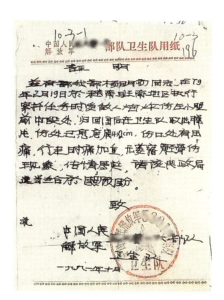

杨鹏飞父亲的战场受伤证明

加的。没承想，父亲到部队才几个月，部队就要开拔去广西前线参加对越自卫反击战。具体的战争场景我从来没有问过，父亲也从来没跟我主动提起过，只是最近这几年我儿子刷到寻访越战老兵的视频跟我说："爷爷打过仗的，很厉害。"我会跟儿子说："爷爷在战场上打跑坏人，我们才能过上好生活啊！"

由于在战役中负了伤，父亲伤愈后转业回到了地方。先是到了煤矿成为一名挖煤工人。三年多井下的挖煤工人生活让父亲对美好生活有了更强烈的向往。1983 年底，他终于来到了在这里工作了 35 年的单位—— 一个南方小县城的火车站。

我出生在父亲到铁路工作后的第三年。从小我的睡眠摇篮曲就是"哐当哐当"的火车车轮与铁轨的撞击声，我们住的楼离铁轨最近的地方只有不到 30 米，每次火车进出站的时候，汽笛还要拖着尾音地一直响。想来也要感谢有这么独特的"摇篮曲"，之后我睡觉的时候从来不怕噪音。

这 35 年中，父亲做过很多工种，比如扳道员、调车员、值班员，到后面还做了火车站的站长。在这些年中，家教家风的传承是在生活点滴之中悄然进行着。

## "好为人师"的师父

父亲喜欢带徒弟，这种"好为人师"的特质也在无声中感染着我。他带徒弟不看家庭出身，只看人品。在单位这么些年，他带过的徒弟至少有二十来人，当然有些徒弟学好后就慢慢疏离了"师父"。因此也有很多同事会笑话他，不过父亲却从来不以为意。在他看来，他给这些刚刚进入铁路的新人做好工作的启蒙一定会对他们将来的发展有作用。有一个徒弟是父亲在我成年后还经常提及的。时间还是 20 世纪 90 年代末，一个中专毕业生到铁路上工作，成了父亲的徒弟。父亲看这个徒弟除了上班也没有其他的社交，都是在宿舍里看书，一了解才知道，他要考大学。父亲和别的师父不同，他非常支持这个年轻人的决定，经常还会把他叫来家里吃饭聊天，工作的时候也是手把手地带。大概一年后，这个年轻人考上大学走了，据说现在在铁路系统里也是一方大员。我有时也跟他开玩笑："你带了这么多徒弟，怎么逢年过节都不来看你啊？"父亲说："又不是图这个，人要做到自己能做的，问心无愧。"这些年我一直在做思政辅导员工作，在带学生参加社会实践时，在指导学生参加学科竞赛时，在给学生做职业规划时，我也常对我自己说，做人做事，要问心无愧。

## "先人后己"的节假日

父亲工作尽职尽责，节假日休假都是"先人后己"。在铁路系统工作的前十来年，父亲总是说，自己家里离得近，所以让比他年纪大的人在家过年三十；等到他年资老一些的时候，他又说，年轻人刚刚出来工作，需要回去跟家里人一起过个年。因此，记忆中很多时候，爸爸就是匆忙回到家跟家人一起吃个"形式"上的年夜饭，又风尘仆仆地回到了工作岗位。他退休的第一年，终于可以踏踏实实在家里吃饭的时候，他看着春晚竟然睡着了。这也让我想起小时候，父亲每每回到家就是睡觉，因为经常上夜班的人生物钟完全是紊乱的，白天需要有更多的休息时间去恢复。现在的节假日安排，我也会"优先"把自己排在大家可能都不在杭州的时间，因为办公室很多年轻人都还没有成家，节假日也都需要回家走亲访友。

## 坚持就是胜利

父亲从来没有跟我说过"坚持就是胜利"这种话，但是却每每用行动告诉我，人因为有坚持才会有希望。小学四年级从乡下搬家到火车站家属楼的时候，我遇到了一个问题，从家到学校的距离是七公里，也就是说，我每个上学日要走将近30里路。如果那会有现在这样便利的公共交通也还好，但是那会没有这样的交通条件，就算到最近的公交站点也要走两公里，这样的话还不如直接从家里走到学校。天晴的时候还好一点，每当下雨蹚着一路泥回到家的时候，多少还是有些崩溃。这时爸爸就跟我说起他小时候上学的故事。那是20世纪60年代末，爸爸是山间小村里仅有的几个求学少年之一。每天先要起来到山里割两担猪草回家才能去上学，然后要走十几里的路才能到学校；中午还要回家割草喂猪，再走回学校上课；放学回家后也有很多家务活要干。崎岖的山路和繁重的家务没有阻断他前进的脚步，虽然没有考上大学，但他告诉我——至少他知道自己一定要走出大山。我当时

杨鹏飞的父亲母亲和孙女孙子在一起

也是似懂非懂地听着，后来也就没有太计较上学路太远的事情，而且时间久了，慢慢发现家离得远并不是一件坏事，因为跟小伙伴们在回家的马路上可以一直玩，现在还有很多存在脑海中的有趣记忆都是回家路上发生的。

这样走路上下学共六年时间。六年后，我参加了中考，在中考分数出来那一天，我都傻眼了，成绩跟平常完全不是一个水平，关键是距县城最好高中的分数线要差一大截。对于15岁的我来说，真的感觉失去了所有。我一直想要上大学，而今现在这个成绩连通向高中都困难，如何是好？家里有亲戚指导我可以去读一个中专或者技校，然后回到铁路工作，而我当时一门心思想着要读大学，因此，脑海中自然没有这个选项。作为家庭中的"话事人"，父亲尊重我的决定，帮我交了当时对于家庭来说也算是巨款的"择校费"，我才得以继续在高中求学。这件事，家里肯定有很多讨论或者建议，但是父亲从来没有跟我说过。这件事，我至今感谢我的父亲。假如没有他的支持，我现在可能会在某个火车站重复着他做过的工作。

如今我也成了爸爸，孩子们都已经读小学了。时不时地，我也会跟他们翻一翻老皇历。孩子们对我的故事没啥兴趣，对爷爷的故事还蛮感兴趣。因此，他们现在还时不时地要爷爷给他们讲讲他小时候的故事！

源静则流清，本固则丰茂；内修则外理，形端则影直。家庭是人生的第一个课堂，在这个家庭中，父亲一直像一座灯塔一样指引着我前行，也让我在前进的道路上感觉踏出的每一步都有着无穷力量。

# 无言的教诲

苏晓松

物理学院党委副书记、纪委书记

"家是最小国，国是千万家"，家庭是社会的基本细胞，是人生的第一所学校。父母是孩子的第一任老师，也是最重要的榜样。在我心里，父母的身影始终是一道明亮灯火，给予家庭温暖，他们的言行就是一面无声的镜子，映照出他们传承给子女的家风和教诲。

父亲母亲如千万勤恳劳作的老乡一样，没有显赫的背景，没有殷实的家境，甚至没读过几天书，但我亲眼见证了他们朴实的生活态度和正直友善的为人准则。那是一种无言的教诲，潜移默化地塑造了我对人生、对道德的理解。

我的整个青少年时期，父亲是村里一家企业的电力维修工。企业不大，在许多人眼中，他的工作或许并不起眼，但对于整个工厂的电力系统来说，他是不可或缺的守护者。小时候，我常常看到父亲穿着旧工装在厂区里忙碌，每一根电线，每一个线路接头，都是他日复一日的心血。数不清多少个停电的夜晚，在母亲的督促下，我端着手电筒满厂子寻找深夜未回家的父亲。他不是在火光四射的电焊车间，就是在高高的电线杆顶端，还有可能躬身在电机箱里。阴晴雨雪、寒暑易节，只要有需要，他总是坚守在岗位上废寝忘食地工作。一些工友和邻居会调侃说他憨，不会偷懒，总是干得累死累活。可是父亲总是一笑而过，淡淡地说："为人处世要良心过得去。"

父亲最让我敬佩的，不仅是他娴熟的技艺和极强的责任心，还有他不徇私情的作风。在那个年代，大大小小的乡镇企业中利用职务之便为家里谋点福利的人不少见。然而，父亲从不占厂子的便宜。记忆中，父亲经常被安排进城采购机械设备和维修所需的零部件。那时候，在很多人看来这是个"肥差"。我在节假日也跟随父亲进城采购过几次，他总是一丝不苟，货比三家，还会跟店主砍价，账也记得明明白白。只有舟车劳顿，他从不私扣分毫。一些供货商逢年过节登门拜访，他也是客客气气地迎进来，连人带物送出门。

他是电工，即便家里偶尔因为电路问题需要维修，他也从不把工厂的设备和资源带回家。有一次，一位邻居专门上门来试探着问他，能不能帮忙从厂里私拉一根电线接入他们家，父亲笑着婉拒："厂子不是我的，公家的东西一寸都不能拿。"父亲说这话时语气平和，但我知道，他心中的那把尺子是多么分明。那位邻居继续纠缠说："县官不如现管，电工拉条电路没人知道。"父亲还是用那句"为人处世要良心过得去"回绝了那位邻居。他这种固执到有些执拗的性格远亲近邻都知道，有人觉得他迂得不近人情，但日久见人心，更多的街坊邻居当面和背地都称赞父亲的为人。

多年之后走上工作岗位的我也很认同父亲的耿直和不徇私情的作风。他"内不欺己，外不欺人"的个性让我觉得踏实，像一棵树一样地踏实，让我从小懂得，无论环境如何变化，做人必须有底线，用他的话说是"对得起良心"。

在我成长的岁月里，母亲同样给了我巨大的影响。母亲与父亲性格迥异，她没有父亲的严肃与刻板，却有着一种令人感到温暖的亲和力。她是村子里的热心人，无论谁家有事，她总是第一个伸出援手。记得一年凉秋，我放学回到家发现家里有位陌生老人，父亲悄悄告诉我们她是失智老人，听口音是邻县的，天色晚了，母亲就将她留下了。几天后，几经辗转我们帮助老人找到了家人，后来老人的子女专程赶来家里道谢。

在村里，邻居们也喜欢到我们家里串门谈笑，常夸母亲待人友善。母亲常说："大家都是乡里乡亲，能帮就帮一把。"母亲不仅对外人如此，对待家庭成员更是如此。她一直强调，家和万事兴，凡事要多与人为善，不要斤斤计较。在我成长的过程中，母亲的这番话一直萦绕在我耳边，渐渐地融入了我的性格中。她教会了我宽容与理解，教会了我如何与人交往，如何在纷繁复杂的人际关系中，保持一颗善良之心。几年前，我下水救了两个落水小孩，母亲知道后非常高兴，绘声绘色地讲给邻居听，满心自豪。家是滋养心灵的地方，母亲用行动让我们沉浸于尊老爱幼、和合相亲、宽容有爱的氛围。她的待人接物的方式应和了中国传统文化的基本精神之一——"和合"，我感受到的是琴瑟和谐的家庭观、人心和善的道德观，我愿意用这些美好的词汇形容她，尽管她听都没听过这些，但她一辈子都在自然而然地践行着，润物细无声地影响着我们。

母亲没有接受过正规教育，甚至不识字，她这辈子几乎是在田间劳作与家务中度过的。然而，她从未因自己没上过学而甘于无知。她对孩子们的读书求学怀有一种出奇的执着与热情。母亲常说："我没文化，但你们一定要读书，好好学。"她对知识的朴素追求，在我成长的农村环境中比较少见，也是我们家风中不可或缺的一部分，长久影响了我的学习与工作态度。她常感慨："不识字，什么都不懂，外面的世界也看不见。"因此，她期盼我们能通过读书走出乡村，见识更广阔的世界。我还记得小时候，家里虽然拮据，但每次我们需要买书或交学费，母亲总会毫不犹豫地凑齐；我从小上学用过的本、买过的书，她都好好地保存着；我从中学收集邮票，她虽然不懂却非常支持，觉得花花绿绿的纸片上是外面的世界；读完大学我准备考研，她不知道研究生是干什么的，只要是继续读书就是好事，她说暂时不工作不打紧，爸妈一定支持。她的鼓励虽然质朴，却充满了力量，时时激励着我努力向上。母亲对读书的重视，不仅仅是为了改变家庭的生活状况，更是一种对外面世界的向往和对知识的朴素敬畏。她常说："读书是好事，不光是为了挣大钱，还得懂道理，做人要有见识。"她虽然没有文化，但她懂得读书不仅能带来物质上的改善，还能让人懂得如何与人相处、如何在社会中立足。母亲一直以我们读书好学为骄傲，每当村里人夸赞我们上学读书好时，她总是笑着说："我不懂书，可我的孩子懂。"那时，我能看到她眼中的欣慰与自豪。她从不向我们施压，只是默默支持。她坚信，知识能够改变命运，读书能带来光明。这种朴素的读书知世思想成了我人生道路上的指南针。

父亲的踏实耿直、洁身自好与母亲的和合友善、宽容坚定、对教育的重视，犹如两条交织的线，编织成了我人生的基调。他们没有给我留下丰厚的物质财富，却给我传承了无价的精神财富。我知道，这些家风家教，早已深深扎根于我的血脉之中。他们平凡而伟大，用最朴实的方式告诉我，做人最重要的是心中的那份正直与善良。这种家风家教指引着我一步步走向未来，也让我明白，传承它是我对父母最深的感激与敬意。

# 言传身教传家风

管庆江

材料与化学化工学院党委副书记、纪委书记

"家是最小国，国是千万家"，中华民族历来注重家庭、家教、家风。孟子曰："天下之本在国，国之本在家。"习近平总书记在 2015 年春节团拜会上指出："不论时代发生多大变化，不论生活格局发生多大变化，我们都要重视家庭建设，注重家庭、注重家教、注重家风。"①

作为一名地地道道的山东沂蒙人，我从小便听着山东家风故事和沂蒙故事长大，齐鲁家风和沂蒙精神已深深扎根在我心底。齐鲁家风源于儒家文化，以仁义礼智信、温良恭俭让、礼义廉耻、孝悌忠信等为核心思想，具有"孔孟之乡、礼仪之邦"的浓厚特色。谈起自己的家风，我会想到家训——"忠孝持家远，诗书处世长"，还有长辈们默默践行的"勤俭行善睦邻里"。过去温馨的时光，难忘的画面，一时全都涌上心头。虽已年过不惑，可我对此还是记忆犹新。代代相传的家风，如同一座灯塔，引领我的人生航程，让我在迷茫时坚定正确方向，在困顿中汲取奋斗力量！

----

① 中共中央文献研究室：《习近平关于社会主义文化建设论述摘编》，北京：中央文献出版社，2017 年。

## 忠孝持家远

"百善孝为先，孝为德之本。"老家特有的"请家堂、守家堂、送家堂"传统仪式给我的印象深刻，对我影响深远。我家祖辈以农为业，爷爷奶奶育有四儿一女。在我的记忆里，每年除夕中午，父亲兄弟四人和我们堂兄弟们都会赶到爷爷奶奶的老屋举行请家堂仪式。大人们将家堂轴子挂在堂屋正中，小心翼翼，毕恭毕敬。家堂轴子的纸张，早已泛黄，两侧的对联用繁体字写着"忠孝持家远，诗书处世长"。我那时真是"年少不知诗中意"，而且因为是繁体连怎么念都不知道，不过看到爷爷和父辈们郑重其事，也印象深刻。他们念着这些文字，将两侧的对联按照左右顺序挂上，并时不时对我们小辈说："这也是我们为人处世的原则，要效忠国家，孝敬父母，要多读书，要勤奋好学。"家堂轴子挂好后，还要有烧香磕头等一系列仪式和说辞，然后分别去往村头的不同方向，把列祖列宗请回家过年。除夕晚上，我们一大家子一起开始守家堂。初一早上天微亮，再去同门所有请家堂的人家磕头祭祖，同时向年长者磕头拜年。这种晚辈给长辈集体磕头拜

管庆江的爷爷（拍摄于 2008 年春节）

年的场面，十分壮观，对人的心灵冲击很大。初二下午，再通过相应的仪式和说辞，分别去往不同地方，送走列祖列宗。对于这一传统风俗礼仪，有人认为是陈规陋习。但对我们山东人来说，这一传统早已深入我们的骨髓，通过传统请家堂仪式表达了后人对先祖的敬仰、怀念和追思，对生命的敬畏，给长辈磕头彰显了尊老爱幼的传统美德，表达了对长辈的感恩之情。这一过程体现了中华民族深厚的孝道文化和家族观念，也强化了家族之间的沟通联系，加深了情感。山东人身上的忠厚仁义，很多就来自这些传统礼仪的熏陶。

除了传统礼仪，长辈们的言传身教更是重要。父母常对我说："交朋友要看他对自己的父母孝顺不孝顺，一个人如果对自己父母不孝顺的话，对国家也不可能忠诚，这种人是不可交的。羊羔还跪乳，乌鸦还反哺呢。"他们常说"家有一老如有一宝，有老有少才是一家人家"，还常给我们讲述《老来难》的故事。他们对爷爷奶奶非常孝顺。奶奶去世较早，爷爷晚年由父亲弟兄四家轮流照顾。轮到我家时，父亲总是一早就去大伯家把爷爷叫来。再后来爷爷年龄大了，就用独轮车把他推来。父母每次都会提前准备好爷爷喜欢的烟酒茶，虽然都是粗茶淡饭，但是无论父母多忙，总会让爷爷每顿吃上热热乎乎的饭。在晚辈们的精心照顾下，爷爷得享高寿，99岁（2011年）时安详地离开我们。受到这种家风的影响，我从小就懂得尊重老人，不惹老人生气。奶奶去世前一直念叨着我的乳名。现在想来和爷爷奶奶在一起的一幕幕温馨画面好像就在昨天，他们的音容笑貌就在眼前。

爷爷生于1912年，虽没读过书，但他深深明白对内尽孝、对外尽忠的道理，当忠孝出现冲突时他总以大局为重，是十里八村乡亲们公认的"忠厚实诚的好人"。每当提起他，大家都会竖起大拇指。爷爷17岁时，太奶奶就去世了，爷爷一直和太爷爷相依为命，爷爷一直非常孝顺。1947年，孟良崮战役打响，爷爷积极报名参加支前民工队，推着木制独轮车赶赴前线，家里留下82岁的太爷爷和裹着小脚的奶奶带着3岁多的伯伯和1岁多的父亲。等他支前结束回来时，太爷爷已去世并埋葬一周了，他独自一人跑去太爷爷坟前哭了整整一天。1958年，县里修建第一个大型水库——唐村水库，爷爷再次报名参加，战严寒、历风雨、斗酷暑，也顾不得回家。出发时是夏天，冬天来临天气渐冷，13岁的父亲独自一人步行50余里送去棉衣。苦干一年结束时，他瘦得整个人脱了形，头发几乎掉光了，花了大半年的时间才休养好一些。因为表现突出，爷爷最终被评为劳动模范。爷爷朴素的家国情怀也影响了我的父母，我常年工作在千里之外，二老自然十分想念，但他们更希望我对工作负责，遇到节假日时，也总是说"单位的事重要，忙的话就不要回来了"。

## 诗书处世长

"耕读传家，读书明理。"我的启蒙教育来自长辈们讲的故事、童谣等。还记得过年守家堂时，一大家人坐在一起，我很小时在"熬五更"中就牢记了"一夜连双岁，五更分二年"，知道了"年"的来历。奶奶教会了我《小老鼠》《巧姑娘》《山老鸹》《小时偷针大时偷牛》《蚂蚁报恩》等童谣和故事。民间口口相传的山东民谣和评书对我也很有影响。小时候，我们十几户人家住在村子东南角，那里有块很大的麦场，紧靠一片树林，外面小河绕村而过，流水潺潺，风景优美。夏日傍晚，邻居们常常搬着板凳、凉席等到麦场里纳凉。这时本家的三爷爷就会给我们讲《狸猫换太子》《杨家将》《戚家军》等评书，有时还会拿出一个老收音机播放单田芳的评书。每当我们听得入迷时，"欲知后事如何，且听下回分解……"，单田芳那磁性的声音戛然而止，让我们欲罢不能。这位三爷爷没上过学，但是记忆力特别好，自学了

管庆江的全家福（拍摄于 2008 年春节）

很多文化知识，除了讲评书，很早就教会了我《二十四节气歌》等。他还告诫我千万不要学打牌，那是赌博，要把时间放在学习上。这既让儿时的我学到了知识，也教会了我一些做人的道理。

　　长辈们的口头讲授让我启蒙开智。随着年龄渐长，我开始读书。父亲因为家庭困难读完二年级就辍学了，母亲更没读过书。他们都没有什么文化知识，但都非常重视读书，经常对我说"一寸光阴一寸金，寸金难买寸光阴""少壮不努力，老大徒伤悲"，告诫我一定要珍惜时光，读书明理。我上小学后，父母从亲戚朋友家借来《西游记》《小兵张嘎》等小人书、连环画和《故事会》等让我阅读。我也从三爷爷那里借来了《三侠五义》《岳飞传》《平凡的世界》等小说。这些都成了我童年时期的精神食粮，虽然谈不上营养丰盛，但在那个年代却很能"充饥"，三四十年过去仍在记忆深处。随着读书的深入和学历层次的逐步提升，我知晓了更多的事理，对仁义礼智信的体会更深了。追根溯源，这都离不开"耕读传家，读书明理"这种家风的影响。

# 勤俭行善睦邻里

勤俭持家。我小时候，家里种了几亩耕地和两亩多菜地，那块菜地，本是相差 2 米一高一低的两块地，硬是被父母靠体力纯手工平整成了一块平地。父母每天披星戴月地在地里干活，感觉除了吃饭睡觉的时间基本上全在地里。如果赶上麦收，凌晨两三点就要下地抢收。到现在我都清晰地记得，有一次天亮了，我去给父母送饭，到地里一看，一亩多地的麦子已经割了三分之二。后来家里陆续买了喷灌机、打麦机和打草机，父母还是经常忙到晚上，回家也顾不上好好吃饭，匆忙填补下肚子就抓紧休息了。为贴补些家用，母亲还养猪养羊，她从地里回来就晚上七八点了，还要熬猪食等，等喂完猪羊经常都已快半夜十二点了。我的爷爷也很勤劳，是个闲不住的人，80 多岁时还经常下地帮我父母锄地、拔草、收庄稼。父母经常讲，爷爷 80 多岁时看着我父亲劈柴还是忍不住要帮着去劈，90 多岁时看到我家周边路上有草，还是要去拔得干干净净。在这种家风的影响下，我很小就开始学习做饭，也努力去做一些力所能及的事情。家人们既勤劳，又节俭，爷爷尤甚。吃饭时，哪怕一点饭菜掉到地上，他都会马上捡起来吃掉，我们一旦说不卫生不要捡了，他总是说"你们没挨过饿，要珍惜现在的好日子"。长辈们使用东西也很节俭，到现在都习惯于修修补补。

与人为善，"积善之家，必有余庆"。长辈们经常说起我太爷爷太奶奶舍衣舍饭的善行，希望我们多存善念、多行善事。太爷爷在世时有着几十亩地，家境尚可，他们经常在村口大槐树下，夏天舍茶舍饭，冬天舍衣舍饭，类似现在的公益活动。他是当时十里八村的"文化人"，经常担任红白喜事的"掌柜"。那时白事要耗时 7 天。有一次，三个白事前后赶到了一起，太爷爷一口气忙了 21 天，等他回家时，已过了黄豆的收割时机，很多黄豆都已炸到地里了。尽管如此，太爷爷太奶奶也毫无怨言。爷爷修建唐村水库获评劳动模范后，县里发了一点慰问金，他直接拿出一半分给了当时更为困难的同村队友。小时候经常遇到讨饭的，即便自家没有什么吃的，爷爷奶奶和父母也从不会让他们空手离开，而且总是让他们喝碗热茶水再离开。赶巧遇到我们吃饭时，还会让他们吃口热乎的饭菜，那时年龄小有时不理解，他们总说讨饭的人比我们更需要。父亲在村里也总是乐于做一些修桥铺路的公益事。村口有一台石碾，每次碾框坏了，父亲总是利用他木匠的优势主动去修好；原来村头有一座石桥，夏天雨大时路基常被冲毁，父亲也总是带上工具重新铺好。

睦邻友好。因为爷爷奶奶乐善好施，家里总会有很多邻居的欢声笑语，很多孩子都会去玩，遇到什么就吃些什么，像在自己家里一样。秋天到了，门前的三棵枣树和一棵核桃树的果实熟了，爷爷奶奶总是分给邻居们，所以爷爷奶奶年龄大了后，逢年过节很多邻居包括从外地赶回去的后辈都会去看望他们，提起当年都能感受到暖意融融。父母虽然很忙，但是邻居们一旦需要帮忙，他们总是毫无二话地去帮忙。印象特别深刻的是，邻居中有一位五保户奶奶，父亲经常带着我去她家挑水、砍柴，冬天下雪后帮着打扫院子，有时让我去送她一些自家菜地里种的菜，每次烙煎饼时母亲也总是送一些给她。她很感念，后来住进镇上的敬老院了还经常来我家闲坐聊天。因为父亲是木匠，邻居家桌椅板凳或农具坏了都会拿到我家里来修，父亲拿出锯子、锤子等工具敲敲打打就修好了。我家小区边上有个山东老乡开的菜店。父母来杭城帮我们看孩子时和这位老乡渐渐熟络了，父亲有空了，又习惯性地常去帮其打理菜店。父母在小区认识的老乡比我认识的还多，他们也会经常聚一聚，聊聊老乡情和家乡事。

梁漱溟先生认为，中国文化以伦理为本位，希望人人互以对方为重。我想我家的家风应该深受这种文化的影响。父母很早就教我们如何"待人接物"，如何"端茶倒水"等。他们虽没什么文化，但是经常用一些谚语来教导我们，比如"骡马大了值钱，人大了不值钱"，尽管谚语土味十足，却很有道理，这句谚语提醒我们谦逊低调，尊重他人。他们心怀善意，以对方为重，自然也会赢得对方的善意。我小时候，几乎就是"吃百家饭、穿百家衣"，邻居们对我都特别好。现在我回老家时还会到这些老邻居家坐坐。大家都搬了新居，离得远了，但一见面，还是感觉特别亲切。父亲帮过的山东老乡也经常给我们送些蔬菜。这种人际交往中饱含的人间情感常常让我倍感温暖。这些都像春雨一样沁润着我的心田，润物无声，在后来的人际交往中，我也自然而然更愿意善待他人，成人之美。

岁月悠悠，如今我已成为人父。回首往事，关于长辈们的点点滴滴，不断浮现在脑海中，这点点滴滴让我对爷爷奶奶和父母充满了深深的敬意和感恩。蓦然发现，他们早已把家风深深地印在了我的心灵深处，潜移默化，不断影响着我的言行举止。现在，我对家风有了自觉，在与孩子的相处中，也会主动讲述家族的故事和历史。寒暑假我会带孩子回老家，特别是寒假，让其身临其境地感受山东人过年尊老孝老的仪式感。在日常生活中，我会告诉孩子"品德和习惯是第一位的"，让孩子学习"洒扫应对进退"，引导孩子注重品德修养和良好习惯等方面的人格养成。身教重于言传，我更时刻提醒自己，要以身作则，为孩子树立榜样，有意识地传承和发扬家风。家风就是文化的血脉，祖辈和父母把它传给了我，我也要把它传给孩子……世世代代，传之久远。

# 家风是成长的最大底气

马秋凤

阿里巴巴商学院学工办主任

从古至今，"孟母三迁""岳母刺字"，《诫子书》《治家格言》《曾国藩家书》等都广为流传，无不闪烁着良好家风的思想光芒。

我出生于一个普通的家庭，祖父母都是农民，父母也只是普通劳动者。但即使这样，我还是从长辈们身上学到了很多为人处世的道理。无私付出、艰苦朴素、认真做事、宽以待人、乐于助人，是对我们后辈的示范教育。

## 家风之于我，是无私的爱

我的爷爷去世得很早，那时候我可能还在上幼儿园。但是在我的印象中，爷爷很勤劳，除了干农活，还在村办厂门卫值班。爷爷总是乐呵呵的，和蔼的神态始终萦绕在我的脑海里。我奶奶以前的家庭不是特别和睦，后来她出走来到了爷爷这边组建了家庭。之前奶奶在另外一个家有一儿一女，在这边又养育了三儿一女。虽然那时候奶奶前后有两个家庭，但两边的关系一直不错，逢年过节甚至婚嫁喜丧子女间都会来往走动。那时候生活条件不是特别好，爷爷奶奶很节约，但是一旦亲戚带来好吃的，他们总会偷偷给我们孙辈留着，等我们回来的时候立马塞进我们口袋。爷爷奶奶除了把爸爸、叔叔、伯伯和姑姑养大了，还轮流照顾了几个孩子的家庭。农忙时节，也是干完了这家紧锣密鼓接着干另外一家，从不嫌累。小时候，爸爸妈妈经常要去工厂加班，奶奶总是在家照顾我吃喝，甚至晚上也会陪着我，等爸爸妈妈下夜班回来了才回叔叔家住。高中住校放假回家，我都会去看看奶奶。后来大学时回来，我发现奶奶躺在床上，肚子鼓鼓的，奶奶安慰我说："没事的，过两天就好了。"那时候的我还不知道奶奶会离开。奶奶在88岁的时候离开了我们，生病期间在床上躺了好几个月，三个儿子和女儿都毫不犹豫，轮流承担起了照顾奶奶的责任。如果爷爷奶奶现在还在人世，看到他们的曾孙子和孙女都已经大学毕业了，肯定很欣慰。

## 家风之于我，是力所能及的发光

我的伯伯辈都在工厂工作，在爷爷奶奶的影响下，他们总是勤勤恳恳。伯伯70多岁了，每天5点多就起来，承担起了一家三餐的煮饭任务。我的姑姑，孙子都毕业了，却还不闲着。我的爸爸在我上小学的时候身体健康状况就开始不好了，但他从未减少对家庭的付出和关爱。我读初高中的时候，他更是日复一日地摸黑起床给我准备热腾腾的早饭。作为一名党员，他现在每天的第一大事就是关注时政热点。努力生活的人都能绽放出属于自己的光芒，在长辈们身上，无不诠释着这点朴实。

## 家风之于我，是微小工作的极致

我的家乡是服装之乡，那里大大小小的服装加工企业有很多。妈妈年轻的时候就在一家服装厂上班。在工厂上班，加班加点是常事，但是她上夜班从不喊累。她甚至休息的时候还会帮邻居们做新衣服、缝补旧衣服。后续由于身体吃不消，她就找了一份外企的仓库管理工作。但是她对待工作一如既往地用心，不仅记住了所有物品的位置，还熟悉每一种物品的特性和用途。每当有新员工入职时，她都会快速地找到所需物品。她虽然文化程度不高，但是现在还会耐心地教我的孩子阅读和识字。父母常跟我说要用心。我现在明白了，用心是一种对家庭、对生活、对工作的专注和付出。哪怕再微小的工作，也要用心负责，全力以赴。

## 家风之于我，是近邻的温暖

老家所在的小区是20多年前原村集体拆迁重建的小区。左邻右舍都是在一起生活了好几辈的。平时总会互相帮助。每当有家庭遇到紧急情况，如突发疾病、孩子放学无人接送等，邻居们总是毫不犹豫地伸出援手。哪家灯坏了，邻居就会第一时间上门；哪家烧菜缺点生姜了，去邻居家总能救急；哪家孩子办酒席了，几乎全村的人都会前去帮忙与祝贺……互帮互助如同一条无形的纽带将大家紧紧相连，形成了一个温馨和谐的大家庭。在这个大家庭里，每个人都在用自己的方式传递着爱与温暖，共同创造着一个更加美好的世界。

## 家风之于我，是满满的热爱与感恩

在大多数家庭里，父母总是以身作则，给孩子们带来细微无声的关爱和陪伴，带来无尽的温暖和力量。我的父母也经常告诉我学会感恩和回报，珍惜身边的人和事："我们都会遇到困难和挑战，受人帮助，一定要心怀感恩。当你有能力的时候，也要学会去帮助他人。"
担任辅导员 12 年来，哪怕再晚，学生一有事情，父母总是说，你去吧，
两个娃我们来看。孩子们也看在眼里，老大经常把妈妈学校里的哥哥
姐姐挂在嘴边。工作中，我也尽己所能地为孩子们带去温暖。当学生
磕了碰了，我会尽力第一时间赶到他们身边，并在他们需要的时候力
所能及地给予他们各种资助。我想这就是工作的初心：急学生之所急，
爱学生之所爱。也正是家人的支持与鼓励，我才能在烦琐的辅导员工
作中坚持了这么多年。工作之余，我也力所能及地参与公益事业。每
当收到腾讯公益助学项目主办方的进程反馈，我都会感到无比的幸福
与满足。可能这些小小的细节也会潜移默化地给家里的两个孩子些许
触动。他们开始更加留意生活中的点滴帮助，无论是老师的耐心教导，
还是同学的相互鼓励，甚至是陌生人的一个微笑和帮助，他们都会说
声"谢谢"。

　　一言一行，虽小，却能让人如沐春风、浸润身心。学会爱与感恩，
努力做好本职工作，给予他人力所能及的帮助，尽力成长为更好的自
己……这些，就是家风给予我们最大的底气。

★
下
篇

# 岁月磨砺中的坚韧之歌

王海燕

纪检监察室教师

家风，那条无形却坚韧的纽带，穿越时空的隧道，将家族中众人的灵魂紧紧相连，代代传承，激励着一代又一代人在风雨兼程中砥砺前行。父亲在岁月中磨砺的坚毅品格深深地影响着我们，引领着我们不断前进，成为我们战胜一个又一个困难、翻越一座又一座高山的最大动力。

## 童稚历劫，坚韧初现

我爱人的父亲（以下称为父亲）出生于1948年的金秋十月。那是苦难深重的年代，生活用"不易"两个字来形容还太简单了点。6岁，他便失去亲生父亲的庇护，尝尽生活的艰辛，早早就学会了独立与坚强。家中迎来了妹妹的诞生，他趁着全家喜悦之际，鼓起勇气向继父提出了一个藏在心底已久的请求——五分钱。那五分钱，对他而言，是童年的甜蜜与奢望，足以换来满口的糖果，却也映照出他自幼失去亲生父亲的满腹心酸。命运多舛，10岁那年，父亲的母亲又突然离世，如同冬日里最刺骨的寒风，卷走了家庭的最后一丝温暖。没有母亲的呵护，兄妹三人的生活异常艰苦。13岁那年，寒冬腊月，雪花漫天飞舞，

王海燕的全家福

姑姨见父亲鞋子单薄，便亲手编织了一双布鞋送给他。父亲将鞋子视为珍宝，上学途中舍不得穿，总是到校或是回家再将鞋子穿上。有一次光着脚回家，两脚冻得通红，他试图用一盆热水来缓解这份冰冷，却不料双脚因过度冰冷而疼痛难忍。看到这一幕，姑姨不禁潸然泪下。

"穷苦人家的孩子早当家。"家庭的困厄让父亲早早担起了家庭的重担，他六七岁就开始干起了家中的各种杂事，煮饭、洗衣、担水……从最初的生疏到后来的娴熟，每一项家务都见证了他的成长与蜕变。清晨，当第一缕阳光穿透云层，他不能像其他小孩那样赖床。他早早起床，料理好家务后便匆匆赶往学校。在学校里，他非常勤奋刻苦，成绩一直名列前茅，五年时间完成了小学六年的学业，还连续三年被选为少先队大队长。童年的苦难，深深地烙在了父亲的心里，成了他磨灭不去的记忆。那份磨难铸就的坚韧让他在未来的日子里无论遇到多大的困难都能勇往直前，永不言败。

# 青春逐梦，步履坚实

父亲只读了半年的初中便不得不辍学回家种地了。因为家里实在太穷，连上学坐船的两分钱都没有，十几公里的路，每次都是走着过去。星期六中午放学，为了省钱，他每次都是空着肚子走回家，有时候走到半路都走不动了。作为家中的长子，他不得不学会放弃和担当。自15岁起，他便开始从事成年人的劳作，无论是繁重的体力活还是精细的手工艺，他都全力以赴，只为获得不少于别人家的工分。也是这一年，他开始搬砖。凌晨2点钟，他要把生产队生产的2000块砖挑到船上，再划10余公里的船到城里，把砖挑到指定的地方卖掉，然后再把船划回来。这一操作，才能赚得几个工分。起初，他只能勉强挑起48块砖的重量。为了提高效率，他暗暗下决心，明年一定要能担起60块砖！生活的艰辛并没有压垮他的意志，反而促使他不断磨砺成长，释放出与同龄人不一样的胆识和力量。

1958年"大跃进"时期，家里没有粮食，只能以糠菜为食。繁重的劳动让父亲体力严重不支，有几次几乎要饿晕过去。1962年，因自留地政策，全家得到了一片小小的自留地。父亲在大队挣完工分后便埋头在自留地劳作。虽然只有两亩八分地，却给整个家庭带来了希望，一家人至少可以不用饿肚子了。

1971年正月初六，父亲与母亲携手步入了婚姻的殿堂，仅以几桌简朴的宴席见证了两人真挚的情感。虽然婚房内家具都是借来的，父亲穿的皮鞋也是借来的，但父母感情笃厚，相濡以沫。在那个粮食紧缺的年代，父母以番薯丝为主食，共同抵御生活的风雨。随着四个孩子相继到来，家庭的负担更重了。但父母把苦难留给自己，自己吃番薯丝，把仅有的一点稻米留给孩子。家里虽然养鸡、养猪，但小鸡和小猪总是吃不饱，小鸡经常跳到饭桌上找吃的，小猪养了一年多才

100 斤，买猪的人几次过来都不要。1980 年"分田到户"政策出台之后，农民的种地积极性空前提高，每家每户的粮食有了盈余。1982 年，我们家迎来了农业大丰收，收获的稻谷超过了 4000 斤。在完成国家公粮征款后还结余 3000 多斤粮食，彻底告别了以番薯丝为主食的日子。

## 壮年创业，崭露头角

党的十一届三中全会之后，随着土地承包责任制落地，广大农民的双手从土地里解放了出来，许多农民开始出去创业，为自己的家庭创造财富。当时村里砖瓦窑产业兴起，我们家的小作坊也"应时而生"，父亲办起了砖瓦窑。父亲在前方烧窑，每天回来都像煤炭工一样；母亲在后方带着孩子们做土坯瓦片。泥土做的瓦片要在室外晒干才能运到砖窑里烧制。这种作业就怕突降大雨，半夜下大雨尤为"惨"，全家人要被父亲拽出去搬运瓦片，睡眼惺忪的孩子也不例外。但辛苦指数与幸福指数成正比，砖瓦窑的开办给原来收入十分微薄的家庭增添了额外收入，使原来穷得叮当响的家庭尝到了改革开放带来的甜头。

在办好砖瓦窑的同时，看着别人跑供销、寄业务信，父亲也跃跃欲试。在同村人的带领下，他毅然加入了成千上万的跑供销大军。父亲选择的是紧固件生意，这项生意要跟国有企业打交道，这对于刚刚吃饱饭的泥腿子来讲，难度很大。而且要去外地跑供销，更是两眼一抹黑。事实证明，开拓市场并非一帆风顺。他满怀信心地向客户寄出两千封业务信函，初期的回应却寥寥无几。面对这样的困境，他并未退缩，而是坚持发送业务信函。终于，沈阳热水器总厂的一纸电报为他带来了转机。他抓住这次难得的机会，决定前往沈阳洽谈业务。因为从来没出过差，去东北更是头一遭。农历十一月，沈阳的严寒让他这个来自南方的农民措手不及。他两脚一落地就被冻得瑟瑟发抖，他借来的薄棉衣、单鞋根本无法抵御东北寒冷的天气，双腿几乎被冻僵。他在简陋的旅馆中度过了一个寒冷刺骨的夜晚，全身被冻得发抖，第二天试图用一碗热面来驱散寒意，却不料错进了冷面店，越吃身上越冷。当他面见厂方高处长时，他的形象显得颇为寒酸，脸庞被冻得通红，仿佛刚刚从宿醉中醒来，这一幕显然没给高处长留下好印象，更糟糕的是，同行的两位专业业务员已捷足先登，这使得父亲在谈判中倍感压力，最终仅争取到了数百元的订单。然而，面对首次失利他并未沉沦或放弃，而是毅然决然地返回了温州瑞安，亲自投入到紧固件的下料加工中，并精心组织生产流程，确保每一个细节都尽善尽美，再将产品发往甲方单位，以实际行动展现他的决心与毅力。随后，高处长在持续收到父亲最新研发的产品后主动致电邀请父亲前往沈阳对接业务。此行父亲不仅收回了应得款项，还出乎意料地斩获了数万元的订单。正是这份对事业的执着与热爱让他始终坚守着诚信和坚持的原则，用实际行动赢得了客户的信任和尊重。之后，父亲经常往返沈阳出差。20 世纪八九十年代，温州去沈阳交通极不方便，先要坐 20 个小时的轮船到上海，再坐 36 个小时的火车才能到达沈阳。父亲是个非常节俭的人，从上海到沈阳舍不得买卧铺，只买硬座，累了就坐在过道或躺在别人的椅子下面睡觉。有一次从沈阳回来，他先坐硬卧到上海，再坐硬卧到株洲，连续坐了 40 个小时的火车，下了火车直接跑业务，累到了极点。当时，火车上还不供应水，也没有矿泉水叫卖，渴了只能等火车停靠大站的时候，大家快速冲到服务台用杯子接几口水喝，接着跑回来抢占"有利位置"。

## 中年稳健，带头致富

20 世纪 90 年代后期，随着社会主义市场经济体制的建立，在计划经济年代诞生的国有企业逐渐不适应市场经济大潮的冲击，纷纷倒闭或转产改制，父亲的东北之路也就断了。闲不住的父亲另寻商机，在家乡办起了纸箱厂，他和母亲两人起早贪黑，带头干事，凭借优质的产品和服务，他们赢得了市场的广泛认可，成为了村庄新的经济增长点。父亲的创业举措不仅展现了他对市场的敏锐洞察力和果敢的决断力，更彰显了他壮年时期那股不灭的创业热忱。

在自己创业的同时，父亲不忘一起帮扶贫苦的农民。他响应国家号召，当起了村干部这个"苦差事"，带领村民走共同富裕的道路。当时村集体经济一穷二白，村干部没工资、没报酬，只有奉献和村民不理解的骂声，但父亲无怨无悔。在村委会工作几年后，他敢于担当、任劳任怨的工作作风和公正无私的品德受到了干部群众的普遍认可。1978年，他光荣地加入了中国共产党，并被任命为浦北村副大队长。后来，他被村民选举为村主任，被公社任命为村党支部书记。在履职村主任和村支书岗位期间，他想群众之所想，急群众之所急，把群众的事当成自己的事，把自己的家当成村会议室，白天在村委会办公，晚上在家里开会，夜以继日、夙夜在公，办成了一些历届村委会没有办成的事。看到村里落后的交通，他带领全村人民集资并争取上级资金共200万元，自己带头捐资3万元，使全村村头巷尾通上了水泥路，村民们无不拍手叫好。他重视教育，倡导并推动村级办学，筹资160万元创办了郭溪三小。崭新的三层楼建筑，硬件和软件在当时都属一流，村里的小孩再也不用在漏水的平层教室里上课了。由于工作出色，父亲连续五届被选为村党支部书记，两次当选区人大代表。到了退休年龄，他再三请辞才从村支书位置上退了下来。

## 热心公益，退隐不息

退休后，父亲并未选择安逸地居家生活，而是保持着他那份初心，继续发挥余热，为家乡和村民多做点事。他喜欢劳动，有空总是跑到田里种植瓜果蔬菜，吃不完就把菜送给子女和邻居、朋友。乡村的公益事业总能看到他积极的身影。看到别的村都在烧茯茶而本村没人带头的情况，他带头捐资，与老人协会一起把这个项目落地。看到村里缺乏休闲娱乐设施，他倡议建设村级休闲长廊。在他推动下，一条长约150米、古色古香的长廊建设而成，成为村民茶余饭后的好去处。在各地的捐款名单中，他的名字频繁出现。他总是说："赠人玫瑰，手有余香，公益事业积善积德，永远做不完。"父亲虽然不当村干部好多年了，但还是深受村民的尊敬和爱戴，村民碰到他总是热情地以"老黄"跟他打招呼，平时来家里串门的村民络绎不绝，这是对他多年投身村集体事业和公益事业的最大认可。

## 优良家风，代代相传

2008年，我与丈夫结婚。自踏入这个家族开始，我就感受到了淳厚的家风。而良好家风的缔造者，正是这位历经风雨却愈发坚韧的智者——我的父亲。他不仅是家族的长者，更是我们心灵的灯塔。他待我如待亲生女儿般，让我感受到了家的温暖与关怀。家族聚会时，他那穿透岁月风霜依旧铿锵有力的声音讲述着一个个关于如何坚守梦想、如何逆境而上、如何守正创新的故事。这些故事，如同璀璨星辰，照亮了我们前行的道路，让我们到达光明的彼岸。

父亲不仅在行动上影响我们，让我们学会了自律与坚韧，勇于面对一切挑战，还经常教我们为人处世的道理，他经常说："教育小孩子，言传不如身教，家长一定要身体力行、率先垂范，要求小孩子做的自己先做到，要求小孩子不做的自己坚决不做。"他还教导我们，吃饭时手要扶住碗，坐时不跷二郎腿，到别人家去不能站在门槛上，清扫地面时，与邻居共用的公共空间一并维护等。虽然都是小细节，但"大道至简"，这些教诲为我们养成良好的行为习惯起到了重要作用。

父亲与母亲虽然是媒妁婚姻，但结婚50多年来相濡以沫、相互包容、相互理解、荣辱与共，结婚到现在他们从没红过脸、吵过架。在父亲的榜样力量下，家族的各位成员传承了良好家风，养成了良好的行为习惯和规矩意识。我们几代人重视教育，远离不良嗜好，不抽烟、不赌博、适度饮酒，家族内温良恭谦、勤劳刻苦、诚实守信、团结友善。我丈夫与他三个姐姐也是互敬互爱、客客气气。在孩子的教育上，我们强调以下几点：厉行节约，不浪费粮食，深知一粥一饭来之不易；衣着要干净整洁，不盲目追求名牌；要孝敬老人、尊敬长辈、礼貌待人；锻炼健康的体魄，培养健全的人格；要树立正确的世界观、人生观、价值观。

家风，如一缕和煦的阳光，洒满每一个角落，照亮了家庭的和谐与幸福。它汇集了父母的智慧、家庭的温暖，成了我们生命中不可或缺的一部分。家风长歌，离不开每一代人的传承与弘扬、守望与维系。我们将以身作则，将良好家风融入日常生活的点点滴滴之中，让它在潜移默化中滋养并塑造我们的下一代。只有这样，我们的家风才能世代相传、熠熠生辉。

# 克勤克俭家风长

宋小宛

公共卫生学院卫管 232 班

清白家风不染尘，冰霜气骨玉精神。

——题记

古语有云："天下之本在国，国之本在家。"在悠远而绵长的岁月长河中，家风如一条清澈明净、潺潺流淌的溪流，给予我们无尽的滋养与慰藉，浸润着我们的心田，引领着我们前行。它如诗如画，轻轻诉说着家族的古老传说，无声孕育着良好的社会道德风尚，塑造着一代又一代人的精神世界，成为我们生命中不可或缺的一部分。在这个瞬息万变的时代，家风依然是我们精神的归宿，是我们前行的力量源泉。

于我而言，或许是我再度站在试验田那整齐的田埂上，目睹自己苦心孤诣编织出的那片独有的金色麦浪时，祖祖辈辈流传下来的家风终于在我心里有了具象化。克勤克俭、俭以养廉或许就是我那代代耕耘的祖先留给我最宝贵的财富。

站上田埂，斜靠在一旁的新时代廉洁文化建设的宣传栏上，望着试验田的麦浪翻滚，往事流转，涌上心头。

时方 7 月，麦穗悠扬。父亲，一个地道的农民，踏上田野，展示

宋小宛的父亲和母亲

着代代耕耘的祖先传给他的务农的本领。而我，跟随父亲，一同踏入这金黄的梦境。父亲换上布鞋，戴上草帽，手持镰刀，开始了他的收割之旅。我紧随其后，试图分担那份劳作的艰辛。田野里，父亲俯身田间，飞快地挥舞着镰刀，麦秸也应和着父亲的节奏，呼啸般"躺下"，只留下一地整齐的麦茬。麦香四溢，空气中满是收获的味道。炎炎酷暑，赤焰骄阳，麦芒扎在黏腻的皮肤上，扎得人生疼。我的动作越来越慢，懒怠地坐下，可父亲却像抽穗期的小麦一样一刻不闲。在麦浪的翻滚中，父亲仿佛成了那金色海洋中的航船，乘风破浪，演绎着勤劳的传奇。

　　父亲手中镰刀的每一次起落都要有一簇金色浪花被抚平，化作麦田中细腻的纹理；金黄色的麦田如同被施了魔法般层层剥离，裸露出褐色的肌肤，大地的华服被轻轻褪去，露出它原本的朴素与真实，述说着这片土地上父亲曾挥洒过的勤劳。我不解父亲的卖力，那份近乎苛刻的执着与坚持让我心生疑惑。当我终于忍不住问起时，父亲也只说了一句"克勤克俭，俭以养廉"。这简短的话语却蕴含着深远的哲理，让我久久回味。然而父亲的勤俭却远不止于此，他总是要在收割后挎着一只小巧的小篮，步履轻盈地穿梭在麦田之间，一丝不苟地捡拾起每一根遗落的麦穗。倘若这个时候我贪玩，父亲定要语重心长地教导我一番。他的眼神深邃而温暖，总是充满了期待与希望，仿佛要将眼底的热忱深深地烙印在我心上。或许恰是因此，长大后我离开家乡才会主动投身实践，在不同的"试验田"内躬耕不辍。

斜阳半落，黄昏缱绻。父亲直了直腰，方才起身。看看天边碎落的丹霞，他拧了一把浸出白渍的汗衫，再看看堆成山的麦子和再也装不下的小竹篮，笑意已先飞上了眉梢，仿佛已经看到了家家富足、灯火可亲的样子。这份对未来的美好憧憬，并不仅仅源自丰收的喜悦，更源自那份深深植根于心的信念——跟着父亲代代传下来的"俭以养廉"的高尚家风，犹如不息的薪火，穿越时代而来，成为家族灵魂深处的回响。

父亲是村支书，村里的大事小事，难免有急难愁盼的事要找到父亲。村里土路泥泞，几次调查后父亲就启动了"要致富先修路"的计划；村里农产品没有销路，父亲就带头组织互联网带货。父亲为人正直，可稍不留神，也会有人提着千金重礼登门拜访。古语说："能吏寻常见，公廉第一难。"张三家的菜园，李四家的低保……父亲大手一揽，从来不收一份礼，但人们却总能看到他坐在门槛上冥思苦想的样子和奔走在各家的身影。他总是把"俭以养廉"挂在嘴边，不仅自己身体力行，更以此教导我主动为人民服务。他的言行，如同一股清流，洗涤着村里的每一个角落。如今的我，虽身在远方，可清正廉洁和为人民服务的热忱却依旧跃动在我的胸膛。

一树年轮，一城风景。记忆里父亲好像还有他自己的同伴，他们都克勤克俭、廉洁奉公、以身作则，为村庄的发展倾注了心血，成了村庄发展的中流砥柱。他们坚守公正，无私奉献，带领村民改善生活，推动文化建设。他们变成了村庄的领航者，不仅仅在个人的世界里坚守着勤勉与节俭的美德，更是将这份精神升华为一种信仰，深深地烙印在了村庄的每一个角落。他们以一种近乎苛刻的严谨对待着每一份资源，确保它们都能在最合适的地方发挥出最大的价值。在他们的眼中，每一粒粮食、每一块砖瓦都承载着村庄未来的希望与梦想。终于，在他们的努力下，村庄的道路告别了昔日的泥泞与坎坷，变得宽敞平坦；村里的农产品找到了广阔的销路，通过互联网带货被端上了千家万户的餐桌。那个灰蒙蒙的村庄又重新鲜活了起来。有了千千万万个这样的人，他们如同星辰般璀璨，虽散落各处，却凝聚了大大小小的力量，扎根在新农村、新城镇、新城市，最终实现了新中国成立75周年的蜕变。

风吹过田野，麦香萦绕。田埂上的风拂动着金黄色的浪花朝我打来，带来阵阵沁人心脾的麦香，那香气缠绵悱恻，氤氲出大地的慷慨与丰饶。直到尖尖的麦芒刺在我的脸上，我才骤然回神。吹向麦田的风，同时吹向我。凝望着试验田里那抹不同于其他试验田的亮眼金黄，那是一片不同凡响的色彩，仿佛在诉说着勤劳与汗水的结晶。我将这耀眼的金黄归功于自己的不懈耕耘，但恍惚间，一个更为深刻的认知在我的脑海中闪现——这一切的根源，似乎都源自父亲那深沉而坚定的家庭教育，源自我们家族千百年来薪火相传的家风和美德。

麦子代代传承，把生命留在了麦穗里；父亲播种在麦田里克勤克俭、俭以养廉的汗水，也终于通过麦子融入了我的血液，成为我生命的一部分。我幡然醒悟，家风，如同一条无形的纽带，将过去与未来紧密相连，也将家族的责任与使命悄然传递。父亲正延续着克勤克俭、俭以养廉的家风，而在父亲的言传身教中，这份代代传承的使命俨然在潜移默化中交付于我。

云海苍苍，江水泱泱；家风之扬，山高水长。我不由得想起"延安五老"之一董必武曾在新中国成立之初立下的座右铭"民生在勤，勤则不匮。性习于俭，俭以养廉"，想起俞秀松、马一浮、姜丹书、李叔同等前辈的遗泽余韵。家风如同一条绵延不绝的河流，穿越时空的阻隔，将先辈的智慧与美德传递给后人，让我们在岁月的长河中始终保持着一份清醒与坚定，不断前行，不断超越。历代遗风，薪火相传，滋其荣茂，或许这就是家风的力量。

祖祖辈辈传承下来的克勤克俭、俭以养廉的家风勾勒出了老一辈人最为昂扬不屈的精神风貌，似灯塔指路，在我人生的航程中指引着方向，成为我最宝贵的精神财富，也在无声中孕育着良好的社会道德风尚。家风之扬，不仅是个人的荣耀与骄傲，更是民族的瑰宝与希望，在未来的岁月里引领着时代的航向。在新时代的征程上，或许我们更应深刻铭记这份厚重的家风传承，将其视为宝贵的文化基因。传承好家风，加强家风建设，以"五廉一体"为指导，以"望道廉行"为信条，以传统美德为底色，以社会主义核心价值观为衡量标尺，将家风的力量汇聚成推动社会进步的磅礴伟力，奋进新征程，书写新时代的华章。

时间踏过麦浪，托起金黄的勋章；青梅煮酒，话收获满仓。麦浪翻滚，将薪火相传的家风播向远方，成为文明最炙热的狂想，继往开来，在新时代冠上新的徽章。

# 我一路前行的传家宝

李雨霖仪

经济学院金融 221 班

李雨霖仪的曾祖父郭明的遗照

我们家里珍藏着几张泛黄的黑白照片，其中一张是一位温文儒雅的男子的二寸大头照，照片的主人公名叫郭明，是我的曾祖父，一名在革命战争中英勇牺牲的烈士。1949 年 9 月 23 日，在新中国成立前夕，他为了国家和人民英勇地牺牲了。在这之后的第七天，毛主席站在天安门城楼上向全世界庄严宣布："中华人民共和国中央人民政府成立了！"1950 年 1 月 21 日，广东省湛江市委为郭明召开了追悼会，颁发了湛字 1 号烈士证。追悼会灵堂中的上联写着：为人民而牺牲典型永著；下联写着：与日月并照耀瑄珆增光；横批：精神不死。

我是一名出生在党员之家的"00后"，我那位被追授为革命烈士的曾祖父郭明和非常疼爱我的曾祖母练宁沙于

1938年加入中国共产党，而我的爷爷、奶奶、外婆、父亲、母亲也都是共产党员。

从我记事开始，每年的清明节，家人都会带我到烈士陵园扫墓，在高耸的烈士纪念碑下，缅怀我的曾祖父以及那些为革命事业抛头颅洒热血的先烈们，听家人讲述我曾祖父、曾祖母这对革命伉俪的故事和长辈们为建设新中国听从党的号召上山下乡、入厂入校的过往。

曾祖父郭明和曾祖母练宁沙都是贫苦人家的孩子，在吃不饱穿不暖的旧社会受尽折磨。1937年，七七事变爆发，全面抗日战争开始。大批广西将士整装待发，陆续投入到抗日战场。在源源不断补充的队伍里，有一支特殊的队伍，这支队伍里的士兵们来自广西的各所学校，被称作"广西学生军"。而作为热血青年的郭明和练宁沙，在1937年不约而同地参加了广西抗日组织学生军，他们在战火肆虐中"逆行"，开展抗日救亡宣传，运送枪支弹药，抬送、看护伤员，积极在前方和后方服务抗战工作。他们也因志同道合，在战斗中结为伉俪。

抗日战争结束后，他们又一起转战广东梅州参加游击队，投入到了解放战争的战斗中。1947年3月，他们的第一个孩子，也就是我的外婆出生了。由于游击队的生活动荡，带着孩子不方便，党组织安排郭明带着妻女来到广东湛江市从事地下工作，专门为游击区筹备钱和物资。郭明公开的职业是湛江市培才中学的老师，曾祖母练宁沙则以家庭主妇的身份做掩护。不久后，他们的第二个孩子出生了，一家四口在湛江一所小院子里享受了短暂的天伦之乐，而这个看似普通的民居，其实就是湛江中共地下组织秘密接头的交通站。

1949年，全国准备大解放前夕，国民党穷凶极恶，他们在做最后的垂死挣扎，到处抓捕革命党人。由于叛徒的出卖，1949年7月13日中午，郭明被捕。在牢中，郭明受尽严刑拷打，被折磨得不成人样。尽管如此，郭明也没有向敌人透露任何地下党的线索，保护了更多的

郭明烈士的光荣纪念证

革命同志。1949 年 9 月 23 日，国民党在撤离前将郭明杀害。

　　曾祖父牺牲后，曾祖母带着年幼的两个孩子几经辗转回到了家乡广西梧州。当时，地处西南边疆的梧州，土匪还非常猖獗，曾祖母和战友们又投入到剿匪工作中。那时候他们住在一个炼油厂里，曾祖母身上常年配有两支手枪，晚上睡觉时就放在枕头下。她经常半夜有任务拿起枪就去集合，留下当时龆齿未落的外婆照顾自己的弟弟。每一次恶战，曾祖母都不会因为自己是女子而退缩，而是冲锋在前，无惧生死。在她的信念里，只有把这些坏人都清除掉，国家才能安全，社会才能安定，而自己和两个孩子的小家也才能安宁。就这样，曾祖母和她的两个孩子在动荡与不安中度过了回梧后的第一年。土改工作结束后，曾祖母脱下戎装到梧州市一所小学任教，她和两个孩子终于有了一个温暖的家，我外婆和她的弟弟也终于结束了担惊受怕的日子，有了平静的生活，那时候粗茶淡饭也让他们觉得知足而温暖。不久后，组织又将曾祖母调到了另一所小学当校长。再后来，曾祖母被调到梧州市女子中学（现在的梧州市第三中学）当教务处主任，并在这个岗位上光荣离休。

　　曾祖父和曾祖母为党的事业出生入死、精忠报国的精神代代相传，深深地影响了他们的女儿和外孙女——我的外婆和我的妈妈，她们都是早早地加入了中国共产党，在自己的岗位上勤勉工作，多次被评为优秀党员。如今，我的妈妈在梧州一家国企从事党建、纪检工作。在这样的家庭环境中长大的我，从小就接受革命理想信念的教育，以及精忠报国、对党忠诚的家风家教的熏陶。

　　如今，我的曾祖母已离开我们8年了，但我依然记得她在世时与我的点点滴滴。我小时候，家人常带着我，搀扶着曾祖母一起出门散步、喝茶，经常会迎面碰上喊她"练老师"的熟人。多年来，曾祖母育人无数，桃李满天下，虽然我没有走进过她任教的课堂当她的学生，但从小到大，我的成长离不开她的谆谆教导。曾祖母常常跟我说，"腹有诗书气自华"，受她的影响，我也养成了手不释卷的习惯。

　　在我心目中，曾祖母也是一个爱热闹、有趣的"老顽童"，她喜欢看着我们一大家子聚在一起，哪怕我们这些曾孙辈们嬉戏追逐的打闹声快要把屋子震翻了，她也觉得是一种幸福。有时我们几个表姐妹在玩过家家游戏，80多岁的她会饶有兴趣地和我们一起摆弄那些小锅、小碗、小布娃娃。

　　每年的六一儿童节，外婆和妈妈都会买上蛋糕给曾祖母庆祝生日。有一年，天真的我一边吃着蛋糕一边说："太婆，你的生日与儿童节撞到一起了，真巧啊！"太婆双眼笑成一条线，开心地说："是啊，你们也可以祝我儿童节快乐啊！"回家后，妈妈告知我："其实太婆根本不知道她自己的生日是哪天，她的童年时期实在是太苦了，连饭都吃不上。随着生活条件的改善，她决定把自己的生日定在6月1日，她觉得自己和你们一样，都是中国最幸福的孩子。"当时的我，似懂非懂。直到现在，已然成为大学生的我，回想起这一幕，才恍然大悟，理解了曾祖母把这个代表"纯真、快乐"的节日作为自己生日的意义，她在以特别的方式表达她感恩新中国带给她重生的快乐。

我还记得，那年我戴上红领巾当上少先队员去给她报喜时，她开心得不得了，摸着我的头说，她亲身经历过旧社会的苦难，也有幸活到了中国人民当家作主的新时代，是中国共产党让中国人民真正地过上了好日子。她让我一定要记住，没有共产党就没有新中国。她勉励我要好好读书，长本领，以后还要入团、入党，报效祖国。我虽然没有切身体会曾祖母在那个积贫积弱的旧中国挨过的苦、受过的痛，但从她已布满皱纹的脸上，我却看到了一张像孩童一样灿烂、幸福的笑脸。

在曾祖母逝世的第二年，我如她所愿，加入了共青团，举起右手宣誓的那一刻，我脑海里浮现出了曾祖母的笑容，耳边仿佛又一次听到了她的叮咛："霖仪，你的路还有很长，无论何时何地，心中都要永远保持志向，做一名爱党爱国、向上向善，有担当、有责任的人，要对得起我们家门头上贴着的'光荣之家'的牌匾。"

曾祖父的足迹、曾祖母的叮咛成了我一路前行的传家宝。经过努力，我考上了自己向往的大学，翻开了大学生活的新篇章。

今年的清明节，我没有回家乡祭扫，请妈妈代我买了两束花分别放在烈士陵园和曾祖母的墓前。那天，在绿芽萌动、春意暖暖的校园里，我面向祖国的西南，静静地倾听着我最爱的那首《我和我的父辈》的主题曲《如愿》："……我将爱你所爱的人间……活成你的愿……见你未见的世界，写你未写的诗篇！"那一刻，我眼眶潮红，但心中火热而笃定：我愿以青春之力，赓续前行，立志为我盛世中华写诗篇！

# 家族女性变迁史

陆奕桐

## 我的太姥姥

  家族中的三位女性，在各自的领域里展现了自己的智慧和才干，她们所遇到的种种困难和挫折从未动摇过她们的信念和决心。外婆的母亲大约生于 20 世纪 20 年代初，她是在那个动荡年代劫后余生的人。1937 年 8 月 9 日，日军在上海蓄意滋事挑衅；13 日，淞沪会战爆发。由于嘉善的地理位置和战略重要性，它成了日军进攻的目标。从 8 月至 11 月，嘉善多次遭遇日军飞机轰炸。11 月 5 日清晨，日军多个师团在金山卫一线强行登陆，嘉善告急。当时，太姥姥不过十七八岁，日本侵略者在岸上疯狂扫荡，她撑个船拼命逃。平日里用来淘米洗衣的小河被鲜血染成了红色，稻田里尸横遍野。不幸中的万幸，太姥姥在草垛后躲过了一劫，得以继续她苦难的一生。

  在农村妇女眼中，生孩子、干农活、做家务就是她们生活的全部。太姥姥一共生了七个孩子，一对双胞胎男孩不幸夭折。第六个男孩六恩爷爷因幼时患小儿麻痹症落下了残疾，一直跟太姥姥生活，终生未娶。1958 年，太姥姥和她的孩子们遭遇三年困难时期。地里没收成，一大家子人吃不上饭。于是，她拖家带口地去别的地方要饭，要不到

陆奕桐的外祖父和外祖母的结婚照（拍摄于 1979 年）

就挖草根，吃树皮。外祖母是太姥姥最小的孩子，那会儿太姥姥还是把她背在背上去要的饭。那段苦难的岁月，她是咬着牙强撑过来的。后来日子逐渐变好，孩子们一个个长大，这个家也慢慢壮大，太姥姥也从一个年轻的妈妈变成了一个老太太。

从我记事起，太姥姥就已是白发苍苍。她总是慈祥地对着我们笑，我和弟弟都亲切地喊她"太太"。我在嘉兴市区读书，只有逢年过节才回老家和太姥姥的子孙后辈们欢聚。太姥姥格外疼我，过年时的桃酥、彩色的寿桃馒头她都会小心翼翼地用手帕包好留给我。我读二年级时的一天，太姥姥走了，享年94岁，无病无痛，走得很安详。她终于结束了她生儿育女、操劳的一生。一个星期后，六恩爷爷也随太姥姥去了天堂。

太姥姥是从旧中国过渡到新中国那个时代千千万万农村妇女的缩影，她们辛苦操劳了一辈子，一直在为别人而活，临了也不曾抱怨过一句。平平整整的衣领、一丝不苟的两根麻花辫、夏日里头上包裹得严严实实的毛巾是她们有且仅有的态度。就这样，她们在封建残余的家庭传统、社会习俗中牺牲自己，默默产下一个又一个孩子，以她们

381

独特的方式投身到建设新中国的浪潮之中。

## 我的外祖母

我的外祖母出生于 1956 年，小学没有念完便辍学务农。18 岁时经人介绍，与大自己 4 岁的外祖父相识而后结婚。1978 年，国家开始推行计划生育。身为党员的外祖父带头响应国家政策，他和外祖母只生了我母亲这一个女儿。他们为母亲取名为"剑佩"，利剑出鞘般的锐利感寓意着勇敢与坚强。

在"大锅饭"年代，农业生产一般由生产队组织，社员以生产队为劳动单位进行劳动并取得报酬。一直到 20 世纪 70 年代，在外祖母他们的小村子里还实行着工分制。那时工分就是一个人的劳动报酬，也是一个家庭赖以生存的基础。要改善一个家庭的生活质量，就要看这个家庭一年到头挣了多少工分。为了多挣工分，外祖母常常一干就是一天。幼小的母亲还常常挎着篮子、拎着水瓶跑去田里给外祖母送饭。改革开放的春风吹满大地，家庭联产承包责任制开始实行，"多劳多得"的激励机制让外祖母依旧早出晚归。母亲说，她的童年总是在等待中度过，等着天黑，等着父母从田间归来。

我的外祖母是个很要强的女人，高高大大，身上的闯劲儿一点不输男人。在母亲上小学那会儿，外祖父那点微薄的工资只能维持基本的生计，于是外祖母在后院养起了猪和兔子。几百只兔子和几亩田被她一个人管理得井井有条。老家盖新房的钱就是由一只只兔子和一头头猪慢慢攒起来的。等母亲上了初中，外祖母也离开了她的兔子和锄头，去镇上的煤气站上班了。一个女人，竟然可以单手提一个大煤气罐一口气爬到六楼。她的腰伤就是那时落下的，外祖母现在久坐就会腰疼，严重的时候需要卧床才能缓解。直到我和弟弟出生，她才辞去了煤气站的工作来帮忙带孩子。

外祖母是个新旧色彩同样鲜明的农村妇女，她崇敬鬼神，但不同于大多数农村家庭妇女，她不甘命运，敢闯敢拼，甚至比外祖父更有事业心、更能干。她用双手为这个家不断创造了更多的可能性，为她的孩子打拼她不曾拥有的未来。用母亲的话来说，外祖母就是我们家的"女性标杆"。

## 我的母亲

母亲的座右铭简单真实：笨鸟先飞。上初中时，她的面前有两条路：念中专拿到城市户口，或是在乡下务农。对当时农村的孩子来说，走出农村意味着改变命运。于是，成绩并不算十分优异的母亲开始与自己较劲：她常常学到深夜，困了趴在桌上睡会儿，醒了继续学……她的梦想在一个个睡意蒙胧的夜晚逐渐清晰，最后母亲成功跳出了"农门"。

当时的中专毕业生，国家会分配工作和房子，所以毕业就是就业，未来无限光明。然而到了1993年，党中央和国务院正式提出，改革高等学校毕业生统包统分和"包当干部"的就业制度，实行少数毕业生由国家安排就业，多数由毕业生"自主择业"的就业制度。母亲毕业时自觉前途渺茫。她曾经自嘲，她是被时代抛弃的那一批人。

母亲在中专学的是会计，毕业以后在江南超市上了三年班。眼看着职业前景黯淡，母亲决定另谋出路，于是去北京学习速录技能。腊月的北京冷得像个冰窖，温度低至零下20多度，母亲一个南方女子在那里吃不惯行不便。那个仅5平方米的简陋的小房间，见证了母亲因跟不上速度而落泪的彷徨，也见证了无数个日日夜夜中她那双笨拙的双手在打字机上跳跃的那份坚毅。终于，母亲的打字的速度达到了要求，准确率也上去了，可是母亲没有大专文凭。8小时外，13门课程，母亲用三年的业余时间换来了浙江大学法学专业的文凭，这份文凭成为了她进入法院的敲门砖。再接再厉，她又如愿以偿地考进了编制，成为一名真正的书记员。之前母亲曾报考过两次公务员考试：第一次笔试已经从几百人中脱颖而出进入了复试，因没有经验而止步于面试，遗憾地与她自小就有的警察梦擦肩而过；因为不甘心，她挺着大肚子第二次报考，但最终还是失败了。工作以后，母亲没有停止学习的脚步，不断给自己"充电"。她找到院长，提出自费跟同事一起参加北京大学法学专业函授班的学习培训。三年后，母亲实现了文凭的进阶。

工作期间，母亲曾获得过"区优秀共产党员""区优秀事业编人员"等荣誉，二十年如一日兢兢业业，她还积极参加各种征文比赛，在区委组织的主题征文中屡次获得奖项。随着司法改革的深入，推动和谐司法，提倡诉讼调解，母亲除了日常的工作外，她还时常凭着自学的法律知识组织调解，晓之以理动之以情，在当事人中间当"老娘舅"。法院的工作忙碌而烦琐，但母亲忙得不亦乐乎，她认为这样的充实也是一种快乐。

母亲出生于农村，她通过知识跃出了"农门"，改变了祖祖辈辈都是农民的家族史。她出生在社会主义建设新时期，目睹了社会的巨变，也亲身经历了时代变革所带来的利与弊。从青年到壮年，母亲是建设中国特色社会主义社会的中坚力量的千万分之一。她作为新时代的女性，不屈服于传统对女性的定义，如同一株坚韧的小草，在岩石缝隙中越挫越勇，用力活出了自己的人生。

三代人有三代人的命运，有人顺从，有人反抗。社会的进步赋予了女性不同的使命，岁月更迭，血脉赓续，她们不再是柔弱的代名词，"女性力量"从边缘走向中心，越来越多的女性撕下了传统标签，成为了她们自己。

# 后 记

习近平总书记在 2015 年春节团拜会上指出："不论时代发生多大变化，不论生活格局发生多大变化，我们都要重视家庭建设，注重家庭、注重家教、注重家风。"十年来，习近平总书记针对家庭家教家风建设提出了一系列新思想新观点新论断，中共中央党史和文献研究院于 2021 年汇编了《习近平关于注重家庭家教家风建设论述摘编》一书，集中体现了总书记对家庭家教家风建设的深邃思考。2022 年 1 月 1 日实施的《中华人民共和国家庭教育促进法》明确规定，"国家机关、企业事业单位、群团组织、社会组织应当将家风建设纳入单位文化建设"，更是以法的形式将准则与法律有机结合，为全党、全社会推进优良家风建设提供了有力的制度保障。

杭师大是一所具有优秀家风传统的大学，在 110 多年的办学历程中，几代杭师大人谱写了动人心弦的家风故事。为了更好促进新时代杭师大的家风建设，2021 年，我们将 67 位杭师大师生撰写的家风家教故事汇编成《红色记忆·家风故事》一书，但因为篇幅限制，很多优秀的作品未能尽数收录。2024 年，我们面向全校师生再次征集家风家教故事，得到了广大师生的大力支持和响应，最后甄选其中 65 篇，汇成了《红色记忆·家风故事》的姊妹篇——《红色印迹·家风故事》。

本书在采编过程中，得到了校党委的高度重视和悉心指导，校党委书记郭东风为本书作序，多次强调要把杭师大人的优良家风故事挖掘好、总结好，为新时代作风建设提供现实教材。校纪委书记李泽泉担任主编并审校全书，还带头撰写家风故事，校纪检监察室全体同志作为编委认真做好图书的校编工作。孙霆、邵大珊、钱大同、沈慧麟、徐达炎等离退休老同志也给予热心关怀和鼓励，经亨颐教育学院、人文学院、马克思主义学院和外国语学院等学院广大师生积极参与。经过半年的努力，本书即将付梓。在此，对所有关心支持本书编辑出版工作的领导、同志和师生表示衷心的感谢！中华民族家风文化博大精深，杭师大人家风故事源远流长，由于写作及编辑时间仓促，本书难免存在谬误之处，敬请读者批评指正。

本书编写组

2025 年 4 月 11 日